教科書ぴったりトレーニング

はなまるシール

★ おう！
★ 選んで、
★ 表に
「はなまるシール」をはろう！
★ 余ったシールは自由に使ってね。

キミのおとも犬

はなまるシール

ごほうびシール

教科書ぴったりトレーニング

理科 4年 がんばり表

いつも見えるところに、この「がんばり表」をはっておこう。
この「ぴたトレ」を学習したら、シールをはろう！
どこまでがんばったかわかるよ。

すきななまえをつけてね！

なまえ

ぴた犬（おとも犬）シールをはろう

シールの中からすきなぴた犬をえらぼう。

おうちのかたへ

がんばり表のデジタル版「デジタルがんばり表」では、デジタル端末でも学習の進捗記録をつけることができます。1冊やり終えると、抽選でプレゼントが当たります。「ぴたサポシステム」にご登録いただき、「デジタルがんばり表」をお使いください。LINEまたはPC・ブラウザを利用する方法があります。

LINE用

PC・ブラウザ用

★ぴたサポシステムご利用ガイドはこちら★
https://www.shinko-keirin.co.jp/shinko/news/pittari-support-system

スタート

1. 季節と生き物

2～3ページ	4～5ページ	6～7ページ
ぴったり1 2	ぴったり1 2	ぴったり3
できたらシールをはろう	できたらシールをはろう	できたらシールをはろう

2. 天気による気温の変化

1. 晴れの日の気温の変化
2. 天気による気温の変化のちがい

8～9ページ	10～11ページ
ぴったり1 2	ぴったり3
できたらシールをはろう	できたらシールをはろう

3. 体のつくりと運動

1. 体のつくり
2. きん肉のはたらき

12～13ページ	14～15ページ	16～17ページ
ぴったり1 2	ぴったり1 2	ぴったり3
できたらシールをはろう	できたらシールをはろう	できたらシールをはろう

4. 電流のはたらき

1. かん電池とモーター
2. かん電池のつなぎ方

18～19ページ	20～21ページ	22～23ページ
ぴったり1 2	ぴったり1 2	ぴったり3
できたらシールをはろう	できたらシールをはろう	できたらシールをはろう

★ 夏と生き物

24～25ページ	26～27ページ
ぴったり1 2	ぴったり3
できたらシールをはろう	できたらシールをはろう

★ 夏の星

28～29ページ	30～31ページ
ぴったり1 2	ぴったり3
できたらシールをはろう	できたらシールをはろう

5. 雨水と地面

1. 地面にしみこむ雨水
2. 地面を流れる雨水

32～33ページ	34～35ページ
ぴったり1 2	ぴったり3
できたらシールをはろう	できたらシールをはろう

6. 月の位置の変化

36～37ページ	38～39ページ
ぴったり1 2	ぴったり3
できたらシールをはろう	できたらシールをはろう

7. とじこめた空気や水

40～41ページ	42～43ページ
ぴったり1 2	ぴったり3
できたらシールをはろう	できたらシールをはろう

★ 秋と生き物

44～45ページ	46～47ページ
ぴったり1 2	ぴったり3
できたらシールをはろう	できたらシールをはろう

8. ものの温度と体積

1. 空気の温度と体積
2. 水の温度と体積
3. 金ぞくの温度と体積

48～49ページ	50～51ページ	52～53ページ
ぴったり1 2	ぴったり1 2	ぴったり3
できたらシールをはろう	できたらシールをはろう	できたらシールをはろう

9. もののあたたまり方

1. 金ぞくのあたたまり方
2. 水のあたたまり方
3. 空気のあたたまり方

54～55ページ	56～57ページ	58～59ページ
ぴったり1 2	ぴったり1 2	ぴったり3
できたらシールをはろう	できたらシールをはろう	できたらシールをはろう

★ 冬の星

60～61ページ	62～63ページ
ぴったり1 2	ぴったり3
できたらシールをはろう	できたらシールをはろう

★ 冬と生き物

64～65ページ	66～67ページ
ぴったり1 2	ぴったり3
できたらシールをはろう	できたらシールをはろう

10. 水のすがたと変化

1. 水を冷やしたときの変化
2. 水をあたためたときの変化

68～69ページ	70～71ページ	72～73ページ
ぴったり1 2	ぴったり1 2	ぴったり3
できたらシールをはろう	できたらシールをはろう	できたらシールをはろう

11. 水のゆくえ

1. 水の量がへるわけ
2. 冷たいものに水てきがつくわけ

74～75ページ	76～77ページ	78～79ページ
ぴったり1 2	ぴったり1 2	ぴったり3
できたらシールをはろう	できたらシールをはろう	できたらシールをはろう

★ 生き物の1年

80ページ
ぴったり1
できたらシールをはろう

ゴール

さいごまでがんばったキミは「ごほうびシール」をはろう！

ごほうびシールをはろう

（キリトリ線）

教科書ぴったりトレーニングの使い方

『ぴたトレ』は教科書にぴったり合わせて使うことができるよ。教科書も見ながら、勉強していこうね。ぴた犬たちが勉強をサポートするよ。

ふだんの学習

ぴったり1 じゅんび

教科書のだいじなところをまとめていくよ。
めあて でどんなことを勉強するかわかるよ。
問題に答えながら、わかっているかかくにんしよう。
QR コードから「3 分でまとめ動画」が見られるよ。

※QR コードは株式会社デンソーウェーブの登録商標です。

ぴったり2 練習

「ぴったり1」で勉強したこと、おぼえているかな？
かくにんしながら、問題に答える練習をしよう。

ぴったり3 たしかめのテスト

「ぴったり1」「ぴったり2」が終わったら取り組んでみよう。
学校のテストの前にやってもいいね。
わからない問題は、ふりかえり を見て前にもどってかくにんしよう。

実力チェック

- 夏のチャレンジテスト
- 冬のチャレンジテスト
- 春のチャレンジテスト
- 4年 理科のまとめ 学力しんだんテスト

夏休み、冬休み、春休み前に使いましょう。
学期の終わりや学年の終わりのテストの前にやってもいいね。

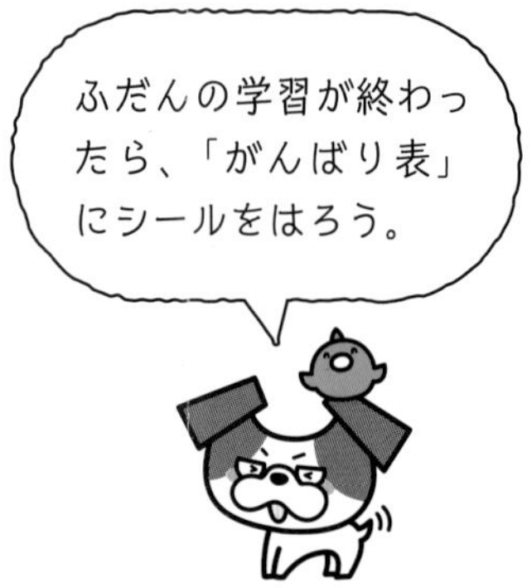

別《べっ》冊《さつ》

丸つけラクラクかいとう

問題と同じ紙面に赤字で「答え」が書いてあるよ。
取り組んだ問題の答え合わせをしてみよう。まちがえた問題やわからなかった問題は、右の「てびき」を読んだり、教科書を読み返したりして、もう一度見直そう。

おうちのかたへ

本書『教科書ぴったりトレーニング』は、教科書の要点や重要事項をつかむ「ぴったり１ じゅんび」、おさらいをしながら問題に慣れる「ぴったり２ 練習」、テスト形式で学習事項が定着したか確認する「ぴったり３ たしかめのテスト」の３段階構成になっています。教科書の学習順序やねらいに完全対応していますので、日々の学習（トレーニング）にぴったりです。

「観点別学習状況の評価」について

学校の通知表は、「知識・技能」「思考・判断・表現」「主体的に学習に取り組む態度」の３つの観点による評価がもとになっています。

問題集やドリルでは、一般に知識を問う問題が中心になりますが、本書『教科書ぴったりトレーニング』では、次のように、観点別学習状況の評価に基づく問題を取り入れて、成績アップに結びつくことをねらいました。

ぴったり３ たしかめのテスト

●「知識・技能」のうち、特に技能（観察・実験の器具の使い方など）を取り上げた問題には「技能」と表示しています。

●「思考・判断・表現」のうち、特に思考や表現（予想したり文章で説明したりすることなど）を取り上げた問題には「思考・表現」と表示しています。

チャレンジテスト

●主に「知識・技能」を問う問題か、「思考・判断・表現」を問う問題かで、それぞれに分類して出題しています。

別冊『丸つけラクラクかいとう』について

おうちのかたへ では、次のようなものを示しています。

- 学習のねらいやポイント
- 他の学年や他の単元の学習内容とのつながり
- まちがいやすいことやつまずきやすいところ

お子様への説明や、学習内容の把握などにご活用ください。

内容の例

おうちのかたへ　1. 生き物をさがそう
身の回りの生き物を観察して、大きさ、形、色など、姿に違いがあることを学習します。虫眼鏡の使い方や記録のしかたを覚えているか、生き物どうしを比べて、特徴を捉えたり、違うところや共通しているところを見つけたりすることができるか、などがポイントです。

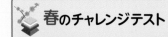

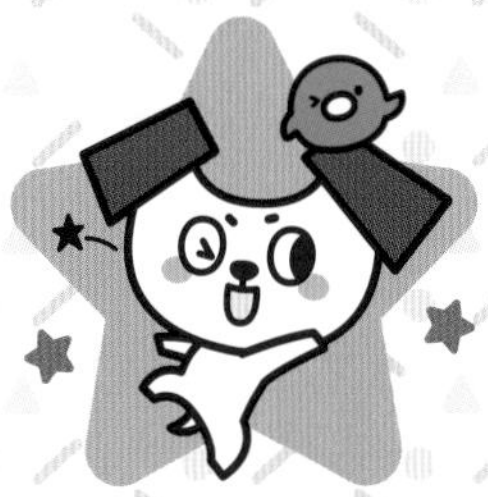

バッチリポスター

自由研究にチャレンジ！

「自由研究はやりたい，でもテーマが決まらない…。」
　そんなときは，この付録《ふろく》を参考《さんこう》に，自由研究を進めてみよう。
　この付録では，『豆電球２この直列つなぎとへい列つなぎ』というテーマを例《れい》に，説明《せつめい》していきます。

①研究のテーマを決める

「小学校で，かん電池２こを直列つなぎにしたときと，へい列つなぎにしたときのちがいを調べた。それでは，豆電球２こを直列つなぎにしたときとへい列つなぎにしたときで，明るさはどうなるか調べたいと思った。」など，学習したことや身近なぎもんから，テーマを決めよう。

②予想・計画を立てる

「豆電球，かん電池，どう線，スイッチを用意する。豆電球１ことかん電池をつないで明かりをつけて，明るさを調べたあと，豆電球２こを直列つなぎやへい列つなぎにして，明るさをくらべる。」など，テーマに合わせて調べる方法《ほうほう》とじゅんびするものを考え，計画を立てよう。わからないことは，本やコンピュータで調べよう。

③調べたりつくったりする

　計画をもとに，調べたりつくったりしよう。結果《けっか》だけでなく，気づいたことや考えたことも記録《きろく》しておこう。

④まとめよう

「豆電球２こを直列つなぎにしたときは，明るさは～だった。豆電球２こをへい列つなぎにしたときは，明るさは～だった。」など，調べたりつくったりした結果から，どんなことがわかったかをまとめよう。

豆電球のかわりに，
モーターを使っても
いいね。

右は自由研究を
まとめた例だよ。
自分なりに
まとめてみよう。

豆電球２この直列つなぎとへい列つなぎ

年　　組

【1】研究のきっかけ

　小学校で，かん電池２こを直列つなぎにしたときと，へい列つなぎにしたときのちがいを調べた。それでは，豆電球２こを直列つなぎにしたときと，へい列つなぎにしたときで，明るさはどうなるか調べたいと思った。

【2】調べ方

①豆電球（２こ），かん電池，どう線，スイッチを用意する。
②豆電球１ことかん電池をどう線でつないで，豆電球の明るさを調べる。
③豆電球２こを直列つなぎにして，
　豆電球の明るさを調べる。
④豆電球２こをへい列つなぎに変えて，
　豆電球の明るさを調べる。

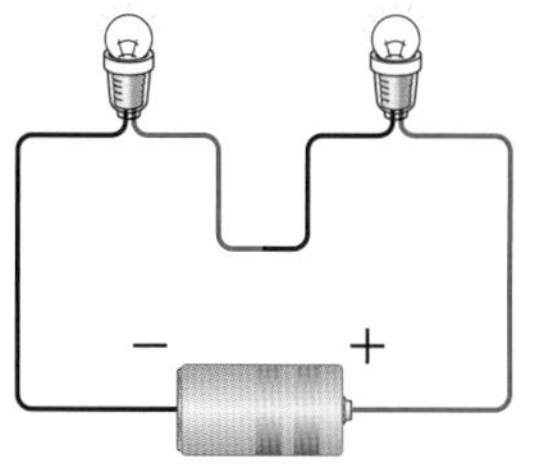

直列つなぎ

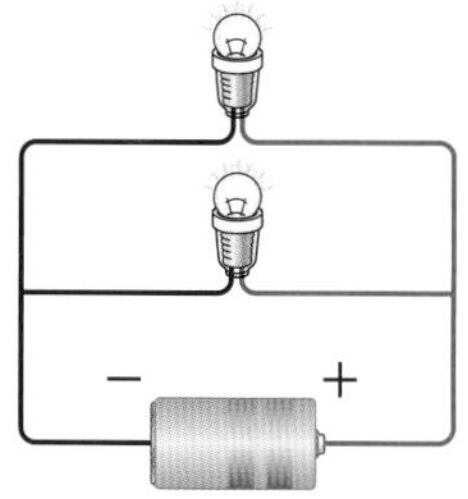

へい列つなぎ

【3】結果

　豆電球２こを直列つなぎにしたときは，豆電球１このときとくらべて，明るさは，～だった。
　豆電球２こをへい列つなぎにしたときは，豆電球１このときとくらべて，明るさは，～だった。

【4】わかったこと

　豆電球２こを直列つなぎにしたときと，へい列つなぎにしたときでは，明るさがちがって，～だった。

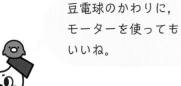

＼ きょうみを広げる・深める！ ／

観察・実験カード

4年

生き物

どの季節《きせつ》のようすかな？

生き物

どの季節《きせつ》のようすかな？

生き物

どの季節《きせつ》のようすかな？

生き物

どの季節《きせつ》のようすかな？

生き物

どの季節《きせつ》のようすかな？

生き物

どの季節《きせつ》のようすかな？

生き物

どの季節《きせつ》のようすかな？

生き物

どの季節《きせつ》のようすかな？

星

図の大きい三角形を何というかな？

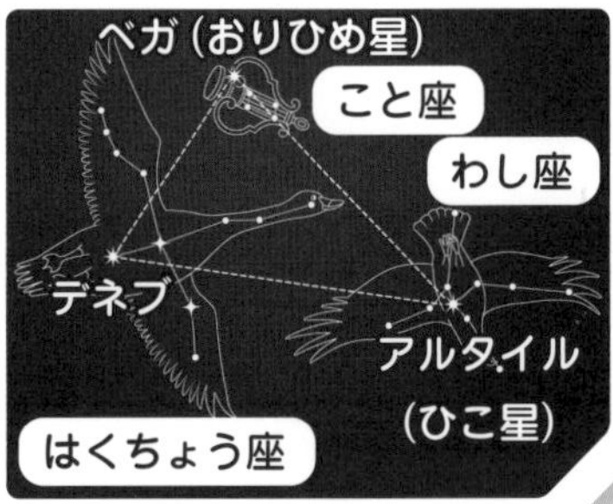

星

図の大きい三角形を何というかな？

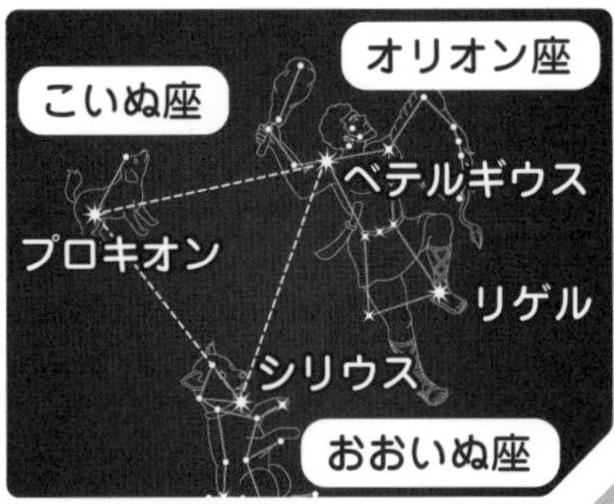

星

何という星座《せいざ》かな？

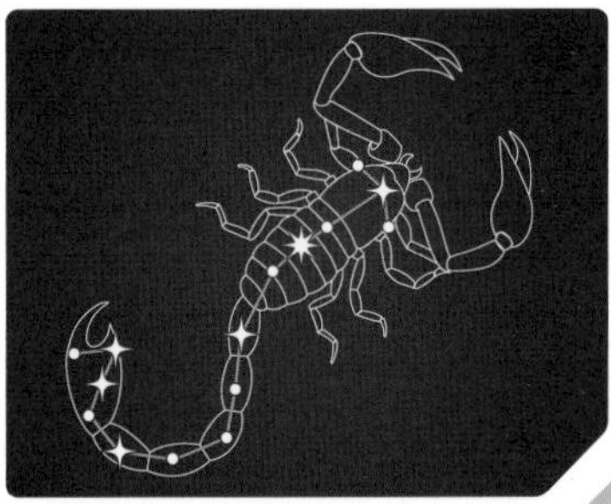

春

春になると、植物が芽《め》を出したり、花をさかせたりする。
サクラは、その代表の一つ。

夏

夏になると、植物は大きく成長《せいちょう》する。
ヒマワリは、花をさかせる。

秋

秋になると、実をつける木がたくさんある。その代表がどんぐり（カシやコナラなどの実）で、日本には約《やく》20種類《しゅるい》のどんぐりがある。

冬

冬になると、植物は葉がかれたり、くきがかれたりする。
ナズナは、葉を残《のこ》して冬ごしする。

夏の大三角

こと座《ざ》のベガ（おりひめ星）、わし座のアルタイル（ひこ星）、はくちょう座のデネブの３つの一等星をつないでできる三角形を、夏の大三角という。

さそり座《ざ》

夏に南の空に見られる。
さそり座の赤い一等星をアンタレスという。

使い方

●切り取り線にそって切りはなしましょう。

説《せつ》明《めい》

●「生き物」「星」「器具《きぐ》等」の答えはうら面に書いてあります。

春

春になると、ツバメのようなわたり鳥が南の方から日本へやってくる。ツバメは、春から夏にかけて、たくさんの虫を自分やひなの食べ物にする。

夏

夏になり、気温が高くなると、生き物の動きや成長《せいちょう》が活発になる。セミは、種類《しゅるい》によって鳴き声や鳴く時こくにちがいがある。

秋

秋になると、コオロギなどの鳴き声が聞こえてくるようになる。鳴くのはおすだけで、めすに自分のいる場所《ばしょ》を知らせている。

冬

気温が低《ひく》くなると、北の方からわたり鳥が日本へやってくる。その一つであるオオハクチョウは、おもに北海道や東北地方で冬をこす。

冬の大三角

オリオン座《ざ》のベテルギウス、おおいぬ座のシリウス、こいぬ座のプロキオンの３つの一等星をつないでできる三角形を、冬の大三角という。

星

何という星のならびかな?

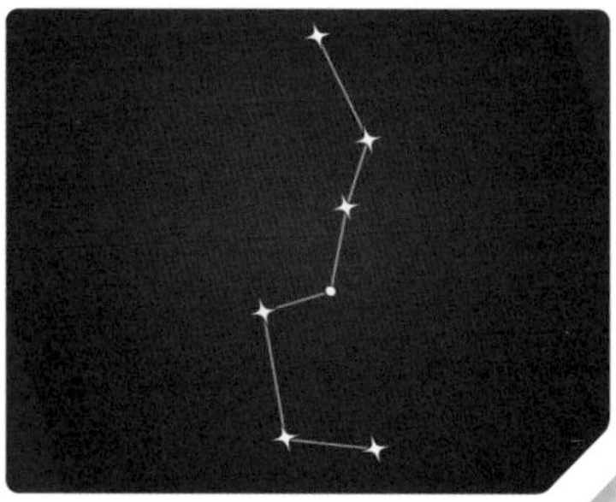

器具等

何というものかな?

器具等

何という器具《きぐ》かな?

器具等

何という器具《きぐ》かな?

器具等

写真の上側《がわ》にある器具《きぐ》は何かな?

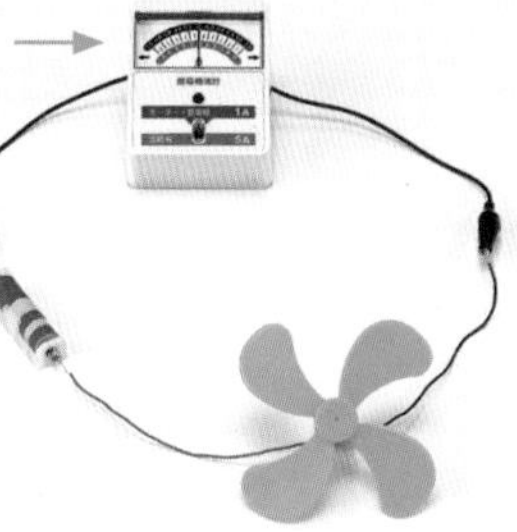

器具等

それぞれ何の電気用図記号かな。

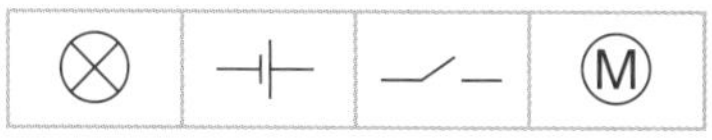

器具等

何という器具《きぐ》かな?

器具等

何という器具《きぐ》かな?

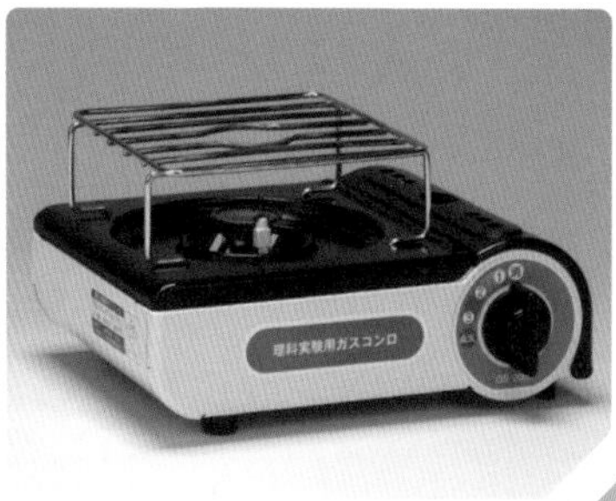

器具等

何という器具《きぐ》かな?

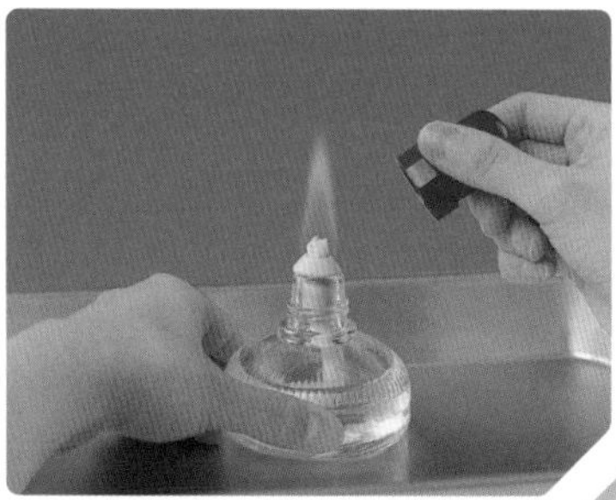

器具等

写真の中央にある器具《きぐ》は何かな?

器具等

急に湯がわき立つのをふせぐために、何を入れるかな?

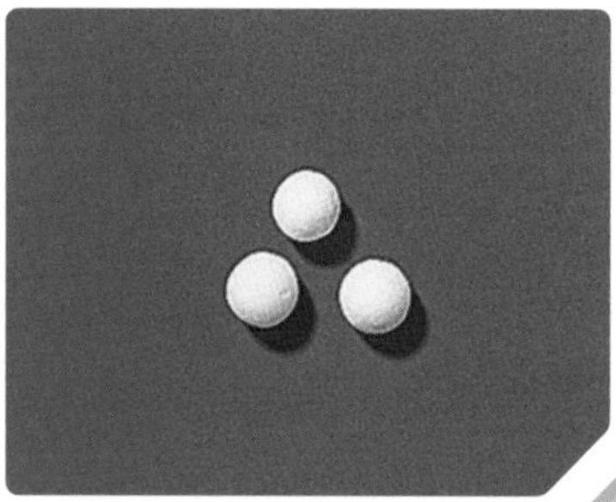

器具等

温度によって色が変化《へんか》するえきを何というかな?

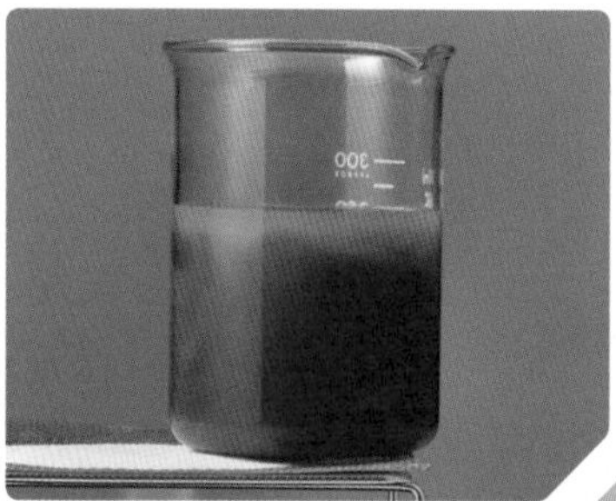

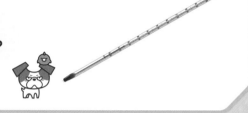

百葉箱《ひゃくようばこ》

風通しがよく、日光や雨が入りこまないなど、気温をはかるじょうけんに合わせてつくられている。

北斗七星《ほくとしちせい》

北の空に見えるひしゃくの形をした星のならび。

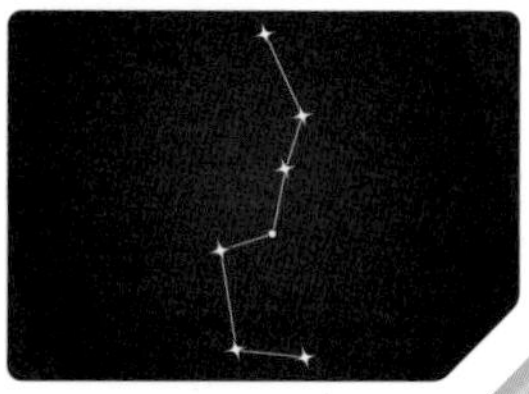

方位《ほうい》じしん

方位を調べるときに使う。はりは、北と南を指して止まる。色がついているほうのはりが北を指す。

温度計

ものの温度をはかるときに使う。
目もりを読むときは、真横から読む。

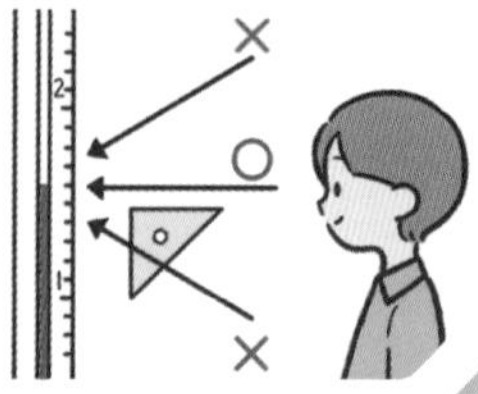

	豆電球	かん電池	スイッチ	モーター
記号	⊗	−極 +極		Ⓜ

電気用図記号を使うと、回路を図で表すことができる。このような記号を使って表した回路の図のことを回路図という。

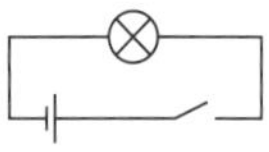

かんいけん流計

電流の流れる向きや大きさを調べるときに使う。はりのふれる向きで電流の向きをしめし、ふれぐあいで電流の大きさをしめす。

実験《じっけん》用ガスコンロ

ものを熱《ねっ》するときに使う。調節《ちょうせつ》つまみを回すだけでほのおの大きさを調節できる。転とうやガスもれのきけんが少ない。

星座《せいざ》早見

星や星座をさがすときに使う。観察《かんさつ》する時こくの目もりを、月日の目もりに合わせ、観察する方位《ほうい》を下にして、夜空の星とくらべる。

ガスバーナー

ものを熱《ねっ》するときに使う。空気調節《ちょうせつ》ねじをゆるめるときは、ガス調節ねじをおさえながら、空気調節ねじだけを回すようにする。

アルコールランプ

ものを熱《ねっ》するときに使う。マッチやガスライターで火をつけ、ふたをして火を消す。使用する前に、ひびがないか、口の部分がかけていないかなどかくにんする。

示温《しおん》インク

温度によって色が変化《へんか》することから、水のあたたまり方を観察《かんさつ》することができる。

ふっとう石

急に湯がわき立つのをふせぐ。ふっとう石を入れてから、熱《ねっ》し始める。一度使ったふっとう石をもう一度使ってはいけない。

もくじ

理科4年
教育出版版
未来をひらく 小学理科

教科書ぴったりトレーニング

▶3分でまとめ動画

【写真提供】
コーベットフォト・エージェンシー

ぴったり1 じゅんび

3分でまとめ

1. 季節《きせつ》と生き物 1

学習日　　月　　日

めあて
観察記録のとり方や気温のはかり方をかくにんしよう。

教科書 8～12、218～219ページ　答え 2ページ

下の(　　)にあてはまる言葉を書くか、あてはまるものを○でかこもう。

1 季節によって、植物や動物の様子は、どのように変化《へんか》するのだろうか。 教科書 8～12、218～219ページ

▶植物の成長《せいちょう》や動物の活動が、季節とどのように関係《かんけい》しているかを予想する。

- 問題に対する答え(① (理由)・(結《けつ》ろん))を予想するときには、どうしてそのように考えたのか(② (理由)・(結《けつ》ろん))をはっきりさせる。

▶季節ごとに調べていく植物や動物を決める。

- 季節ごとに調べていく植物や動物を決めて、季節と(③ 天気 ・ 生き物)の関係について調べていく。

▶観察記録《かんさつきろく》のとり方

- 観察するものと自分の(④　　　　)を書く。
- 観察する日時と天気、(⑤　　　　)を書く。
- 観察したものを(⑥　　　　)で表す。
- 観察したものについて、言葉で(⑦　　　　)を書く。
また、思ったことも書いておく。

観察した植物や動物は、形や色、大きさなどがわかるように、絵で表しておくよ。

サクラのえだ	4年	1組	林　さくら

4月 8日 午前10時 天気 晴れ 気温 20℃

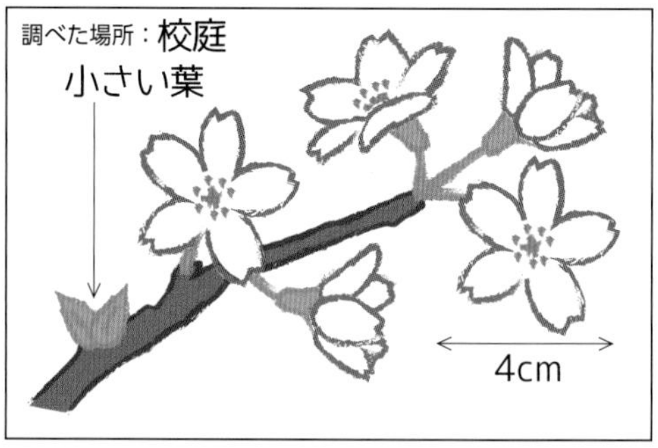

[説明]
・1つのえだに花がいっぱいさいている。
・小さい葉が出ている。
(感想) 小さい葉が、これから大きくなっていくと思う。

▶気温のはかり方

- (⑧　　　　)から 1.2 ～ 1.5 m の高さではかる。
- 温度計にじかに(⑨　　　　)が当たらない場所ではかる。
- (⑩　　　　)のよい場所ではかる。
- 温度計の真横から(⑪　　　　)を読む。

ここが、だいじ!
①自分の予想とそう考えた理由を伝《つた》えるとき、「～だと思います。(予想)なぜなら、～だからです。(理由)」のような話し方をするとよい。
②季節ごとに調べていく植物や動物を決めて、季節と生き物の関係について調べる。

ぴたトリビア　植物が花をさかせるじょうけんには、気温変化や夜の長さの変化などが関係しています。

学習日　　月　　日

1. 季節《きせつ》と生き物1

教科書　8〜12、218〜219ページ　答え　2ページ

1 観察《かんさつ》したことはカードに記録《きろく》しておきます。

(1) ①には何を書きますか。

(　　　　　　　　)

(2) 観察したものを絵で表します。どのように表すとよいですか。正しいものすべてに○をつけましょう。

ア(　　)えんぴつで形をかき、色をぬる。

イ(　　)えんぴつで形をかき、色はぬらない。

ウ(　　)大きさをはかれるものは、大きさをはかって記録する。

エ(　　)生き物の大きさは変化するので、大きさははからなくてよい。

①	4年	2組	中川けんじ

4月10日 午前10時 天気 くもり 気温 18℃

調べた場所：野原

[説明]
・空き地の野原で、ツバメが飛び回っていた。

(感想) この近くにすみついたのかな。

2 生き物を観察するとき、気温をはかります。

(1) 気温とは、何の温度ですか。　(　　　　)の温度

(2) 気温は、地面からどのぐらいの高さではかりますか。正しいものに○をつけましょう。

ア(　　)0.2 〜0.5 m

イ(　　)1.2 〜1.5 m

ウ(　　)2.2 〜2.5 m

(3) 図で、温度計の前に下じきをかざしているのは何のためですか。正しいものに○をつけましょう。

ア(　　)風が温度計に当たらないようにするため。

イ(　　)温度計にじかに日光が当たらないようにするため。

(4) 気温は、どのような場所ではかりますか。正しいものに○をつけましょう。

ア(　　)風通しのよい場所

イ(　　)風通しの悪い場所

ヒント　2 (1)温度計は、えきだめにふれている土や水、空気の温度をはかることができます。

ぴったり1 じゅんび

1. 季節《きせつ》と生き物２

学習日　　月　　日

めあて
植物の成長や動物の活動と季節の関係をかくにんしよう。

教科書　13～19ページ　　答え　3ページ

下の(　　)にあてはまる言葉を書くか、あてはまるものを○でかこもう。

1 植物は、季節とともにどのように成長《せいちょう》していくのだろうか。 教科書 13～14ページ

▶ヘチマのたねをビニルポットの(①　　　　)にまく。

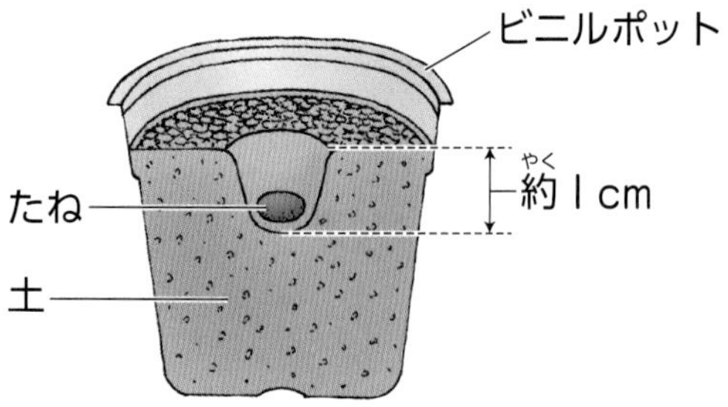

▶ヘチマの芽《め》が出る。

(②　　　　)

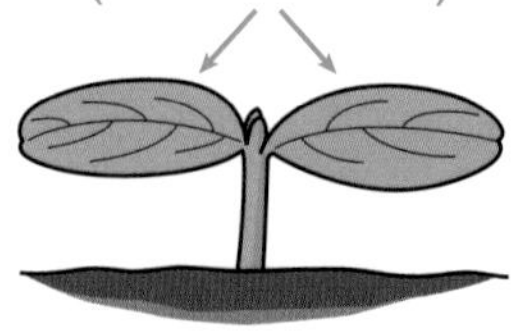

▶芽が出て、(②)のほかに(③　　　　)の数が３～４まいになったころ、花だんなどに植えかえる。

植えかえの仕方

なえをポットから取り出して植える。

(④ 水 ・ ひりょう)を、根にふれないように入れておく。

・育ってきたら、くきをぼうでささえる。

2 動物は、季節とともにどのような活動をしていくのだろうか。 教科書 15～17ページ

▶春の動物の様子

ショウリョウバッタ

葉の上の、ショウリョウバッタの(① よう虫 ・ 成虫)

ヒキガエル

池の中のヒキガエルの(② おたまじゃくし ・ 親)

ツバメ

(③　　　　)を作っているツバメ

ここが、だいじ！
①土にまいたヘチマのたねは、芽を出したあと、葉の数をふやして大きくなる。
②春のころは、こん虫のよう虫が見られ、鳥は巣《す》を作り、巣の中でたまごを産《う》む。

ぴたトリビア　ツバメは、春になると日本から約 5000 km はなれた南の国からやってきます。

❶ ヘチマのたねをまいて、１年間観察《かんさつ》していきます。

(1) ヘチマのたねはどれですか。正しいものに○をつけましょう。

ア(　　)
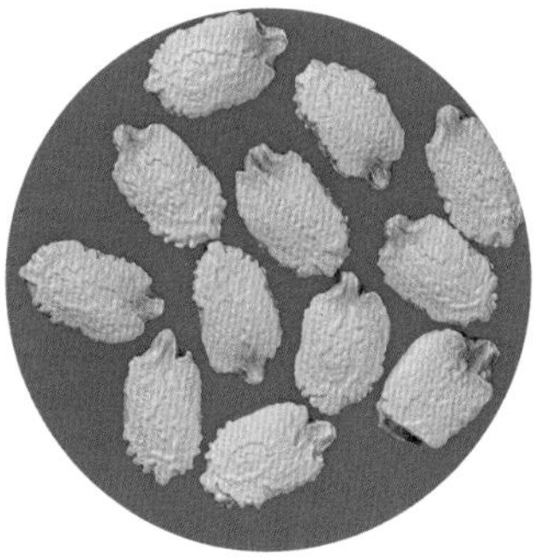
イ(　　)

ウ(　　)

(2) ヘチマのたねをまく深さは、どれくらいがよいですか。正しいものに○をつけましょう。

ア(　　)0cm　イ(　　)1cm　ウ(　　)5cm　エ(　　)10cm

(3) 図の㋐、㋑のうち、子葉はどちらですか。

(　　)

(4) ㋐、㋑のうち、先に出てくるのはどちらですか。

(　　)

(5) このあと、数がふえていくのは、㋐、㋑のどちらですか。

(　　)

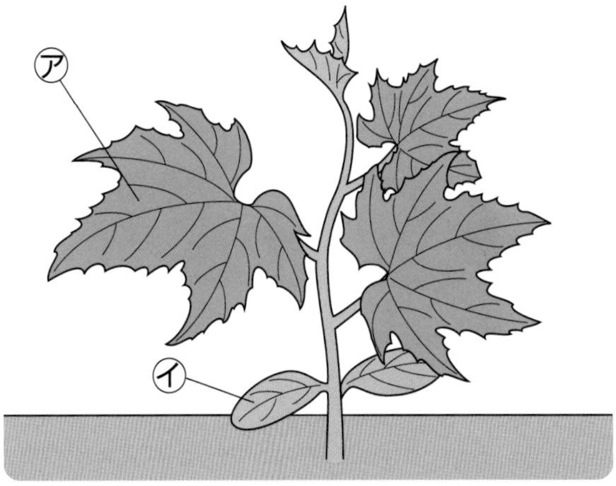

❷ 春のころの動物の様子を調べました。

(1) 春のころの動物の様子を表している文すべてに○をつけましょう。

ア(　　)シジュウカラが巣《す》を作っていた。
イ(　　)アマガエルが、土の中でじっとしていた。
ウ(　　)アゲハのよう虫が葉を食べていた。
エ(　　)アブラゼミが鳴いていた。

(2) ツバメは、どのようなところに巣を作りますか。正しいものに○をつけましょう。

ア(　　)高い木のえだ　イ(　　)家ののき先　ウ(　　)草むらの中

ヒント ❶ (4)ヘチマのたねをまいてしばらくすると、はじめに子葉が出てきます。

1. 季節《きせつ》と生き物

時間 30 分
／100
合格 70 点

教科書 8〜19、218〜219ページ　答え 4ページ

よく出る

1 春のころの植物やこん虫の様子を表したものには○、春のころ以外の季節の様子を表したものには×をつけましょう。

各5点(30点)

ア(　　)

イ(　　)

ウ(　　)

エ(　　)

オ(　　)

カ(　　)

よく出る

2 生き物を観察《かんさつ》する前に、気温をはかりました。

(1)、(2)、(4)は各5点、(3)は10点(25点)

(1) 気温は、何を使ってはかりますか。

(　　　　)

(2) 気温は、地面からどのぐらいの高さではかるとよいですか。

(　　　　)

(3) 記述 図のように、温度計の前に下じきなどをかざすのはなぜですか。

(　　　　)

(4) 右の図は、温度計の目もりを読んでいるところです。読み方が正しいほうに○をつけましょう。

ア(　　)

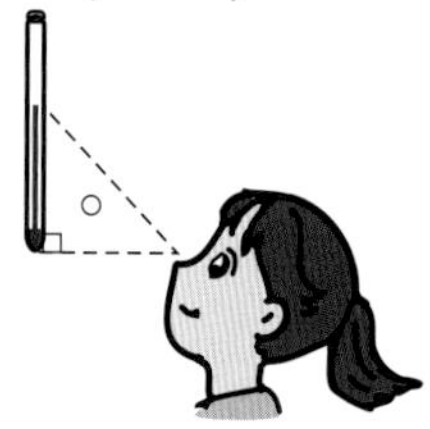

イ(　　)

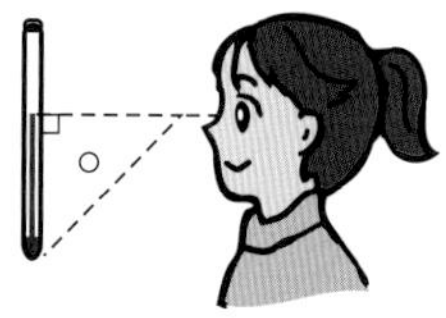

よく出る

3 ビニルポットのヘチマを花だんに植えかえました。

各5点(15点)

(1) ㋓は植物が大きく育つように土の中に入れるものです。これは何ですか。
(　　　　　　　)

(2) ㋓の入れ方で正しいのは、㋐～㋒のどれですか。
(　　)

(3) 記述 育ってきて、くきがのびてきたら、どんなことをしますか。
(　　　　　　　　　　　　)

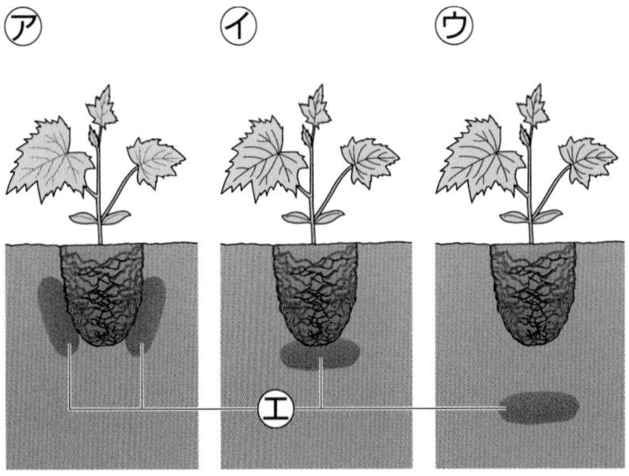

4 春になると、サクラの花など、寒い冬のころには見られなかった花がいろいろ見られます。

思考・表現　(1)は5点、(2)は10点(15点)

(1) このころになると見られるようになる、南の国からやってくる生き物はどれですか。○をつけましょう。

ア(　　)チョウ　　イ(　　)シジュウカラ
ウ(　　)ツバメ　　エ(　　)テントウムシ

(2) 記述 自然《しぜん》のかんきょうがどうなると、サクラの花がさき始めますか。「気温」という言葉を使って、かんたんに書きましょう。
(　　　　　　　　　　　　　　　　　　　　)

できたらスゴイ!

5 春の生き物のようすについてあてはまるものには○を、あてはまらないものには×をつけましょう。

各5点(15点)

葉の色が緑色から黄色や赤色に変《か》わったよ。

①(　　)

ツバメが巣《す》を作って、たまごを産《う》んでいたよ。

②(　　)

ショウリョウバッタのよう虫が葉の上にいたよ。

③(　　)

ふりかえり
❷がわからないときは、2ページの❶にもどってかくにんしましょう。
❺がわからないときは、4ページの❷にもどってかくにんしましょう。

ぴったり1 じゅんび

3分でまとめ

2. 天気による気温の変化《へんか》

①晴れの日の気温の変化

②天気による気温の変化のちがい

学習日　　月　　日

めあて

天気による1日の気温の変化のちがいをかくにんしよう。

教科書 21〜30、225ページ　答え 5ページ

下の(　　)にあてはまる言葉を書くか、あてはまるものを○でかこもう。

1 朝から午後にかけて、晴れの日の気温は、どのように変化するのだろうか。 教科書 21〜24ページ

▶晴れの日の気温の変化を、1時間おきに調べる。

- 気温は、風通しの(① よい ・ わるい)場所ではかる。
- (② 同じ ・ ちがう)場所で気温をはかり、そのときの(③ 　　　)も記録《きろく》する。

▶晴れの日に、気温の変化を調べると、右の表のように、朝から昼にかけて(④ 上がり ・ 下がり)、午後になってしばらくたつと(⑤ 上がる ・ 下がる)。

晴れの日の気温の変化

校庭(鉄ぼうの横) 5月8日

時こく	気 温	天 気
午前9時	19℃	晴れ
10時	20℃	晴れ
11時	21℃	晴れ
正午	22℃	晴れ
午後1時	24℃	晴れ
2時	24℃	晴れ
3時	23℃	晴れ

2 晴れの日とくもりの日では、気温の変化にどのようなちがいがあるのだろうか。 教科書 25〜30、225ページ

▶1日の気温の変化は、天気によってちがう。

- 気温を調べた結果《けっか》を、折《お》れ線グラフに表すと、天気による気温の変化をくらべやすくなる。

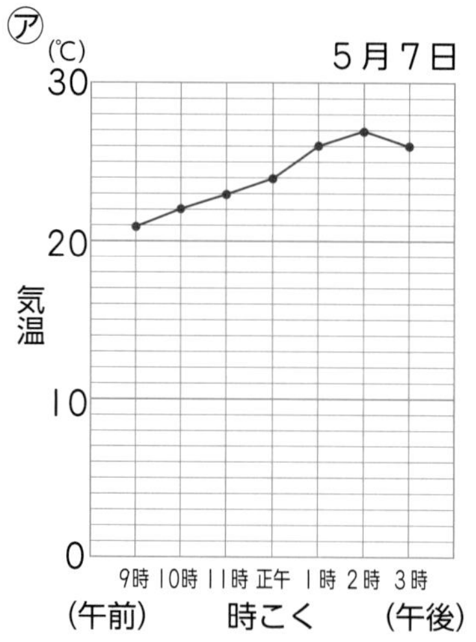

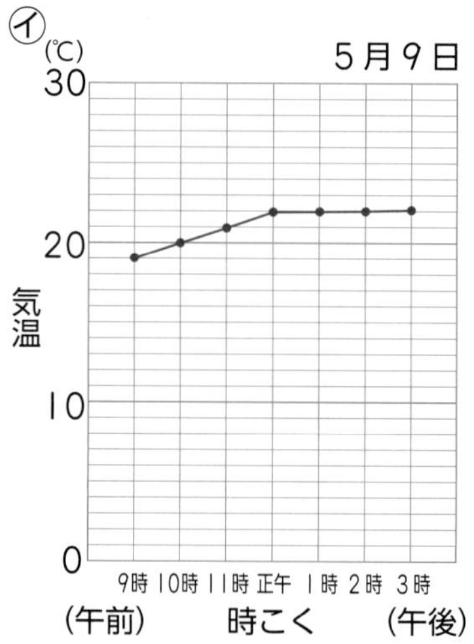

- 折れ線グラフで、㋐は(① 晴れ ・ くもり)の日の気温の変化を、㋑は(② 晴れ ・ くもり)の日の気温の変化を表している。

▶晴れの日のほうがくもりの日よりも気温の変化は(③ 大きい ・ 小さい)。

▶また、雨の日は、ふつう、晴れの日やくもりの日よりも気温が低《ひく》くなることが多く、1日の気温の変化が(④ 大きく ・ 小さく)なる。

ここが、だいじ!

①晴れの日の気温は、朝から昼にかけて上がり、午後になってしばらくたつと下がる。

②1日の気温の変化は、天気によってちがいがあり、ふつう、晴れの日のほうがくもりの日よりも気温の変化が大きい。

ぴたトリビア　晴れの日は、日光をさえぎる雲が少ないため、空気や地面はよくあたためられます。よくあたためられた地面が、さらに空気をあたためるため、晴れの日は気温の変化が大きくなります。

2. 天気による気温の変化《へんか》

①晴れの日の気温の変化

②天気による気温の変化のちがい

教科書　21～30、225ページ　答え　5ページ

1　１日の気温の変化を調べました。

(1) 晴れの日の気温は、朝から午後にかけて、どのように変化しますか。正しいものに○をつけましょう。

ア(　　)朝から昼にかけてあまり変《か》わらず、午後はずっと上がる。

イ(　　)朝から昼にかけてあまり変わらず、午後になってしばらくたつと下がる。

ウ(　　)朝から昼にかけて上がり、午後になってしばらくたつと下がる。

エ(　　)朝から午後までずっと上がる。

(2) くもりの日は、晴れの日とくらべると、１日の気温の変化は大きいですか、小さいですか。

(　　　　　)

(3) 写真のような、温度計などを入れて、気温をはかるために作られた箱を何といいますか。

(　　　　　)

2　晴れの日と、雨の日の１日の気温の変化を調べました。

(1) 図㋐、㋑は、晴れの日、雨の日のどちらの気温の変化ですか。

㋐(　　　　　)

㋑(　　　　　)

(2) １日の気温の変化が大きいのは、晴れの日、雨の日のどちらですか。

(　　　　　)

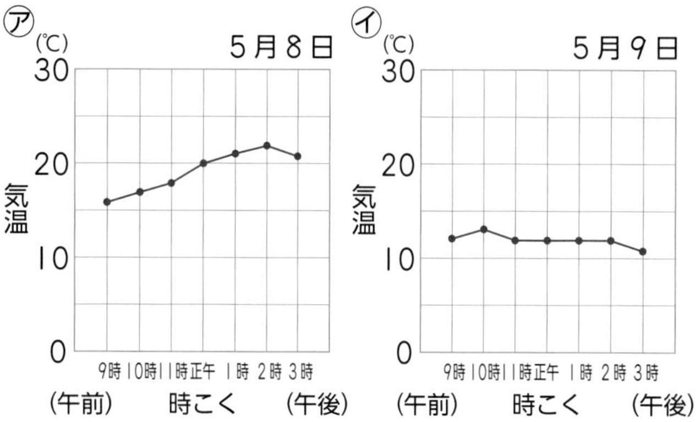

3　自記温度計で、5月11日から5月14日までの４日間の気温の変化を調べました。

(1) ４日間で最《もっと》も高かった気温は何℃ですか。

(　　　　　)

(2) 5月12日、13日、14日の天気は晴れ、くもり、雨のどれかでした。晴れの日は、何月何日ですか。

(　　　　　)

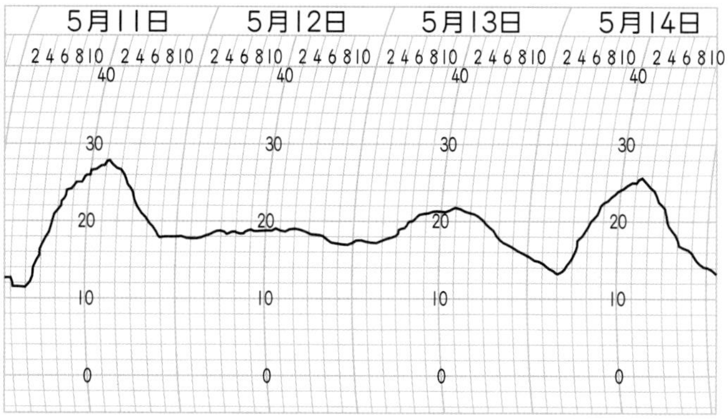

ヒント　3 (1)グラフのたてじくが気温で、１めもりは２℃を表しています。

2. 天気による気温の変化《へんか》

時間 30 分

／100

合格 70 点

教科書 20〜31、225ページ　答え 6ページ

よく出る

1 右の図は、晴れた日の気温の変化を折《お》れ線グラフに表したものです。　各5点(20点)

(1) 午前中、気温はどう変《か》わっていますか。

(　　　　　　　　　　)

(2) 気温が最《もっと》も高かった時こくは、何時ですか。

(　　　　　　　　)

(3) 午後2時すぎからは、気温はどう変わっていますか。

(　　　　　　　　　　)

晴れの日の気温の変化

5月10日

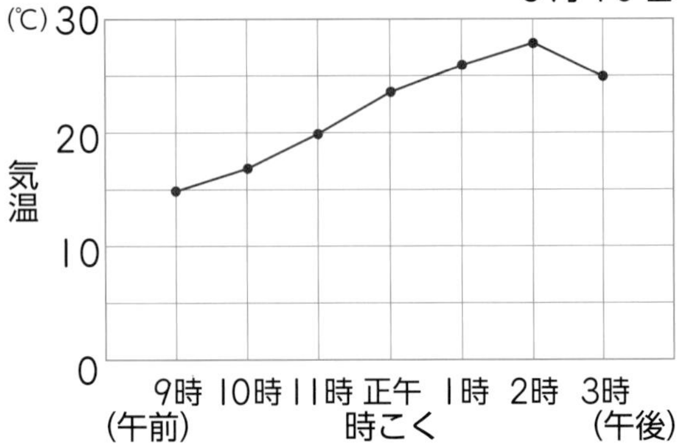

(4) この気温を調べた次の日はくもりでした。

くもりの日は、晴れた日よりも気温の変化が大きいですか、小さいですか。

(　　　　　　)

よく出る

2 1日の気温の変化を調べました。　各10点(20点)

(1) 作図 右の表は、1日の気温を調べた結果《けっか》です。この結果を右に折れ線グラフで表しましょう。　技能

時こく	気温
午前9時	18℃
10時	20℃
11時	22℃
正午	24℃
午後1時	25℃
2時	26℃
3時	25℃

1日の気温の変化

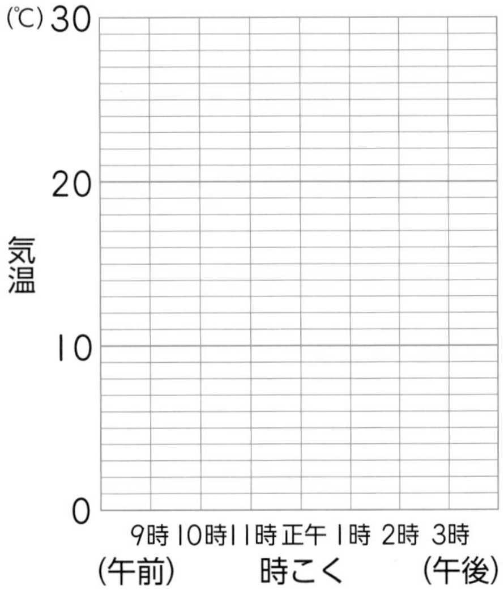

(2) この日の天気は晴れ、くもり、雨のどれと考えられますか。

(　　　　　　)

学習日　　月　　日

3 右の図は、自記温度計による３日間の気温の変化の様子です。

各10点(30点)

(1) 雨の日は何月何日ですか。気温の変化を見て答えましょう。

(　　　　　　　)

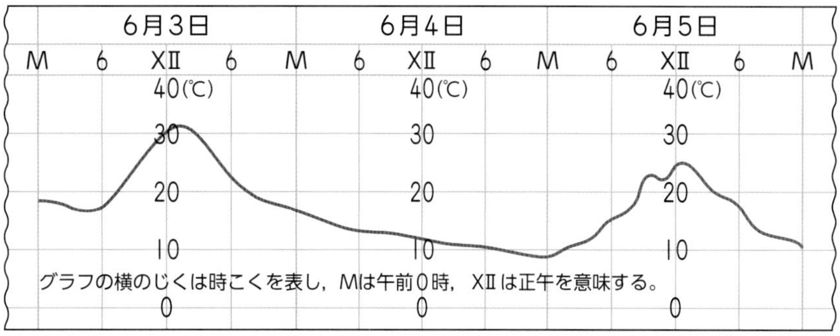

(2) (1)は、どんな様子から見分けましたか。あてはまるものに○をつけましょう。

ア(　　)昼間の気温が高く、１日の気温の変化が大きい。

イ(　　)１日中、気温が低《ひく》く、変化が大きい。

ウ(　　)昼間の気温が高く、１日の気温の変化が小さい。

エ(　　)１日中、気温が低く、変化が小さい。

(3) 気温の変化と天気の関係《かんけい》について、正しいものに○をつけましょう。

ア(　　)気温の変化は、天気と関係ない。

イ(　　)天気が変わると、気温も変わる。

ウ(　　)くもると、気温は変わらなくなる。

4 １日の気温の変化を調べました。ア、イの一方が晴れの日、もう一方がくもりの日のグラフです。

各10点(30点)

ア

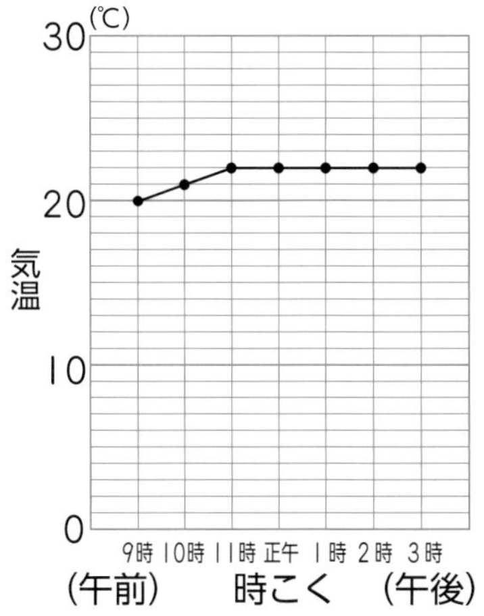

イ

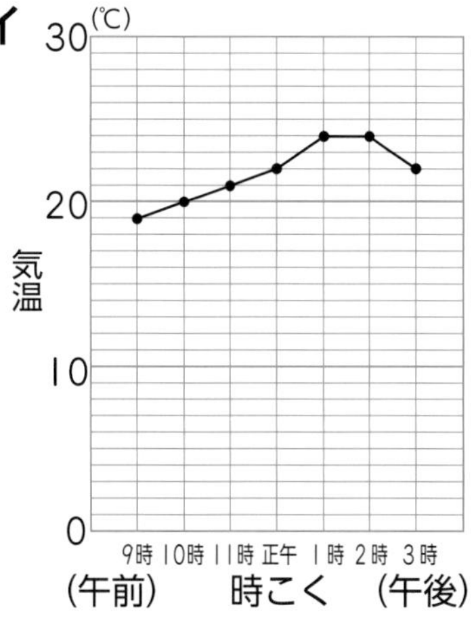

(1) くもりの日で、最も気温が高いときと、最も気温が低いときの差は何℃ですか。

(　　　　)

(2) どちらのグラフがくもりの日と考えられますか。(　　　)

(3) 記述 (2)のように考えた理由を答えなさい。

(　　　　　　　　　　　　　　　　　　　　　　　　)

ふりかえり

2がわからないときは、8ページの2にもどってかくにんしましょう。
4がわからないときは、8ページの2にもどってかくにんしましょう。

ぴったり1 じゅんび

3分でまとめ

3. 体のつくりと運動

①体のつくり

学習日　　月　　日

めあて
うでやあしの曲がるところと曲がらないところのつくりをかくにんしよう。

教科書 33〜37ページ　答え 7ページ

下の(　)にあてはまる言葉を書こう。

1 うでやあしの曲がるところと曲がらないところは、どのようなつくりになっているのだろうか。 教科書 33〜37ページ

▶うでやあしには、曲がるところと曲がらないところがある。

- 図１で、曲がるところは㋐と(①　　)、曲がらないところは(②　　)と㋓である。

▶うでやあしで、曲がらないところには、体の中に、かたい(③　　　　)がある。

図１

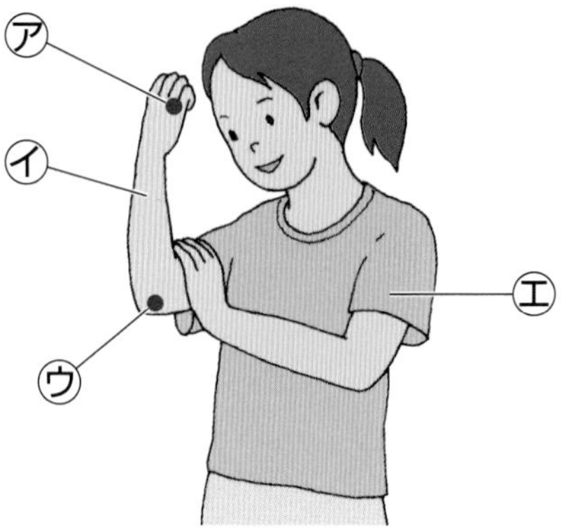

▶図２の、ほねのもけいの記号㋛〜㋞で、うでのほねは㋛、(④　　)、あしのほねは(⑤　　)、㋞である。

▶図２の記号㋕〜㋚で、

- うでの曲がるところは㋕、(⑥　　、　　)、あしの曲がるところは㋘、(⑦　　、　　)である。
- ㋖の「ひじ」や(⑧　　)の「ひざ」は、ほねとほねのつなぎ目だから曲がる。

▶ほねとほねのつなぎ目で、体の曲がるところを(⑨　　　　)という。

図２

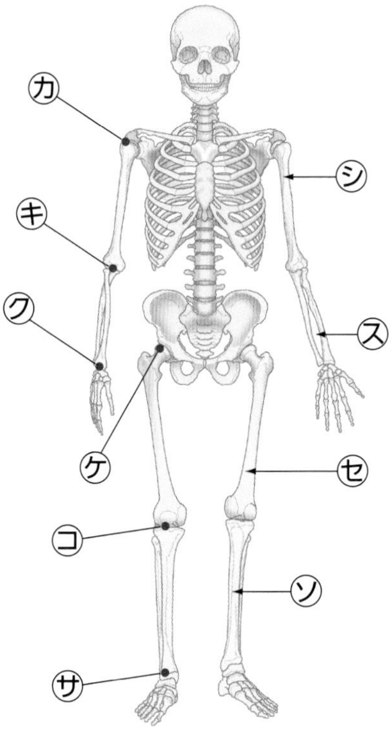

ここが だいじ！

①うでやあしの曲がるところは、ほねとほねのつなぎ目になっている。
②うでやあしの曲がらないところは、体の中にかたいほねがある。
③ほねとほねのつなぎ目で、体の曲がるところを関節（かんせつ）という。

ぴたトリビア　ほねにはカルシウムという成分（せいぶん）が多くふくまれます。カルシウムが多くふくまれている食品には牛にゅう、にゅうせい品、小魚などがあります。

ぴったり2 練習

3. 体のつくりと運動

①体のつくり

学習日　　月　　日

教科書 33～37ページ　答え 7ページ

1 人の体には、曲がるところと曲がらないところがあります。

(1) 図１はあしをさわっているところです。

① あしの中のかたいところを何といいますか。

(　　　)

② あしの曲がるところを何といいますか。

(　　　)

図１

(2) 図２のほねのもけいで、曲がるところはどこですか。㋐～㋕からあてはまるものをすべて選《えら》び、記号で答えましょう。

(　　　)

図２

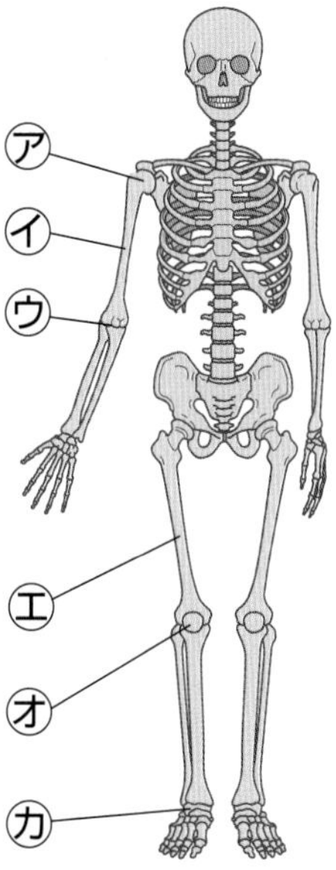

(3) 次の①～⑤の部分を、図２の㋐～㋕から選び、記号で答えましょう。

① あしのほね (　)

② うでのほね (　)

③ ひじの関節《かんせつ》 (　)

④ かたの関節 (　)

⑤ ひざの関節 (　)

2 右の図は、人の手のほねのもけいです。

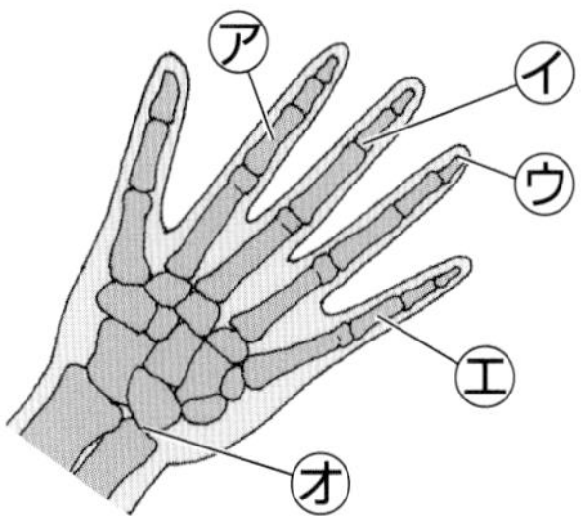

(1) 図の㋐～㋔で、曲がるところはどこですか。あてはまるものをすべて選び、記号で答えましょう。

(　　　)

(2) 手首の関節はどこですか。㋐～㋔の記号で答えましょう。

(　)

(3) 図の㋐～㋔で、ほねの部分はどこですか。あてはまるものをすべて選び、記号で答えましょう。

(　　　)

ヒント ❶ (2)うでやあしの曲がるところは、ほねとほねのつなぎ目になっています。

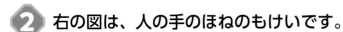

3. 体のつくりと運動

②きん肉のはたらき

学習日　　月　　日

めあて
人や動物の体を動かすしくみをかくにんしよう。

教科書 38〜41ページ　答え 8ページ

下の(　　)にあてはまる言葉を書くか、あてはまるものを〇でかこもう。

1 きん肉がどのように動いて、うでやあしが曲がったりのびたりするのだろうか。

教科書 38〜41ページ

▶うでやあしなどのほねの周《まわ》りには(①　　　　　)がついている。

▶うでを曲げるとき

内側《がわ》のきん肉は(② ちぢむ ・ ゆるむ)。

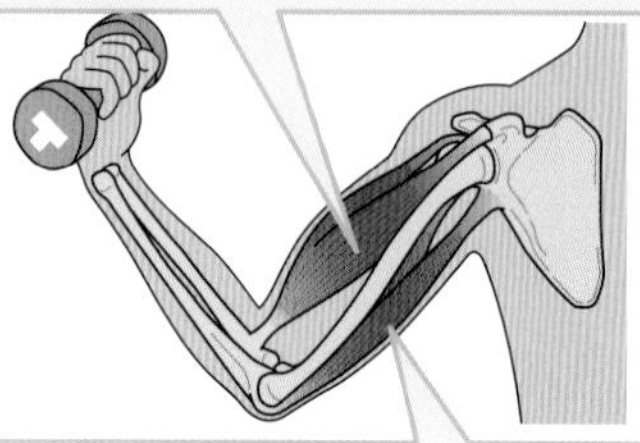

外側のきん肉は(③ ちぢむ ・ ゆるむ)。

▶うでをのばすとき

内側のきん肉は(④ ちぢむ ・ ゆるむ)。

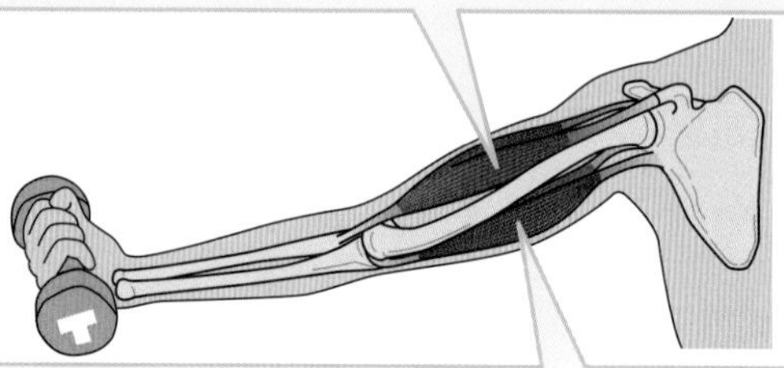

外側のきん肉は(⑤ ちぢむ ・ ゆるむ)。

▶あしを曲げるとき

前側のきん肉はゆるむ。

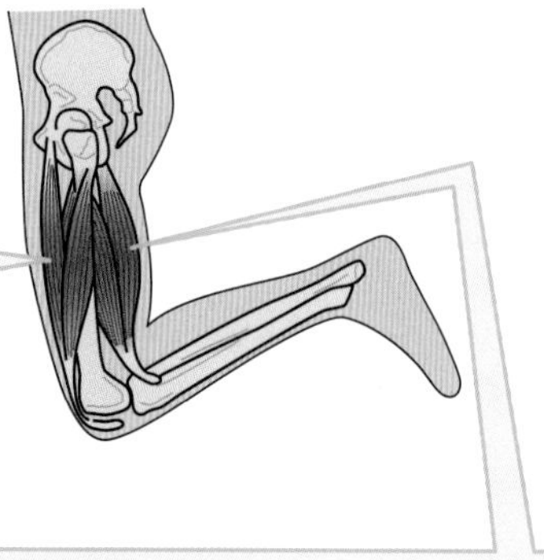

後ろ側のきん肉は(⑥　　　　　　)。

▶あしをのばすとき

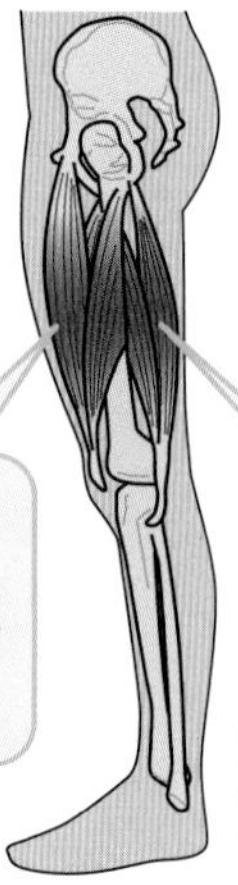

前側のきん肉はちぢむ。

後ろ側のきん肉は(⑦　　　　　　)。

2 人以外《いがい》の動物も、人と同じしくみで体を動かしているのだろうか。

教科書 41ページ

▶人以外の動物にも、ほねのまわりに(①　　　　　)がついている。

▶人以外の動物も、人と同じように、(②　　　　　)をちぢめたりゆるめたりすることで、(③　　　　)のところで曲げたりのばしたりして、体を動かしている。

ウサギのほね

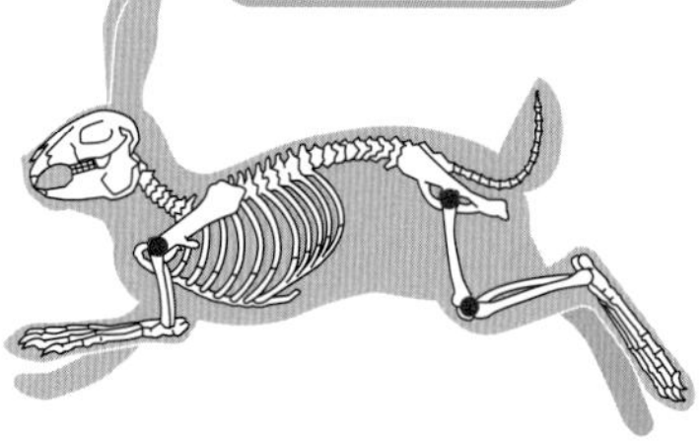

ここが だいじ!

①人は、きん肉をちぢめたりゆるめたりして、うでやあしを曲げたりのばしたりする。

②人以外の動物も、人と同じように、きん肉をちぢめたりゆるめたりすることで、関節《かんせつ》のところで体を曲げたりのばしたりして動かしている。

ぴたトリビア　ふだん食べている肉や魚は、きん肉であることが多いです。

1 右の図のように、うでを曲げたりのばしたりしました。

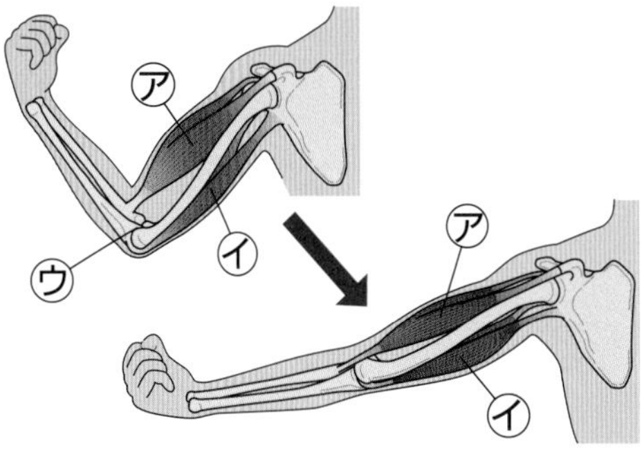

(1) うでを曲げたりのばしたりするときにはたらく、図の㋐や㋑を何といいますか。

(　　　　　)

(2) うでを曲げるとき、㋒の部分で曲がります。この㋒のようなところを何といいますか。

(　　　　　)

(3) うでを曲げたりのばしたりすると、㋐と㋑はそれぞれどうなりますか。正しいものを2つ選《えら》び、○をつけましょう。

ア(　　)うでを曲げると、㋐はゆるみ、㋑はちぢむ。
イ(　　)うでを曲げると、㋐はちぢみ、㋑はゆるむ。
ウ(　　)うでをのばすと、㋐はゆるみ、㋑はちぢむ。
エ(　　)うでをのばすと、㋐はちぢみ、㋑はゆるむ。

2 いすにすわってあしをのばして、ふとももの様子を調べました。

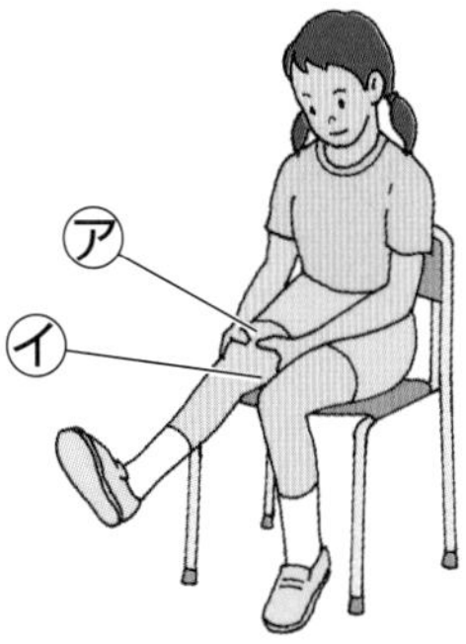

(1) あしをのばすとふとももがもり上がるのは、右の㋐、㋑のどちらの部分ですか。

(　　)

(2) ふとももがもり上がったのは、何がちぢんだからですか。

(　　　　　)

3 イヌが体を動かすしくみについて調べました。

(1) イヌは、4本のあしを動かして歩きます。このとき、ゆるんだりちぢんだりするのは、あしの何ですか。

(　　　　　)

(2) イヌが歩くことができるのは、あしに曲がるところがあるからです。その曲がる部分を何といいますか。

(　　　　　)

ヒント ❸ 人以外の動物も、人と同じしくみで体を動かします。

ぴったり3
たしかめのテスト
3. 体のつくりと運動

時間 30 分
／100
合格 70 点

教科書 32～43ページ　答え 9ページ

よく出る

1 **右の図は、人の体の各部分を表したものです。** 各5点(20点)

(1) ほねとほねのつなぎ目で、体の曲がるところを何といいますか。

(　　　　)

(2) ほねの周《まわ》りについている、やわらかい部分を何といいますか。

(　　　　)

(3) 人の体で曲がる部分を、図の㋐～㋓から２つ選《えら》び、記号で答えましょう。

(　　)(　　)

2 **あしを曲げたときのきん肉の様子を調べました。あしのきん肉はどうなりましたか。それぞれ正しいものに○をつけましょう。** 各5点(10点)

(1) あしの前側《がわ》のきん肉

ア(　　)ちぢむ　**イ**(　　)ゆるむ　**ウ**(　　)変《か》わらない

(2) あしの後ろ側のきん肉

ア(　　)ちぢむ　**イ**(　　)ゆるむ　**ウ**(　　)変わらない

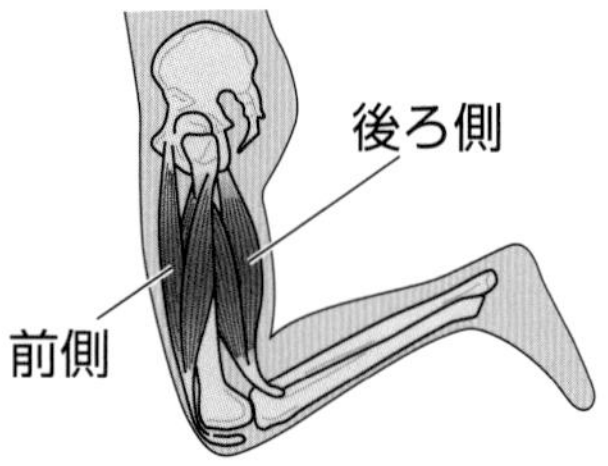

3 **ウサギの体のつくりを調べました。** 各5点(20点)

(1) ㋐～㋒のうち、関節《かんせつ》はどこですか。２つ選んで答えましょう。

(　　)(　　)

(2) 次の文の①、②にあてはまる言葉を書きましょう。

ウサギにも、人と同じように、ほね、関節、(①)があります。人と同じように、これらのはたらきで、体を(②)たり、のばしたりして、動かしています。

①(　　　　)

②(　　　　)

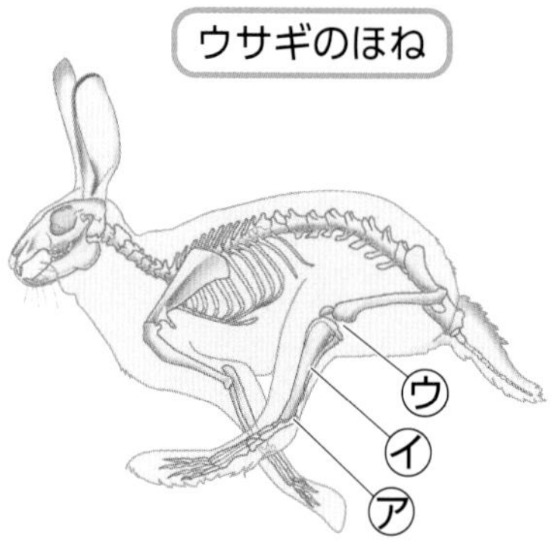

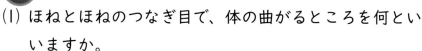

学習日　　月　　日

よく出る

4 うでを曲げて、さわってみました。

各6点(18点)

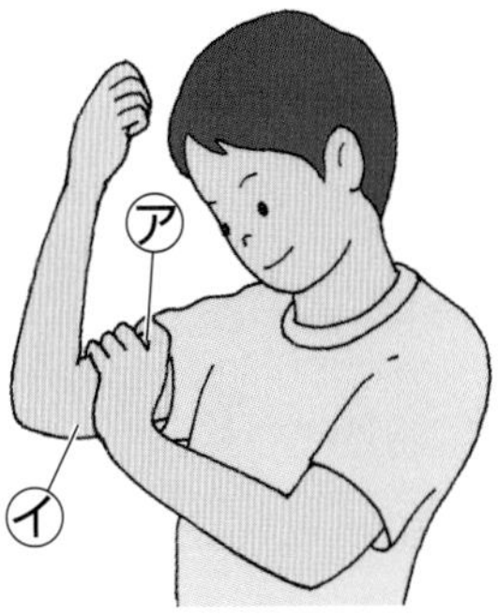

(1) うでをさわったとき、かたい部分には何がありますか。

(　　　　　　)

(2) (1)の周りにあるやわらかい部分を何といいますか。

(　　　　　　)

(3) 右の図で、力を入れると(2)がかたくなる部分は、㋐、㋑のどちらですか。

(　　)

5 図1は、うでを曲げたときのきん肉の様子です。また、図2は、うでを曲げたりのばしたりするしくみを考えるもけいです。

思考・表現　各8点(24点)

図1

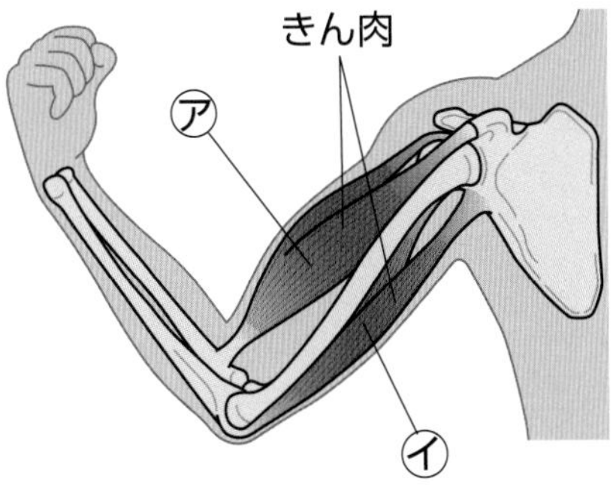

図2

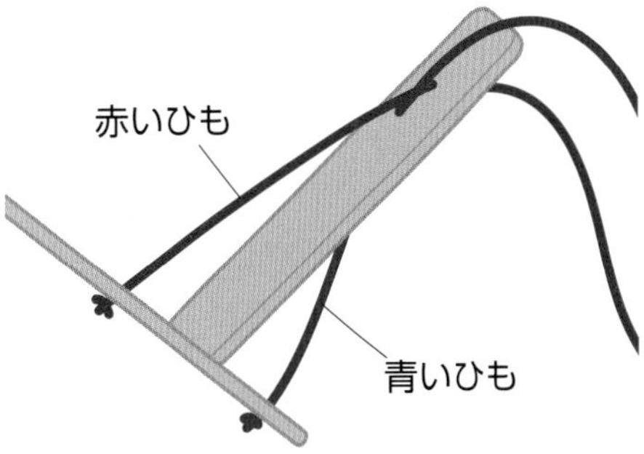

(1) 図1で、ばねがちぢんでいる様子とにているのは、㋐と㋑のどちらのきん肉ですか。

(　　)

(2) 図2のもけいで、ひもは実さいの体の何を表していますか。

(　　　　　　)

(3) 図2のもけいで、赤いひもと青いひものどちらのひもを引いて短くすると、うでを曲げたときの様子になりますか。

(　　　　　　)

できたらスゴイ！

6 記述 ウサギの後ろあしは、前あしよりほねやきん肉が発達《はったつ》しています。これはウサギのどんな動きをしやすくしているかを書きましょう。

思考・表現 (8点)

(　　　　　　　　　　　　　　　　)

ふりかえり

1がわからないときは、12ページの1にもどってかくにんしましょう。
6がわからないときは、14ページの2にもどってかくにんしましょう。

ぴったり1 じゅんび

3分でまとめ

4. 電流のはたらき

①かん電池とモーター

学習日　　月　　日

めあて かん電池の向きと、回路に流れる電流の向きとの関係をかくにんしよう。

教科書 45〜48、219ページ　答え 10ページ

下の(　)にあてはまる言葉を書くか、あてはまるものを○でかこもう。

1 かん電池の向きを変《か》えると、回路に流れる電流の向きが変わるのだろうか。

教科書 45〜48、219ページ

▶電気の流れのことを(①　　　　)という。

▶図1のように、検流計《けんりゅうけい》を使って、回路に流れる(②　　　　)の向きや大きさを調べることができる。

図1

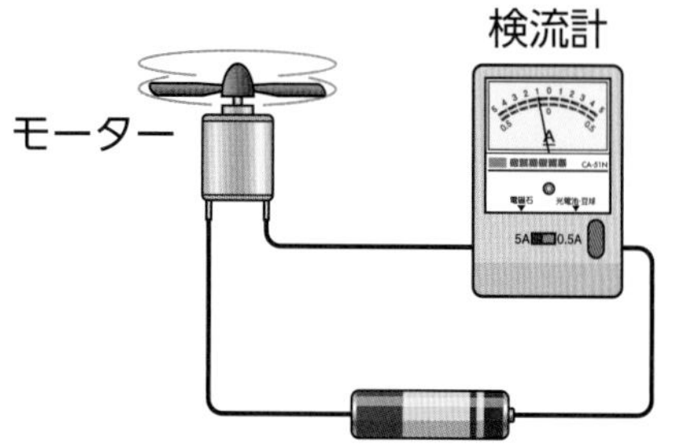

図2

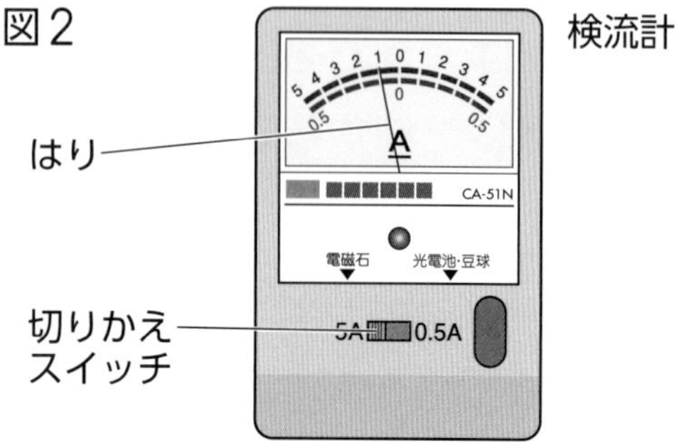

▶図2のように、検流計には切りかえスイッチがある。

- 検流計の切りかえスイッチは、はじめは(③「光電池《こうでんち》・豆球」・「電磁石《でんじしゃく》」)のほうにしておく。
- はりのふれが小さいときは、切りかえスイッチを(④「光電池・豆球」・「電磁石」)のほうにする。

▶検流計のはりの向きが、㋐と㋑では、回路を流れる電流の向きは(⑤　同じ　・　反対　)である。

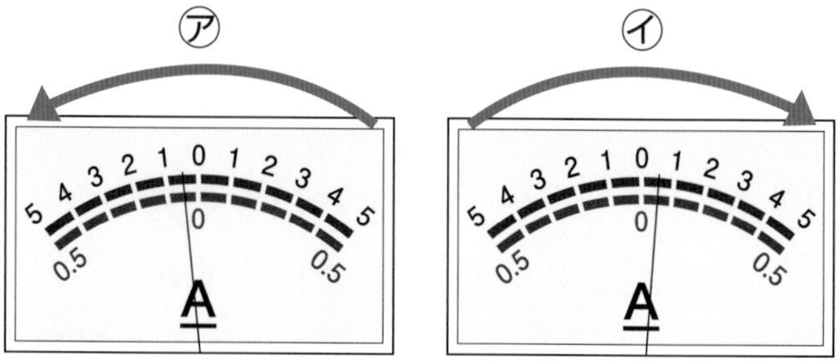

- 図1の回路で、検流計のはりの向きが㋐のとき、かん電池の向きを変えると、検流計のはりの向きは(⑥　㋐　・　㋑　)になる。
- かん電池の向きを変えると、回路に流れる電流の向きが(⑦　　　　　)。

▶電流は、かん電池の(⑧　+極《プラスきょく》　・　−極《マイナスきょく》　)から出て、モーターを通り、かん電池の(⑨　+極　・　−極　)に入る向きに流れる。

ここが だいじ!

①電気の流れのことを電流という。
②かん電池の向きを変えると、回路に流れる電流の向きが変わる。
③電流は、かん電池の+極から出て、モーターなどを通り、かん電池の−極に入る向きに流れる。

ぴたトリビア　検流計がこわれるので、検流計をかん電池だけにつないではいけません。

4. 電流のはたらき

①かん電池とモーター

教科書 45〜48、219ページ　答え 10ページ

1 図のように、かん電池にモーターをつないで、モーターを回しました。

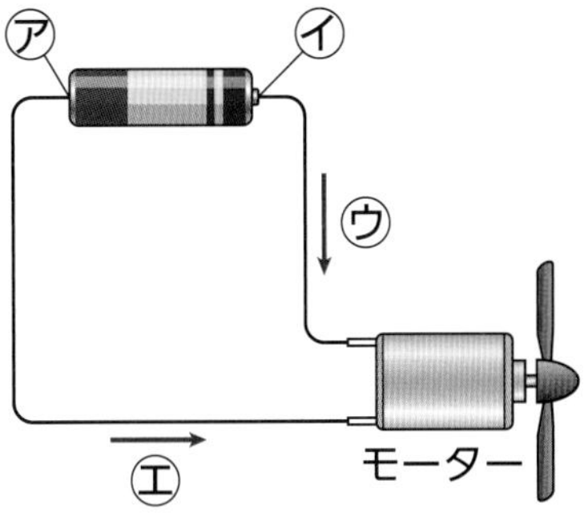

(1) かん電池の＋極《プラスきょく》は、㋐、㋑のどちらですか。
（　　）

(2) 電気は、㋒、㋓のどちらの向きに流れますか。
（　　）

(3) 電気の流れのことを何といいますか。
（　　　　）

(4) 図のかん電池の向きを変《か》えると、モーターの回る向きはどうなりますか。
（　　　　　　　　）

2 図のような回路に、電流を流しました。

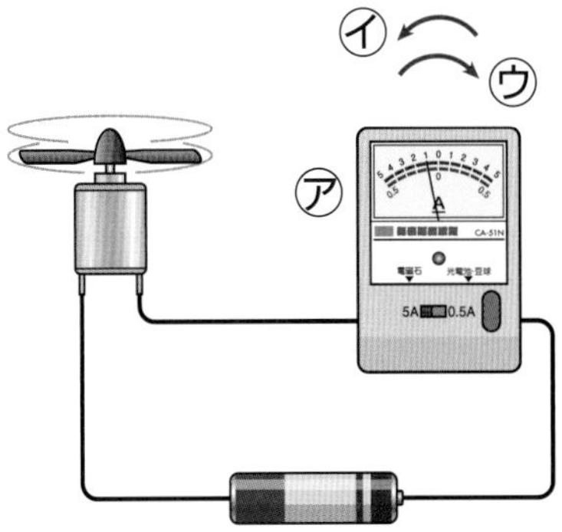

(1) 回路に流れる電流の、向きや大きさを調べる㋐の道具を何といいますか。
（　　　　）

(2) 図のようにかん電池をつなぐと、㋐のはりは㋑の向きにふれました。かん電池の向きを変えると、はりは㋑、㋒のどちらの向きにふれますか。
（　　）

3 モーターで回るプロペラカーを作って走らせました。

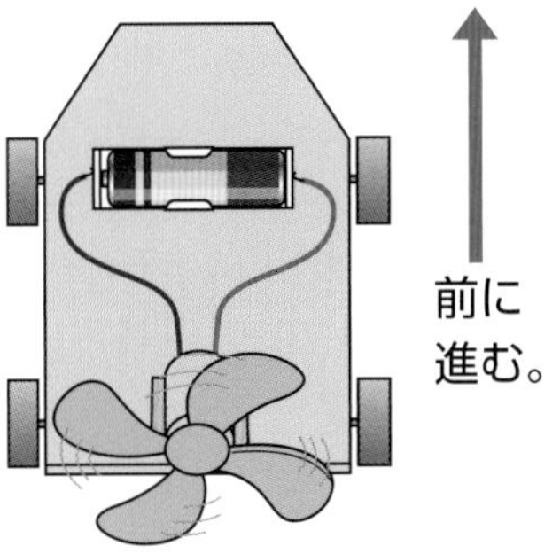

(1) かん電池とプロペラのどう線をつなぐと、プロペラカーは前に進みました。かん電池の向きを変えると、プロペラカーの進み方はどうなりますか。正しいものに○をつけましょう。

ア（　　）前に進む。　**イ**（　　）後ろに進む。
ウ（　　）進まない。

(2) かん電池の向きを変えると、モーターに流れる電流の向きと、モーターの回る向きはどうなりますか。正しいものに○をつけましょう。

① 電流の向き
ア（　　）変わらない。　**イ**（　　）反対になる。　**ウ**（　　）電流は流れない。

② モーターの回る向き
ア（　　）変わらない。　**イ**（　　）反対になる。　**ウ**（　　）モーターは回らない。

ヒント 2 (2)検流計を使うと、回路に流れる電流の向きや大きさを調べることができます。

4. 電流のはたらき

②かん電池のつなぎ方

学習日　　月　　日

めあて
かん電池2このつなぎ方と、電流の大きさとの関係をかくにんしよう。

教科書 49～55ページ　答え 11ページ

下の(　　)にあてはまる言葉を書こう。

1 かん電池2このつなぎ方によって、電流の大きさはどのようにちがうのだろうか。 教科書 49～55ページ

▶かん電池2このつなぎ方とモーターに流れる電流の大きさ

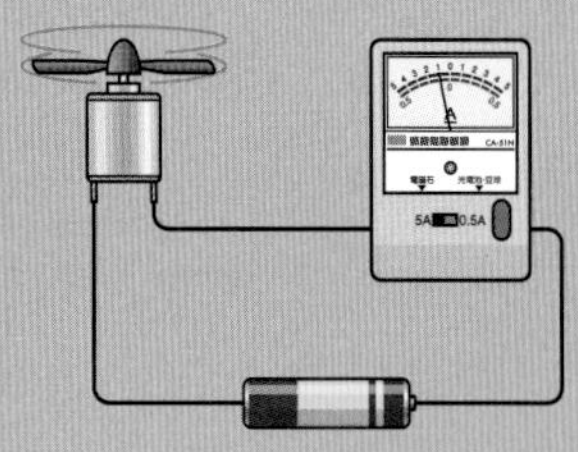	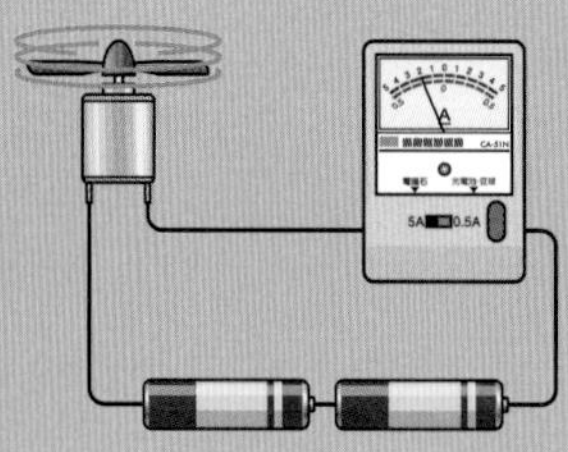	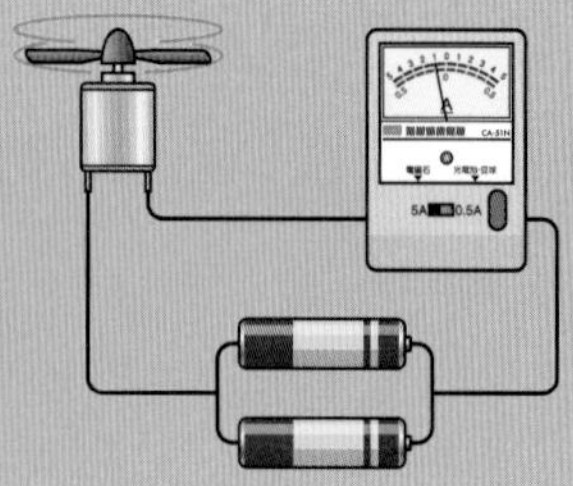
かん電池のつなぎ方	かん電池の (①　　　　　)つなぎ	かん電池の (②　　　　　)つなぎ
モーターの回る速さ	かん電池1このときよりも (③　　　　　)。	かん電池1このときと (④　　　　　)。
モーターに流れる 電流の大きさ	かん電池1このときよりも (⑤　　　　　)。	かん電池1このときと (⑥　　　　　)。

▶電気用図記号

・回路を図で表すとき、次のような電気用図記号を使うと、かんたんにわかりやすく表すことができる。

電球	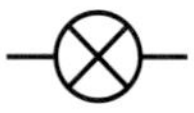	どう線	
電池	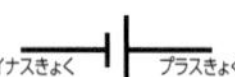 (−極)《マイナスきょく》　(+極)《プラスきょく》	せつぞく点	
モーター	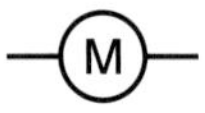	切りかえ スイッチ	 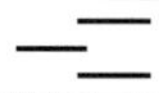 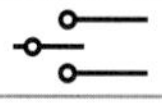
検《けん》流《りゅう》計《けい》	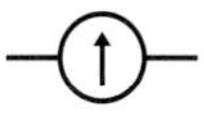		

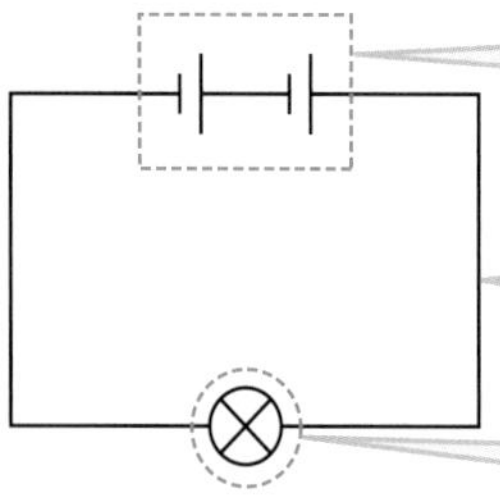

2このかん電池の
(⑦　　　　)つなぎ

(⑧　　　　)

(⑨　　　　)

ここがだいじ!

①かん電池2この直列つなぎでは、かん電池1このときよりも、モーターに大きい電流が流れる。

②かん電池2このへい列つなぎでは、かん電池1このときと、モーターに流れる電流の大きさがあまり変《か》わらない。

ぴたトリビア　直列つなぎでは、かん電池を1つはずすと回路は切れてしまいますが、へい列つなぎだと、かん電池を1つはずしても回路はつながっています。

4. 電流のはたらき

②かん電池のつなぎ方

1 かん電池2こをモーターにつなぎ、モーターに流れる電流の大きさを調べました。

①
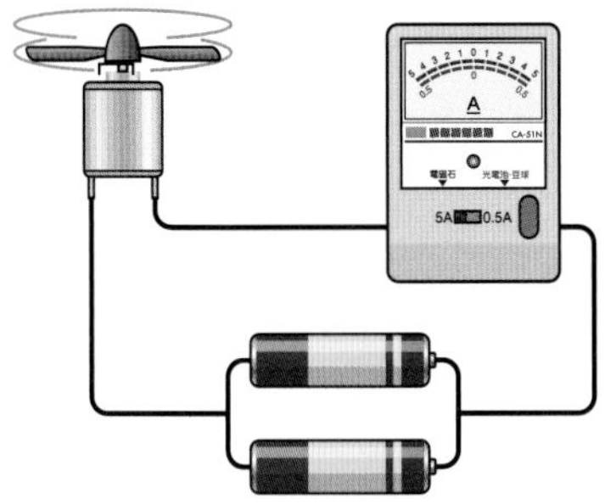

②
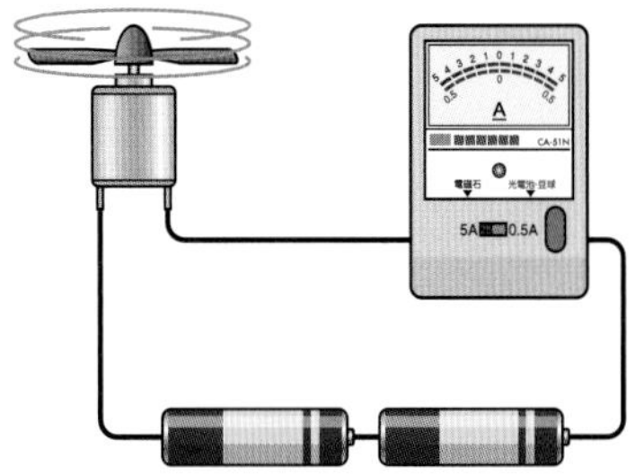

(1) ①、②のようなかん電池のつなぎ方を、それぞれ何といいますか。

①(　　　　)つなぎ　②(　　　　)つなぎ

(2) モーターに流れる電流の大きさはどうでしたか。正しいものに○をつけましょう。

ア(　)①のほうが②よりも大きい。　**イ**(　)①と②はあまり変《か》わらない。

ウ(　)②のほうが①よりも大きい。

(3) モーターの回る速さはどうでしたか。正しいものに○をつけましょう。

ア(　)①のほうが②よりも速い。　**イ**(　)①と②はあまり変わらない。

ウ(　)②のほうが①よりも速い。

2 図1のプロペラカーの回路を、図2のように電気用図記号を使って表しました。

図1

図2
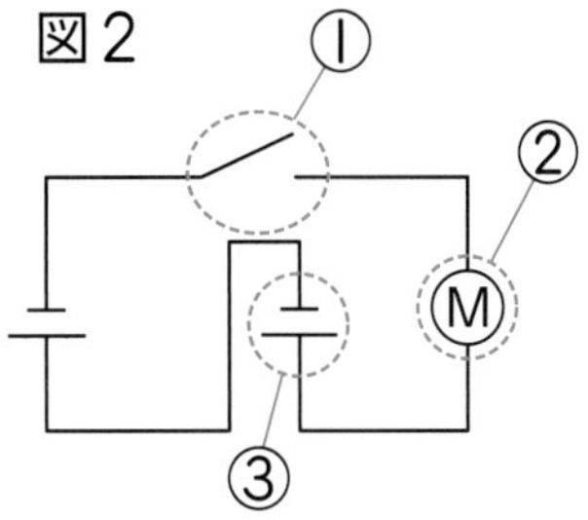

(1) 図2の①、②、③の電気用図記号は、それぞれ何を表していますか。

①(　　　　)　②(　　　　)

③(　　　　)

(2) 図2のかん電池2このつなぎ方を何といいますか。

(　　　　)つなぎ

(3) 図1のプロペラカーの回路のかん電池を1こにすると、図1のときにくらべて、プロペラカーの走る速さはどうなりますか。正しいものに○をつけましょう。

ア(　)速くなる。　**イ**(　)あまり変わらない。　**ウ**(　)おそくなる。

ヒント 1 (1)①は2このかん電池の＋極《プラスきょく》どうし、−極《マイナスきょく》どうしをまとめてつないでいます。
②は1このかん電池の＋極ともう1このかん電池の−極をつないでいます。

ぴったり3 たしかめのテスト

4. 電流のはたらき

時間 30 分

/100

合格 70 点

教科書 44〜59、219ページ　答え 12ページ

よく出る

1 かん電池、モーター、検流計《けんりゅうけい》をどう線でつなぎ、回路を作りました。　各5点(30点)

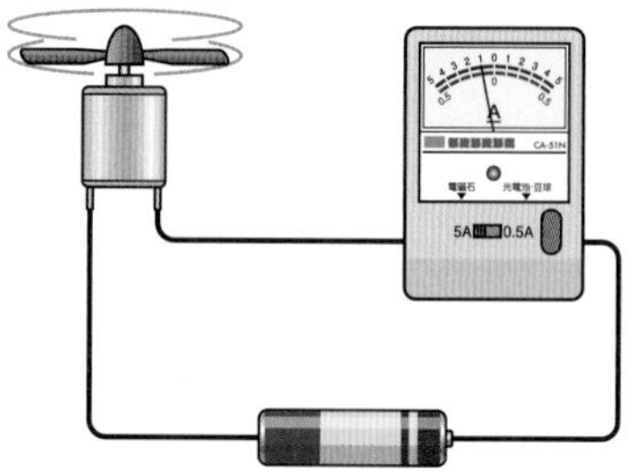

(1) 検流計を使うと、何を調べることができますか。2つ書きましょう。　技能

(　　　　　　　　　　)

(　　　　　　　　　　)

(2) かん電池の向きを変《か》えて、モーターを回しました。

① 検流計のはりのふれる向きはどうなりますか。

(　　　　　　　　　　)

② 検流計のはりのふれぐあいはどうなりますか。

(　　　　　　　　　　)

③ モーターの回る向きはどうなりますか。

(　　　　　　　　　　)

④ モーターの回る速さはどうなりますか。

(　　　　　　　　　　)

2 図は、電気用図記号を使って、ある回路を表したものです。　各5点(20点)

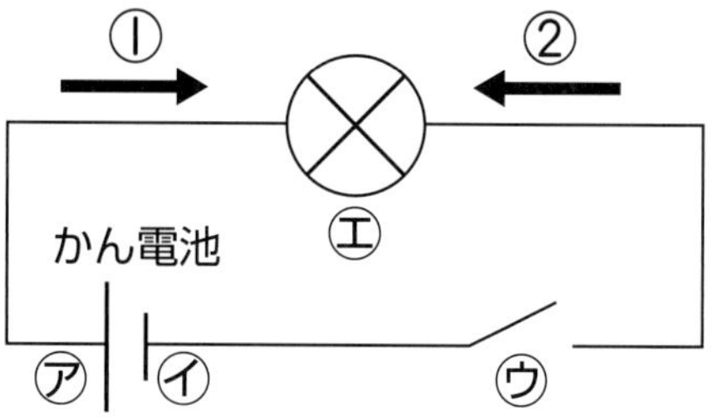

(1) かん電池の＋極《プラスきょく》は、㋐と㋑のどちらですか。

(　　)

(2) ㋒が表しているものは何ですか。

(　　　　　　　　　　)

(3) この回路に電流を流したとき、㋓に流れる電流の向きは、①と②のどちらですか。

(　　)

(4) この回路のかん電池の向きを変えると、回路に流れる何が変わりますか。

(　　　　　　　　　　)

よく出る

❸ かん電池２ことモーターをどう線でつなぎ、モーターの回る速さを調べました。

(1)～(3)は各5点、(4)は全部できて15点(30点)

(1) ①のようなかん電池のつなぎ方を何といいますか。

（　　　　　　）つなぎ

(2) ①の回路について、かん電池１こを使ってモーターを回したときとくらべると、モーターの回る速さはどうなりますか。

（　　　　　　　　　　）

①　②

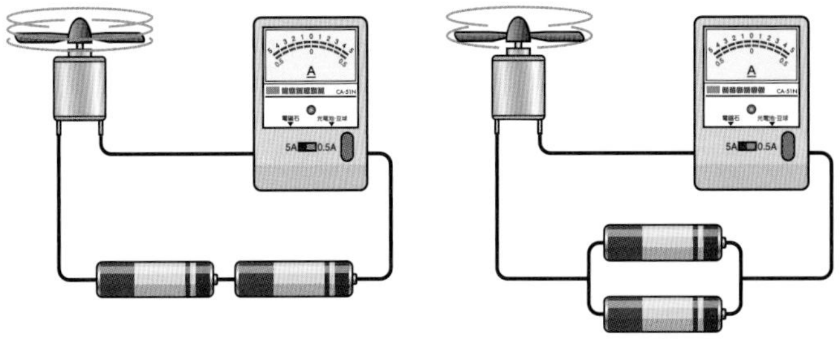

(3) ②の回路について、かん電池１こを使ってモーターを回したときとくらべると、モーターの回る速さはどうなりますか。

（　　　　　　　　　　）

(4) 記述 検流計を使って、①と②のモーターに流れる電流を調べました。**ア**、**イ**のうち、どちらが①について調べた結果《けっか》ですか。選《えら》んだ理由も書きましょう。　思考・表現

ア

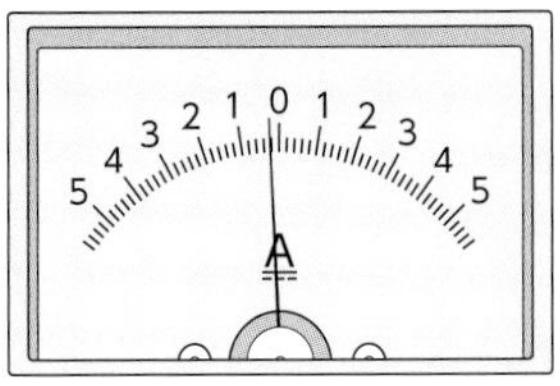

イ

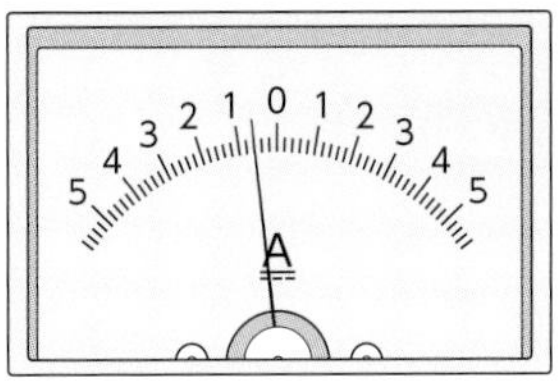

結果（　　　　　　）

理由（　　　　　　　　　　　　　　　　　　　　）

できたらスゴイ！

❹ かん電池２こにプロペラをつけたモーターをつないで、図１のようなプロペラカーを作ります。

思考・表現　各10点(20点)

(1) 図１のかん電池のつなぎ方を何といいますか。

（　　　　　　）つなぎ

図１

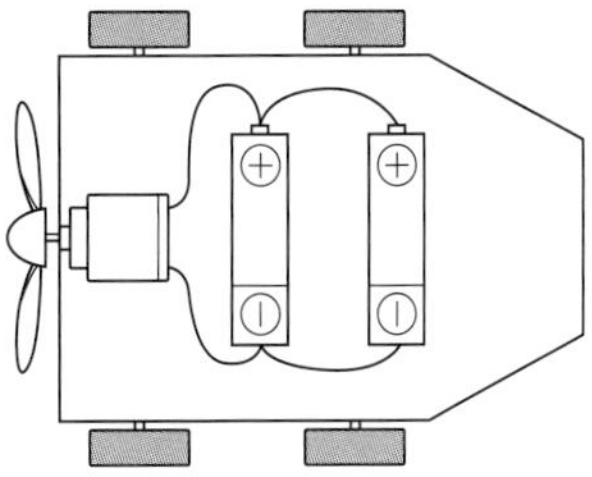

図２

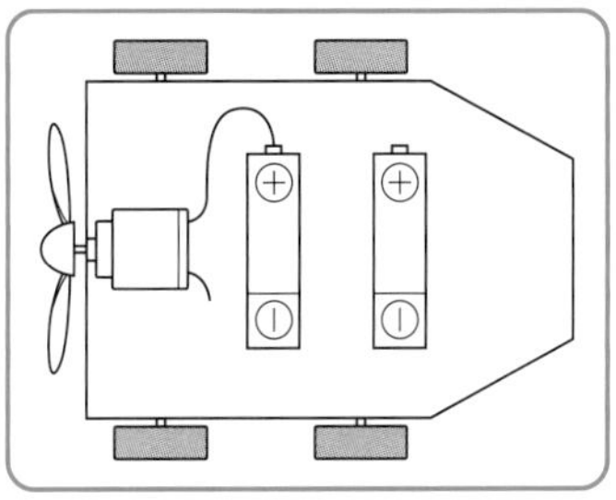

(2) 作図 ２このかん電池のつなぎ方を変えて、もっと速く走るプロペラカーを作ります。どう線はどのようにつなげばよいですか。図２の［　　］にかきましょう。

ふりかえり
❸がわからないときは、18ページの❶にもどってかくにんしましょう。
❹がわからないときは、20ページの❶にもどってかくにんしましょう。

ぴったり1 じゅんび

3分でまとめ

★ 夏と生き物

学習日　　月　　日

めあて
夏に見られる植物や動物の様子をかくにんしよう。

教科書　61〜69ページ　　答え　13ページ

下の（　）にあてはまる言葉を書くか、あてはまるものを○でかこもう。

1 夏になって、ヘチマは、春のころからどのように変《か》わっているのだろうか。　教科書　62〜65ページ

▶ヘチマの様子が、春のころからどのように変わっているかを調べると、

・くきの長さ…（① のびていない ・ のびている ）
・葉…数は、（② ふえていない ・ ふえている ）
　大きさは、（③ 変わらない ・ 大きくなっている ）

▶春のころにくらべると、気温は（④　　　　　）いる。

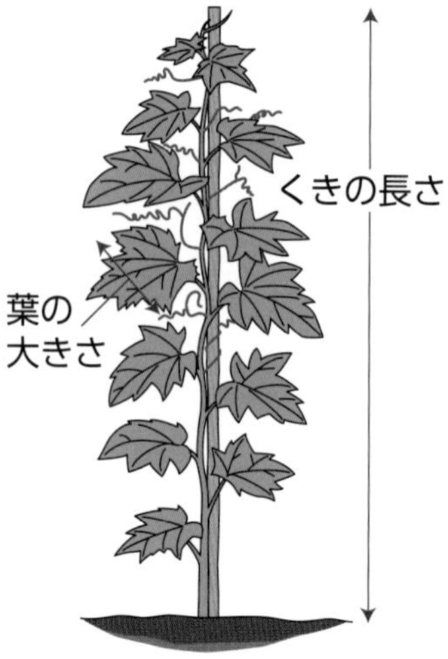

夏になって暑い日が続《つづ》くようになり、植物は葉がしげり、緑が多くなるよ。

2 夏になって、こん虫や鳥などは、春のころからどのように変わっているのだろうか。　教科書　66〜69ページ

▶夏のころのこん虫や鳥などの様子

ショウリョウバッタ

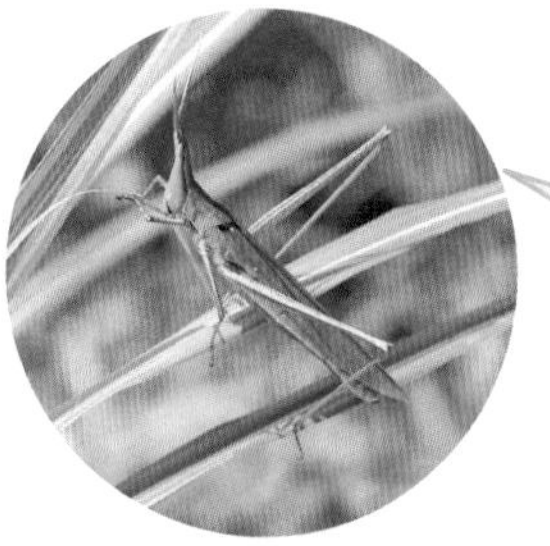

葉を（①　　　　）ている。

アブラゼミ

（②　　）のしるをすっている。

オオカマキリ

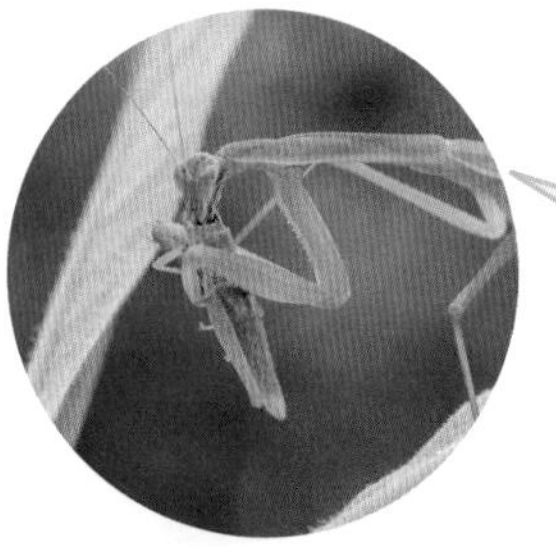

虫を（③　　　　）ている。

ツバメ

子に（④　　　　）をあたえている。

ここが、だいじ！

夏になって、気温が上がると、春のころよりも
①ヘチマは、くきがのび、葉の数がふえている。
②トンボやセミなど、たくさんの種類《しゅるい》のこん虫などが見られ、活発に活動している。
　また、ツバメは、子が巣《す》立ち、見られる数がふえている。

ぴたトリビア　アブラゼミやミンミンゼミなど、日本には約30種、世界には約1600種のセミが知られています。

1 ヘチマの成長《せいちょう》の様子を調べました。

(1) 夏になると、気温は、春のころにくらべてどうなっていますか。
（　　　　　　　　　）

(2) ヘチマの成長の様子を調べるには、何の長さをはかればよいですか。
（　　　）

(3) 次の文はヘチマの観察《かんさつ》記《き》録《ろく》をまとめたものです。（　）にあてはまる言葉を書きましょう。

> 観察記録には、はじめに日時と天気、（①　　　）を書いておく。
> ヘチマは、春のころにくらべて、（②　　　）がのびていた。
> また、（③　　　）の数はふえ、大きさも大きくなっていた。

2 夏のころの動物の様子について調べました。

(1) 木のしるをすいに集まるこん虫はどれですか。すべて選《えら》び、○をつけましょう。

ア（　）アキアカネ　　**イ**（　）アブラゼミ
ウ（　）カブトムシ　　**エ**（　）ナナホシテントウ

(2) 次の文の中で、夏のころの様子について書いてあるものを3つ選び、○をつけましょう。

ア（　）木にとまっているアブラゼミが多く見られる。
イ（　）池の中には、ヒキガエルのおたまじゃくしが多く見られる。
ウ（　）オオカマキリのたまごからよう虫がかえる。
エ（　）えだにとまっているツバメの子に、親が食べ物をあたえている。
オ（　）ナナホシテントウのさなぎが成虫《せいちゅう》になる。
カ（　）巣《す》を作っているシジュウカラが見られる。

ヒント ❷ (2)春のころの動物の様子を思い出しながら考えます。

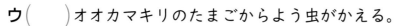

ぴったり3
たしかめのテスト ★夏と生き物

時間 30 分
／100
合格 70 点

教科書 60〜69ページ　答え 14ページ

よく出る

1 いろいろな生き物の夏のころの様子を調べました。

各6点(24点)

(1) 夏のころの植物の様子2つに○をつけましょう。

ア(　　)　イ(　　)　ウ(　　)　エ(　　)

ハス

花がさいた。

サクラ

葉の色が変《か》わった。

ヘチマ

子葉が出た。

アジサイ

花がさいた。

(2) 夏のころの動物の様子2つに○をつけましょう。

ア(　　)　イ(　　)　ウ(　　)　エ(　　)

アブラゼミ

木にとまっている成虫《せいちゅう》

ヒキガエル

水の中のおたまじゃくし

オオカマキリ
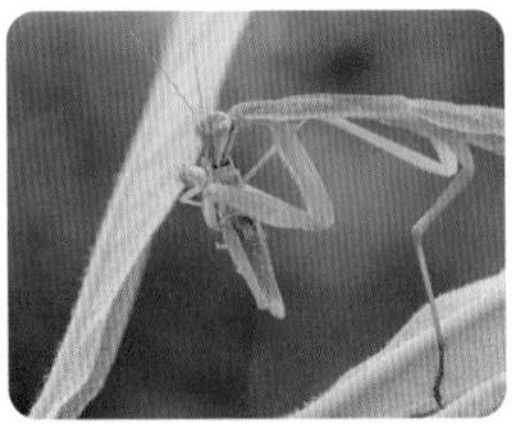
虫をつかまえたよう虫

エンマコオロギ

はねをふるわせて鳴いている成虫

2 サクラの成長《せいちょう》の様子です。春から夏までの成長の順《じゅん》にならべるとどうなりますか。㋐〜㋒の記号で書きましょう。

(10点)

㋐

㋑

㋒

(　　→　　→　　)

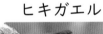

よく出る

3 夏のころの、動物の活動の様子を調べました。

各6点(36点)

(1) 右の㋐、㋑の、こん虫の名前をそれぞれ書きましょう。

㋐(　　　　　　　　)

㋑(　　　　　　　　)

(2) 見られるこん虫の種類《しゅるい》と活動の様子は、春のころにくらべてどうなりましたか。正しいものに○をつけましょう。

ア(　　)たくさんの種類のこん虫が見られるが、活動の様子は変わらない。

イ(　　)見られるこん虫の種類は変わらないが、活発に活動するようになった。

ウ(　　)たくさんの種類のこん虫が見られ、活発に活動するようになった。

(3) 次の文の中で、夏のころのツバメやヒキガエルの様子について書いてあるものを3つ選《えら》び、○をつけましょう。

ア(　　)ツバメの子が巣《す》立ち、親の近くに見られる。

イ(　　)陸《りく》に上がったヒキガエルが見られる。

ウ(　　)ツバメが巣を作っている。

エ(　　)水の中にヒキガエルのおたまじゃくしが見られる。

オ(　　)ツバメの見られる数が、春のころとくらべてふえている。

できたらスゴイ！

4 ヘチマのくきがのびた長さを、2週間ごとに午前10時に調べて、そのときの気温といっしょに記《き》録《ろく》しています。

思考・表現　各15点(30点)

(1) 6月19日の気温は24℃で、2週間でくきがのびた長さは52cmでした。2週間後の7月3日の気温は28℃でした。2週間でくきがのびた長さは52cmよりのびていると考えられますか、それとも、のびていないと考えられますか。

52cmより(　　　　　　　　)

(2) 記述 (1)で、そう答えた理由を書きましょう。

(　　　　　　　　　　　　　　　　　　　　)

ふりかえり
❶がわからないときは、24ページの2にもどってかくにんしましょう。
❹がわからないときは、24ページの1にもどってかくにんしましょう。

ぴったり1
じゅんび
★ 夏の星

3分でまとめ

学習日　　月　　日

めあて
夏の夜空に見られる星の色や明るさ、星ざをかくにんしよう。

教科書　70〜75、220ページ　答え　15ページ

下の(　　)にあてはまる言葉を書くか、あてはまるものを○でかこもう。

1 星の明るさや色は、星によってちがうのだろうか。　教科書　70〜75、220ページ

▶ことざ、わしざ、はくちょうざのように、星のまとまりを、いろいろな動物や道具などに見立てて名前をつけたものを(①　　　　)という。

▶星《せい》ざ早見…星や(　①　)をさがすときに使う。

▶星ざ早見の使い方

- 右の図のように、観察《かんさつ》するときの、外側《がわ》の「月日」の目もりと内側の「(②　　　　)」の目もりを合わせる。
- 方位《ほうい》じしんを使って、観察する(③　　　　)を調べ、その向きに立つ。
- 観察する方位が(④　上　・　下　)になるように星ざ早見を持ち、星をさがす。

星ざ早見…7月7日午後9時(21時)の場合

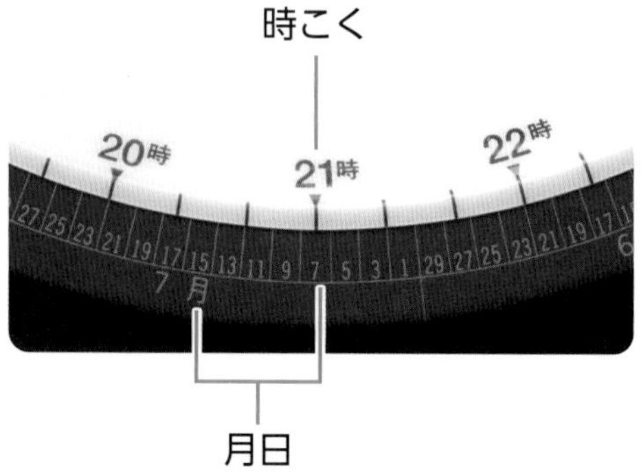

▶夏の夜、東の空や南の空に見られる星ざ

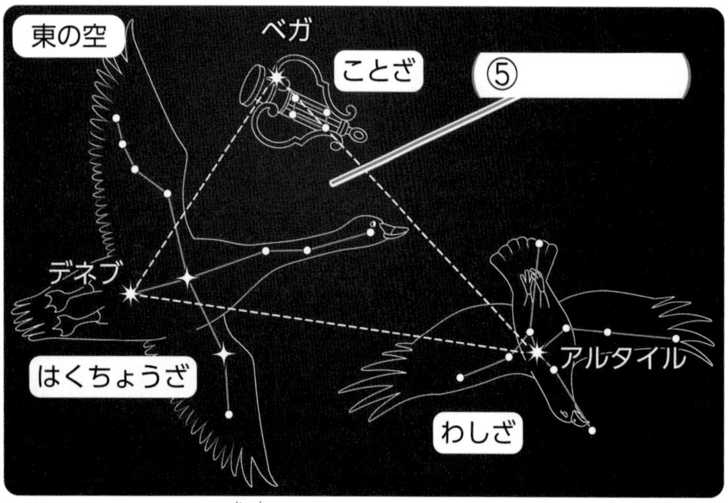

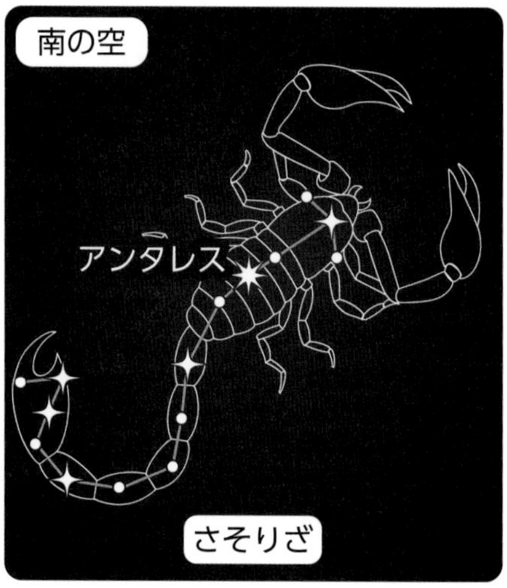

- 星は、明るい順《じゅん》に、(⑥　　)等星、2等星、(⑦　　)等星、……とよばれている。
- 東の空に見えるデネブ、ベガ、アルタイルは(⑧　白っぽい　・　赤っぽい　)色をした(⑨　　)等星で、この3つの星を結《むす》んでできる形は(　⑤　)とよばれている。
- 南の空に見えるアンタレスは、(⑩　　)等星で(⑪　白っぽい　・　赤っぽい　)色をしている。

▶星の(⑫　　　　　　)や(⑬　　　　　　)は、星によってちがう。

ここがだいじ！　①星の明るさや色は、星によってちがう。

ぴたトリビア　「デネブ」はアラビア語で「(めんどりの)尾《お》」という意味で、はくちょうざのちょうど尾の位置にあります。

ぴったり2 練習

★ 夏の星

学習日　　月　　日

教科書 70〜75、220ページ　答え 15ページ

1 次の文は、夏の夜空の星について書いたものです。正しいものには○、まちがっているものには×をつけましょう。

ア（　　）星は、明るさのちがいで色もちがってくる。

イ（　　）暗い星から順《じゅん》に、1等星、2等星、3等星、……とよばれている。

ウ（　　）夏の大三角をつくる3つの星は、1等星である。

エ（　　）星は、明るさはちがうが、色はみんな同じである。

2 星や星《せい》ざの名前や位置《いち》を調べるため、写真のようなものを用意しました。

(1) 星や星ざを調べるときに使う、写真のようなものを何といいますか。

（　　　　　　）

(2) 星ざを調べるには、(1)をどのように使えばよいですか。正しいものに○をつけましょう。

ア（　　）回転ばんを回して方位《ほうい》を合わせ、空からにた星ざをさがす。

イ（　　）回転ばんを回して観察《かんさつ》する月日と時こくを合わせ、観察する方位を下にして、星ざをさがす。

ウ（　　）空にある星ざとにた星ざを、回転ばんを回して名前を調べる。

3 7月の午後8時ごろ、夏の大三角を見つけました。

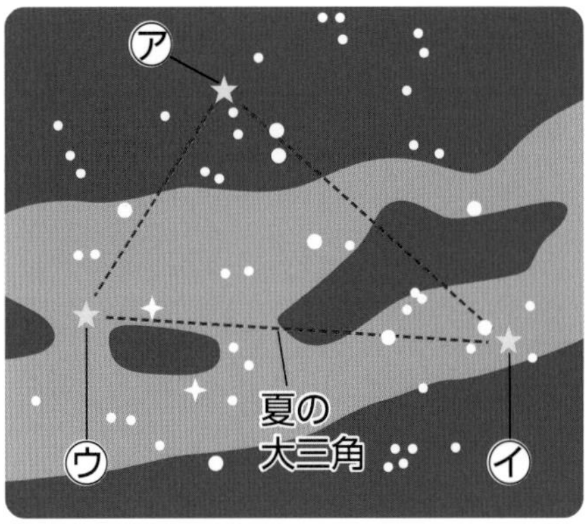

(1) 右の図のア〜ウの星の名前をそれぞれ書きましょう。

ア（　　　　　　）

イ（　　　　　　）

ウ（　　　　　　）

(2) この夏の大三角は、東、西、南、北のどの方位の空に見えますか。

（　　）

ヒント ③ アはことざの星、イはわしざの星、ウははくちょうざの星です。

★ 夏の星

時間 30 分
／100
合格 70 点

教科書 70〜75、220ページ　答え 16ページ

よく出る

1 7月のある日の夜9時ごろに夜空を見上げると、図のように、明るい3つの星㋐〜㋒が見えました。

各5点(35点)

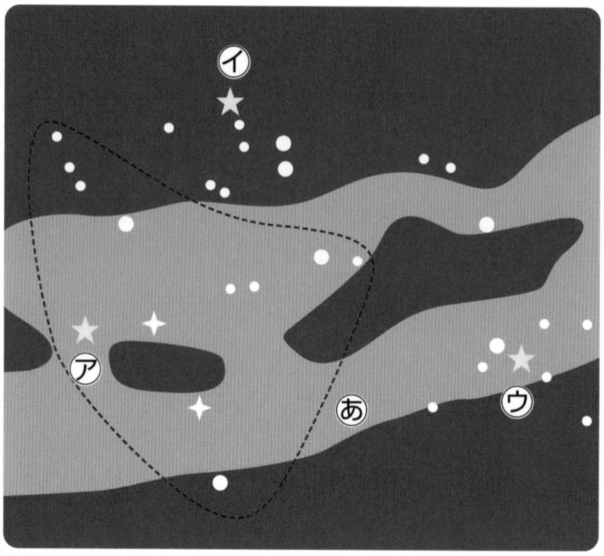

(1) 右の図のような星が見えたのは、東、西、南、北のうち、どの方位《ほうい》の空を見上げたときですか。

(　　)

(2) ㋐、㋑、㋒の3つの星を結《むす》んでできる三角形を、何といいますか。

(　　　　　)

(3) ㋐、㋑、㋒の星は、何等星ですか。

(　　　　　)

(4) ㋐、㋑、㋒の星の名前をそれぞれ書きましょう。

㋐(　　　　　　　　)
㋑(　　　　　　　　)
㋒(　　　　　　　　)

(5) ㋐の星がふくまれている------でかこんだ星《せい》ざあの名前を書きましょう。

(　　　　　　　　)

2 次の文は、星を観察《かんさつ》してわかったことを書いたものです。正しいものを3つ選《えら》んで○をつけましょう。

各5点(15点)

ア(　　)星は、明るい順《じゅん》に、1等星、2等星、3等星、……とよばれている。
イ(　　)星には、白っぽい色の星や赤っぽい色の星などいろいろな色のものがある。
ウ(　　)星は、ずっと同じところに止まっていて動かない。
エ(　　)1等星は白っぽい色にかがやく星で、2等星、3等星、……となるにしたがい赤っぽい色にかがやいて見える。
オ(　　)さそりざの赤っぽい色にかがやく星は、1等星である。
カ(　　)星は、空の低《ひく》いところでは赤っぽい色にかがやき、空の高いところでは白っぽい色にかがやいて見える。

よく出る

③ 夏の空を観察すると、図１のような星ざが見つかりました。

各5点(30点)

図１

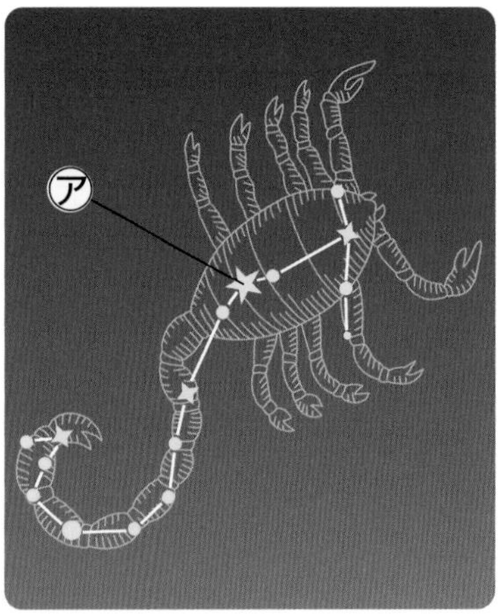

(1) 図１の星ざは、何とよばれていますか。

（　　　　　　　　）

(2) この星ざは、午後８時ごろ、東、西、南、北のうち、どの方位の空に見えますか。

（　　）

(3) 図のㇳアは、何という星ですか。また、どんな色に見えますか。　　名前（　　　　　　）

色（　　　　　　）

(4) 図１の星ざの位《い》置《ち》をさがすために、図２のような星ざ早見を使い、図３のように目もりを合わせました。何月何日の20時(午後８時)を表していますか。　技能

（　　　　　　　　）

図２

(5) 図１の星ざをさがすとき、星ざ早見の東、西、南、北のどの方位が下になるように持ちますか。　技能

（　　）

図３

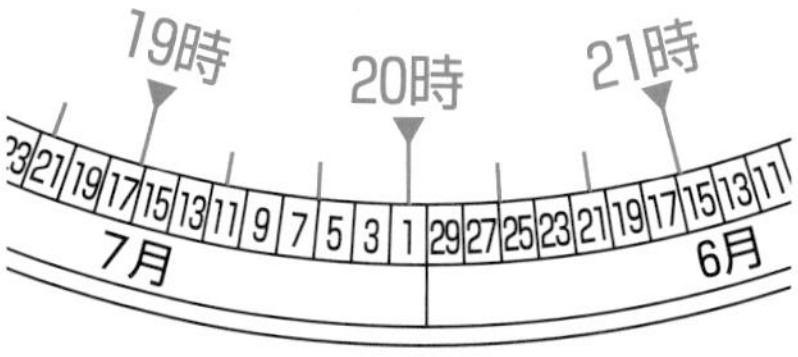

できたらスゴイ！

④ 星ざ早見を使って、夜空の星ざの位置をさがします。

各10点(20点)

(1) 夏の夜、午後８時ごろ、はくちょうざをさがすときの、星ざ早見の持ち方はㇳア～ㇳウのどれですか。　技能

（　　）

ㇳア

南を下に持つ

ㇳイ

北を下に持つ

ㇳウ

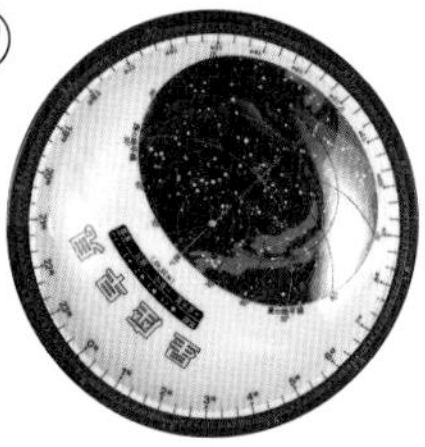

東を下に持つ

(2) 記述 夜空の星ざをさがすとき、星ざ早見の方位をどのように持てばよいか書きましょう。　思考・表現

（　　　　　　　　　　　　　　　　　　　　）

この本の終わりにある「夏のチャレンジテスト」をやってみよう！

ふりかえり ③がわからないときは、28ページの１にもどってかくにんしましょう。

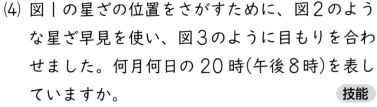

学習日 月 日

5. 雨水と地面

①地面にしみこむ雨水
②地面を流れる雨水

めあて
雨水のしみこみ方や流れ方についてかくにんしよう。

教科書 79～87ページ　答え 17ページ

下の（　）にあてはまる言葉を書くか、あてはまるものを○でかこもう。

1 土のつぶの大きさによって、水のしみこむ速さは、どのように変(か)わるのだろうか。

教科書 79～83ページ

▶ ㋐～㋒のつぶの大きさをくらべる。

	㋐ 運動場の土	㋑ すな場のすな	㋒ じゃり

つぶの大きさ ⇨	（① 大きい・小さい）	←→	（② 大きい・小さい）

▶ 右の図のようなそうちに、上の㋐～㋒を同じ量(りょう)ずつ入れて、同じ量の水を注ぎ、水のしみこむ速さをくらべる。

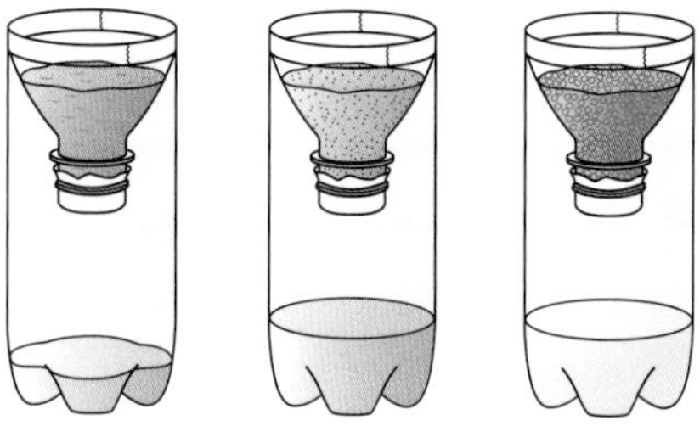

・水がしみこむのがいちばん速いのは（③ ㋐・㋑・㋒）で、いちばんおそいのは（④ ㋐・㋑・㋒）である。

▶ つぶが（⑤ 小さい ・ 大きい）と、水は速くしみこみ、つぶが（⑥ 小さい ・ 大きい）と水はゆっくりしみこむ。

2 雨水は、地面の高い場所から低(ひく)い場所へ流れているのだろうか。

教科書 84～87ページ

▶ 雨がふった次の日などに、雨水の流れたあとにそって、といを置(お)き、ビー玉の動きを見る。

・ビー玉は（① 高い ・ 低い）場所から（② 高い ・ 低い）場所へ転がる。

▶ ビー玉は雨水の流れた方向に動くから、雨水も地面の（③　　）場所から（④　　）場所へ流れている。

ここが、だいじ！

①土のつぶが大きいと、水は速くしみこみ、土のつぶが小さいと、水はゆっくりしみこむ。
②雨水は、地面の高い場所から低い場所へ流れている。

ぴたトリビア 高い場所から低い場所へ川の水は流れていきます。山の上流を流れる小さな川は、ほかの川といっしょになって大きな川となり、海へ流れていきます。

5. 雨水と地面

①地面にしみこむ雨水
②地面を流れる雨水

教科書 79〜87ページ　答え 17ページ

1 じゃり、すな場のすな、運動場の土を使って、水のしみこみ方を調べました。

(1) つぶがいちばん小さいのは運動場の土でした。運動場の土に○をつけましょう。

ア(　　)　イ(　　)　ウ(　　)

(2) 右の図のようなそうちに、(1)のア〜ウを同じ量《りょう》ずつ入れて、同じ量の水を注ぎ、水のしみこみ方をくらべました。すると、つぶの大きさが大きいほど、水が速くしみこみました。ア〜ウを、水が速くしみこむ順《じゅん》にならべましょう。

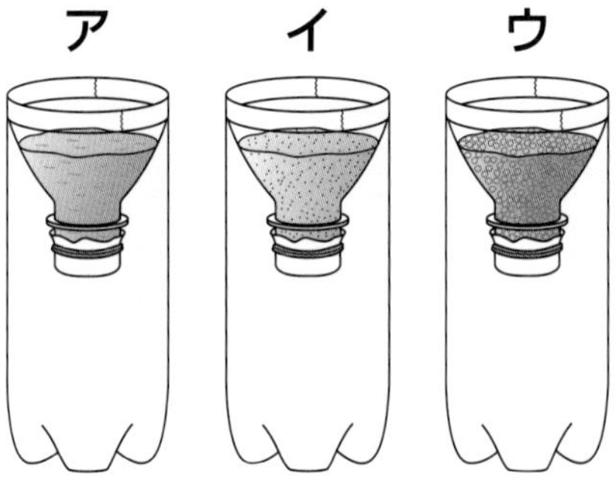

(　　→　　→　　)

2 雨がふった次の日に、雨水の流れたあとが見られるところで、地面の高さを調べました。

(1) 雨水の流れたあとが見られるところはどのようなところですか。あてはまるほうに○をかきましょう。

①(　　)地面に高さのちがいがあるところ。
②(　　)地面が平らなところ。

(2) 右のようにして、雨水の流れたあとにそって、といを置《お》き、といの上にビー玉を置くと、ビー玉は矢印《やじるし》の向きに動きました。このとき、雨水はどのように流れたと考えられますか。あてはまるものに○をつけましょう。

①(　　)ア→イの向きに流れた。
②(　　)イ→アの向きに流れた。

(3) 何のために、といの上にビー玉を置いたのか説明《せつめい》しましょう。

(　　　　　　　　　　　　　　　　)

ヒント 1 (1)ア〜ウの写真のつぶの大きさをくらべて、答えましょう。

5. 雨水と地面

時間 30 分
／100
合格 70 点

教科書 78〜89ページ　答え 18ページ

よく出る

1 **運動場の土、すな場のすな、じゃりを使って、水のしみこみ方を調べました。**

各8点(24点)

ア	イ	ウ

大きいつぶが多い。	いろいろな大きさのつぶがまざっている。	小さいつぶが多い。

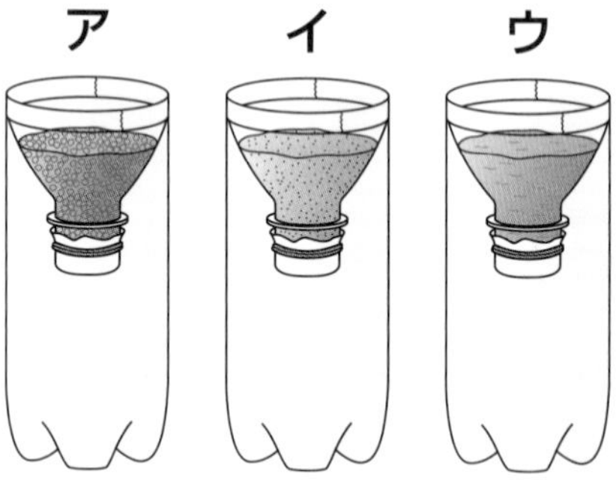

(1) 右の図のようなそうちに、**ア**〜**ウ**を同じ量《りょう》ずつ入れて、同じ量の水を同時に注ぎ、水が速くしみこむのはどれか調べました。**ア**〜**ウ**のどれについての結果《けっか》か、記号で答えましょう。

①(　　)いちばん速く水がしみこんだ。

②(　　)水がしみこむのにいちばん時間がかかった。

(2) じゃりは**ア**〜**ウ**のどれですか。(　　)

2 **雨の日に公園で地面のようすを観察《かんさつ》しました。写真のように、地面には、雨水が流れているところと、雨水が矢印《やじるし》のように流れて集まって、水たまりができているところがありました。**

(1)、(2)は各8点、(3)は10点(26点)

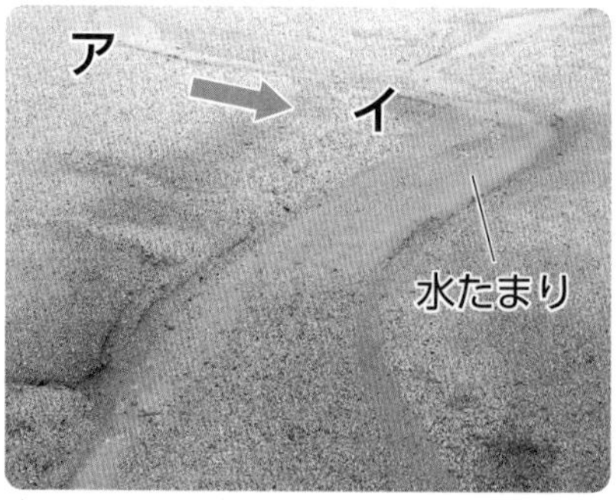

(1) 水たまりはどんなところにできますか。あてはまるものに○をつけましょう。

①(　　)周《まわ》りより高い場所

②(　　)周りより低《ひく》い場所

(2) **ア**と**イ**では、どちらが高い場所ですか。

(　　)

(3) 記述 雨水は、地面をどのように流れますか。高さと関係《かんけい》づけて説明《せつめい》しましょう。

思考・表現

(　　　　　　　　　　　　　　　　　　　　　　　　)

学習日　　月　　日

❸ 運動場の土とすな場のすなで、水のしみこみ方をくらべました。

⑴、⑵は各7点、⑶は10点(24点)

⑴ 運動場の土の山と、すな場のすなの山に、同じ量の水を注いだところ、運動場の土の山からは水があふれてきました。運動場の土と、すな場のすなでは、水のしみこむ速さはどちらが速いといえますか。　思考・表現

(　　　　　　　　)

運動場の土　　すな場のすな

⑵ 運動場の土と、すな場のすなで、つぶの大きさが小さいのはどちらと考えられますか。

(　　　　　　　　)

⑶ 記述 土の種類《しゅるい》による水のしみこむ速さについて、土のつぶの大きさと関係づけて説明しましょう。　思考・表現

(　　　　　　　　　　　　　　　　)

できたらスゴイ!

❹ 学校の周《まわ》りや道路の近くで、雨水を集めるみぞ(側《そっ》こう)を見かけました。

⑴は8点、⑵は10点、⑶は両方できて8点(26点)

⑴ 雨水を集めるみぞ(側こう)は、高い場所につくったほうがよいでしょうか。それとも、低い場所につくったほうがよいでしょうか。　思考・表現

(　　　　　　　　)

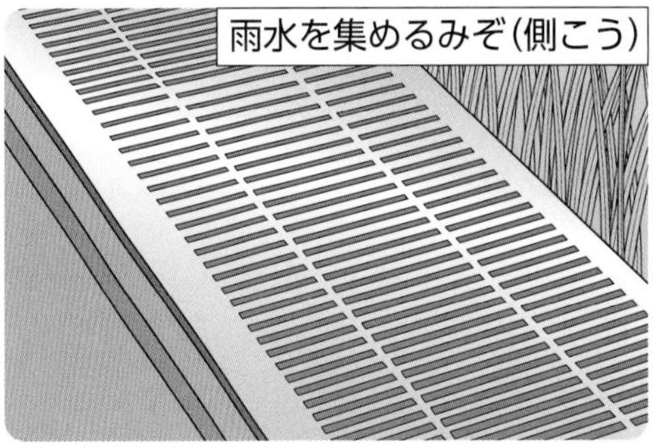

⑵ 記述 ⑴で、そう考えた理由を説明しましょう。　思考・表現

(　　　　　　　　　　　　　　　　)

⑶ みぞに集められた雨水は、川などに流れこみます。では、川の水はどのように流れていますか。次の文の(　　)にあてはまる言葉を書きましょう。

川の水は、雨水と同じように、土地の(① 　　　)い場所から(② 　　　)い場所に流れている。

ふりかえり
❶がわからないときは、32ページの1にもどってかくにんしましょう。
❹がわからないときは、32ページの2にもどってかくにんしましょう。

ぴったり1 じゅんび

3分でまとめ

6. 月の位置《いち》の変化《へんか》

学習日　　月　　日

めあて
月の形や見られる方位、動きをかくにんしよう。

教科書　91～101、220ページ　答え　19ページ

下の(　　)にあてはまる言葉を書くか、あてはまるものを○でかこもう。

1 東の空に見える、午後の半月《はんげつ》や、夕方の満月《まんげつ》は、どのように位置が変《か》わるのだろうか。　教科書　91～99、220ページ

▶月の方位《ほうい》の調べ方

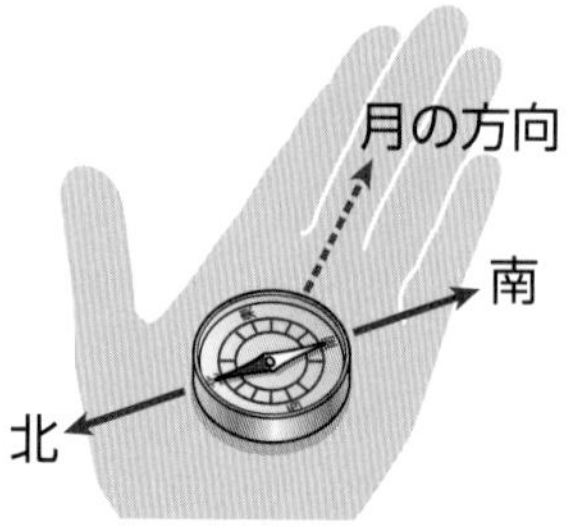

- 方位じしんを水平になるように持って、右の図のように、指先を(①　　　)の方向に向ける。
- 文字ばんを回して、はりの色をぬってあるほうと、文字ばんの「(②　南　・　北　)」を合わせる。
- 指先の向いている文字ばんの方位を読む。この図では、(③　南西　・　南東　)である。

▶半月の位置の変化

- 午後、東の空に見える半月は、太陽と同じように、高くなりながら(④　南　・　西　)の方へ位置が変わる。

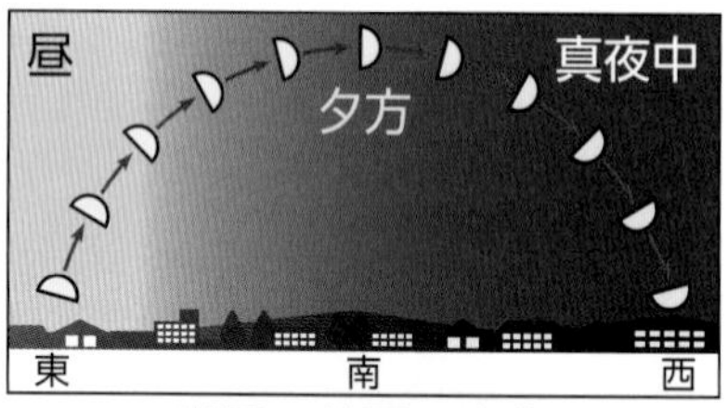

半月の位置の変化

▶満月の位置の変化

- 夕方、東の空に見える満月は、(⑤　　　　　)と同じように、高くなりながら(⑥　南　・　西　)の方へ位置が変わる。

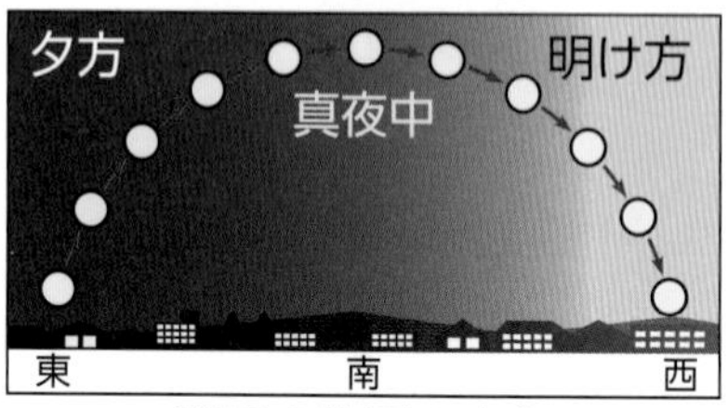

満月の位置の変化

2 月は、どのように位置が変わるのだろうか。　教科書　100～101ページ

▶月の位置の変化

- 月は、半月や満月など、日によって見える(①　　　)はちがうが、どの月も、太陽と同じように、(②　　　)の方からのぼり、南を通って、(③　　　)の方へしずむ。

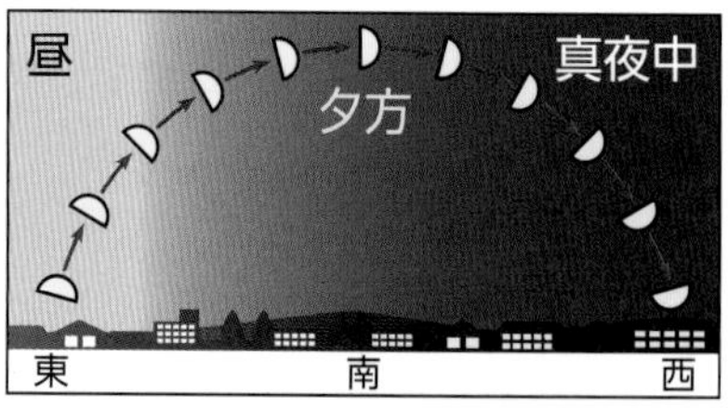

午後の半月の位置の変化

ここがだいじ!

①午後、東の空に見える半月や、夕方、東の空に見える満月は、太陽と同じように、高くなりながら南の方に位置が変わる。

②月は、半月や満月など、日によって見える形はちがうが、どの月も、太陽と同じように、東の方からのぼり、南を通って、西の方へしずむ。

ぴたトリビア　月の形は毎日少しずつ変わり、およそ１か月でもとの形にもどります。

6. 月の位置《いち》の変化《へんか》

教科書 91～101ページ　答え 19ページ

1 ある日の午後3時ごろ月を観察《かんさつ》すると、右の図のような位置に見えました。

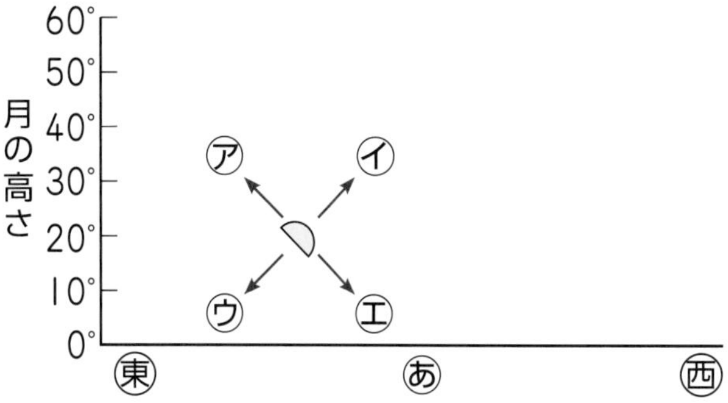

(1) (あ)の方位《ほうい》はどれですか。正しいものに○をつけましょう。

ア(　　)東　　**イ**(　　)南

ウ(　　)西　　**エ**(　　)北

(2) このあと、この月は㋐～㋓のどの方向へ動きますか。　(　　)

(3) この月が(あ)の真上にくるとき、月のかたむきは、**ア**～**ウ**のどれになりますか。正しいものに○をつけましょう。

ア(　　)

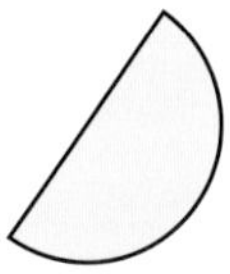

イ(　　)

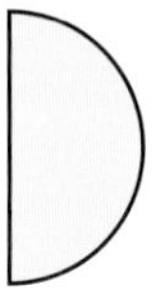

ウ(　　)

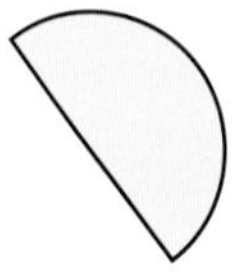

(4) この月が(あ)の真上にくるのはいつですか。あてはまるものに○をつけましょう。

ア(　　)朝　**イ**(　　)昼　**ウ**(　　)夕方　**エ**(　　)真夜中

2 右の図は、月の高さを調べている様子です。目の高さをきじゅんにして、うでをのばしたとき、月の高さがにぎりこぶし何こ分かで角度を調べます。

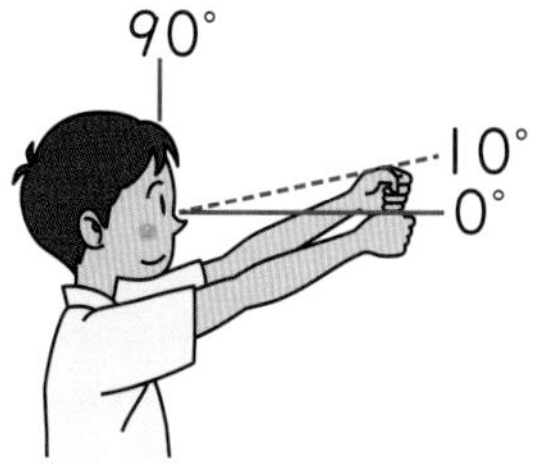

(1) うでをのばしたとき、にぎりこぶし1こ分の角度は約《やく》何度になりますか。　約(　　)

(2) 月の高さがにぎりこぶし3こ分の角度のとき、月の高さは約何度ですか。　約(　　)

3 月の位置の変化や見え方について、正しいものには○、まちがっているものには×をつけましょう。

ア(　　)月は、昼間でも見えることがある。

イ(　　)月は、夜にしか見えない。

ウ(　　)満月《まんげつ》は東の方からのぼるが、半月《はんげつ》は西の方からのぼる。

エ(　　)月は、東の方からのぼり、南を通って、西の方へしずむ。

ヒント 1 (3)半月がのぼってからしずむまで、月のかたむきは少しずつ変《か》わります。

ぴったり3 たしかめのテスト

6. 月の位置《いち》の変化《へんか》

時間 30 分

／100

合格 70 点

教科書 90〜103、220ページ　答え 20ページ

1 月の位置を調べました。

技能　各6点(24点)

(1) 月が見える方位《ほうい》を右のように調べました。

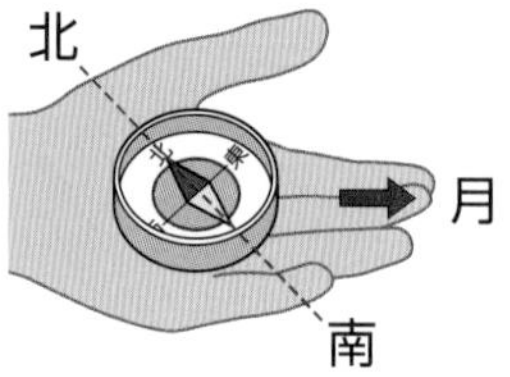

① 方位を調べるときに使った道具は何ですか。

(　　　　　　　　)

② このとき、月が見えた方位は何ですか。

(　　　　)

(2) うでをのばしたとき、にぎりこぶし１こ分の角度は何度になりますか。正しいものに〇をつけましょう。

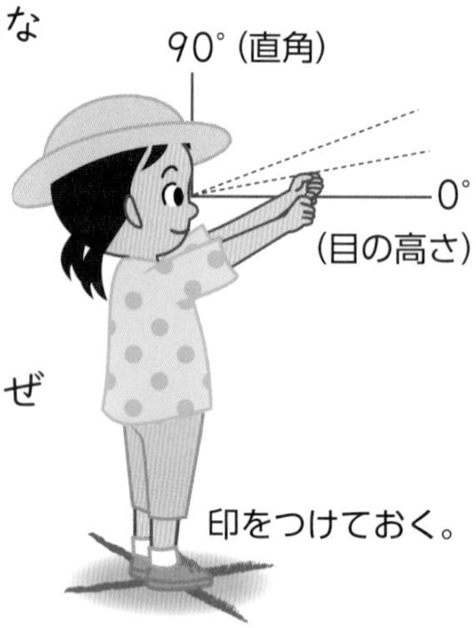

ア(　　)約《やく》１°

イ(　　)約５°

ウ(　　)約１０°

(3) 月の位置を調べるとき、立つ位置に印《しるし》をつけておくのはなぜですか。正しいほうに〇をつけましょう。

ア(　　)すべってころばないようにするため。

イ(　　)同じ位置から月を観察《かんさつ》するため。

よく出る

2 月の形と位置の変化を調べました。

各6点(24点)

(1) ①と②の形の月を何といいますか。それぞれ名前を書きましょう。

①(　　　　　　)

②(　　　　　　)

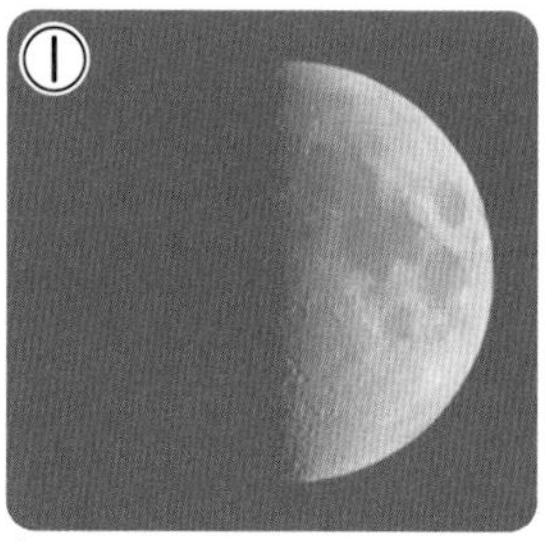

(2) 月の位置の変化について、正しいものを２つ選《えら》び、〇をつけましょう。

ア(　　)満月《まんげつ》も午後に見える半月《はんげつ》も、南を通るとき、最《もっと》も高くなっている。

イ(　　)満月も午後に見える半月も、しずむ時こくはあまり変《か》わらない。

ウ(　　)満月は、東の方からのぼり、午後に見える半月は西の方からのぼる。

エ(　　)どのような形の月も、東の方からのぼり、南を通って、西の方にしずむ。

3 次の図は、どちらも午後6時ごろ観察した月のスケッチです。

各6点(24点)

㋐

㋑

(1) ㋐、㋑の月は、このときどの方位に見えますか。

㋐(　　　　)　㋑(　　　　)

(2) ㋐の月は、これから1時間後には、どちらに動いていますか。正しいものを1つ選び、○をつけましょう。

ア(　　)真上　**イ**(　　)真横　**ウ**(　　)真下

エ(　　)右ななめ上　**オ**(　　)右ななめ下

(3) 昼に、東の方からのぼってくる月は、㋐と㋑のどちらですか。

(　　)

できたらスゴイ!

4 次の図は、満月の位置の変化を表したものです。

思考・表現

(1)〜(3)は各6点、(4)は10点(28点)

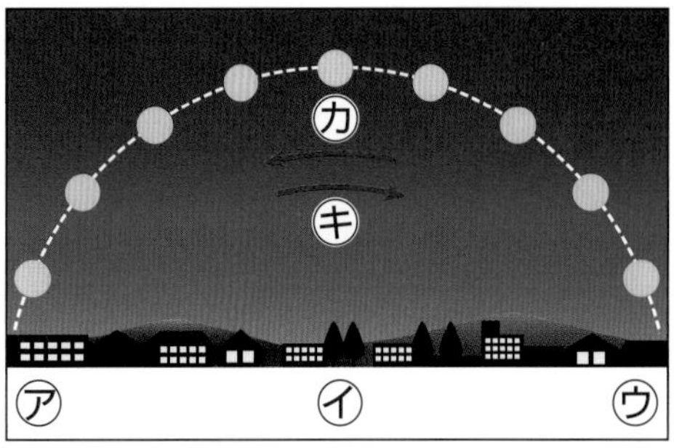

(1) 図の㋐〜㋒の方位で、東はどれですか。

(　　)

(2) 満月は、図の㋕と㋖のどちらの向きに動きますか。

(　　)

(3) 満月が最も高い位置に見えるのは、何時ごろで、その時の方位は何ですか。正しいものに○をつけましょう。

ア(　　)午前0時ごろで、方位は東　**イ**(　　)午前0時ごろで、方位は南

ウ(　　)午後9時ごろで、方位は東　**エ**(　　)午後9時ごろで、方位は南

(4) 記述 月はどのように位置が変わるかを、「東」、「南」、「西」という言葉を使って、書きましょう。

(　　　　　　　　　　　　)

ふりかえり

2がわからないときは、36ページの1にもどってかくにんしましょう。
4がわからないときは、36ページの2にもどってかくにんしましょう。

7. とじこめた空気や水

学習日 月 日

めあて
とじこめた空気や水をおしたときの体積や手ごたえをかくにんしよう。

教科書 105〜113ページ 答え 21ページ

下の( )にあてはまる言葉を書くか、あてはまるものを○でかこもう。

1 とじこめた空気や水に力を加《くわ》えたとき、どのようなちがいがあるのだろうか。

教科書 105〜109ページ

▶とじこめた空気や水に力を加えると、
(①)はおしちぢめられる。また、
(②)はおしちぢめられない。

▶とじこめた空気は、力を加えると体積《たいせき》は
(③ 大きく ・ 小さく)なる。

▶とじこめた水は、力を加えても(④)は変《か》わらない。

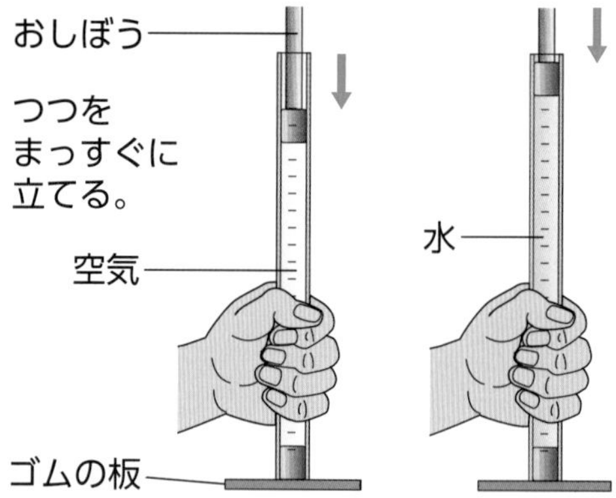

2 とじこめた空気をおしていくと、体積や手ごたえは、どのように変わるのだろうか。

教科書 110〜113ページ

▶とじこめた空気の体積とおし返す手ごたえ

- とじこめた空気に力を加えて、図の㋐のように、空気をおしちぢめると、空気の体積は(① 大きく ・ 小さく)なる。このとき、おし返す手ごたえを感じる。
- ㋑のように、さらにおしちぢめると、手ごたえが(② 大きく ・ 小さく)なる。

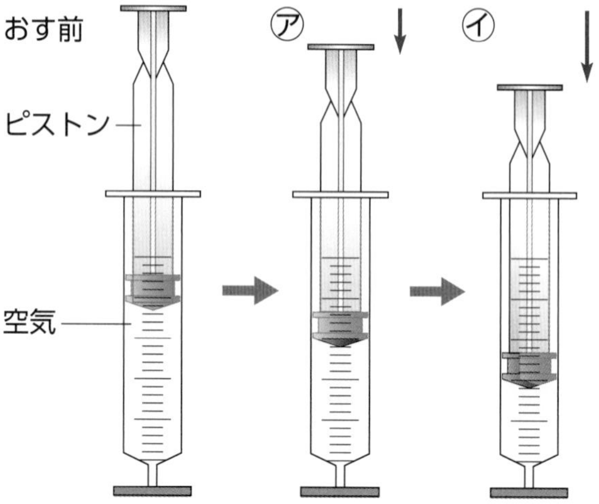

- おしている手をはなすと、ピストンは(③ 元の位置《いち》にもどる ・ そのまま止まる)。

▶とじこめた空気をおしちぢめていくと、体積は(④ 大きく ・ 小さく)なり、おし返す手ごたえは(⑤ 大きく ・ 小さく)なる。おし返す手ごたえは、元にもどろうとする(⑥)である。

おしちぢめられて空気の体積が小さくなるほど、元にもどろうとする力が大きくなるよ。

ここが、だいじ！

①とじこめた空気や水に力を加えると、空気はおしちぢめられるが、水はおしちぢめられない。

②とじこめた空気をおして、体積が小さくなるほど、おし返す力(手ごたえ)は大きくなる。

ぴたトリビア　とじこめた水をおしちぢめることはできませんが、おした力は水のあらゆる方向に伝わります。

7. とじこめた空気や水

学習日　　月　　日

教科書 105〜113ページ　答え 21ページ

1 空気や水をとじこめたちゅうしゃ器《き》を立てて、指でピストンをおしました。

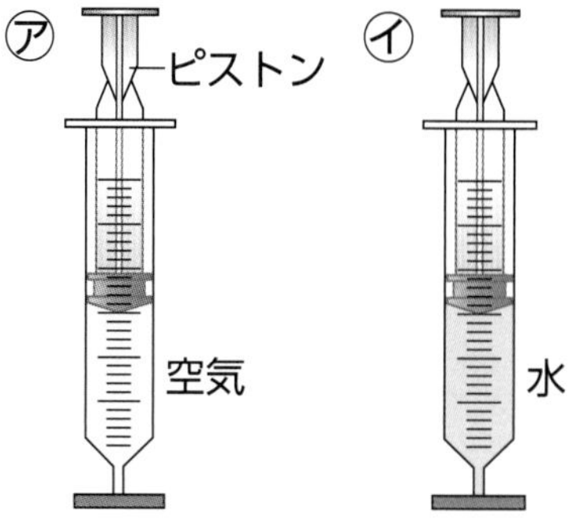

(1) ㋐のように、空気を入れてピストンをおすと、空気はおしちぢめられますか。正しいものに〇をつけましょう。

ア(　　)おしちぢめられる。

イ(　　)おしちぢめられない。

(2) (1)のとき、空気の体積《たいせき》はどうなりますか。正しいものに〇をつけましょう。

ア(　　)小さくなる。　**イ**(　　)変《か》わらない。

(3) ㋑のように、水を入れてピストンをおすと、水はおしちぢめられますか。正しいものに〇をつけましょう。

ア(　　)おしちぢめられる。　**イ**(　　)おしちぢめられない。

(4) (3)のとき、水の体積はどうなりますか。正しいものに〇をつけましょう。

ア(　　)小さくなる。　**イ**(　　)変わらない。

(5) この実験《じっけん》の結果《けっか》をまとめました。正しいものに〇をつけましょう。

ア(　　)空気はおしちぢめられないが、水はおしちぢめられて体積が小さくなる。

イ(　　)水はおしちぢめられないが、空気はおしちぢめられて体積が小さくなる。

ウ(　　)空気も水も、おしちぢめられて体積が小さくなる。

2 空気をちゅうしゃ器にとじこめて、ピストンを手でおしました。

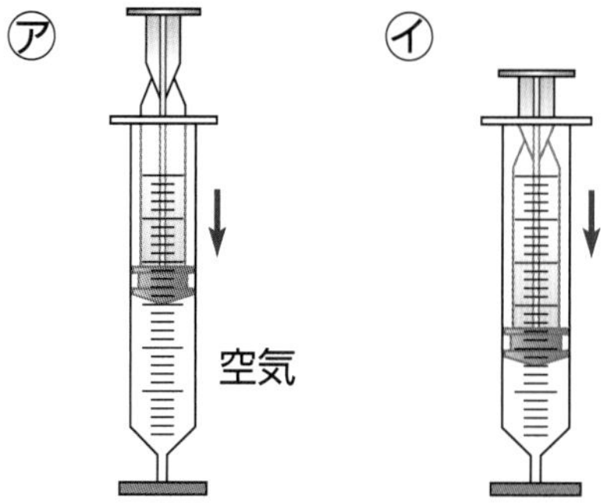

(1) ㋐と㋑では、ピストンをおした力が大きいのはどちらですか。(　　)

(2) ㋐と㋑では、おし返す手ごたえが大きいのはどちらですか。(　　)

(3) ピストンから手をはなすと、ピストンはどうなりますか。正しいものに〇をつけましょう。

ア(　　)その位置《いち》のまま動かない。　**イ**(　　)さらに下まで動く。

ウ(　　)元の位置にもどる。

(4) とじこめた空気をおしちぢめたとき、どんなことがわかりますか。次の文の(　　)にあてはまる言葉を書きましょう。

空気の体積が小さくなるほど、元にもどろうとする力は(　　　　)なる。

ヒント 2 (2)おしちぢめられた空気がおし返す力を、手ごたえとして感じます。

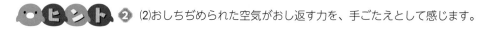

7. とじこめた空気や水

時間 30 分

／100

合格 70 点

教科書 104〜115ページ　答え 22ページ

よく出る

1 **空気をちゅうしゃ器《き》にとじこめました。次のそれぞれの問いの答えとして、正しいものに○をつけましょう。**

各6点(36点)

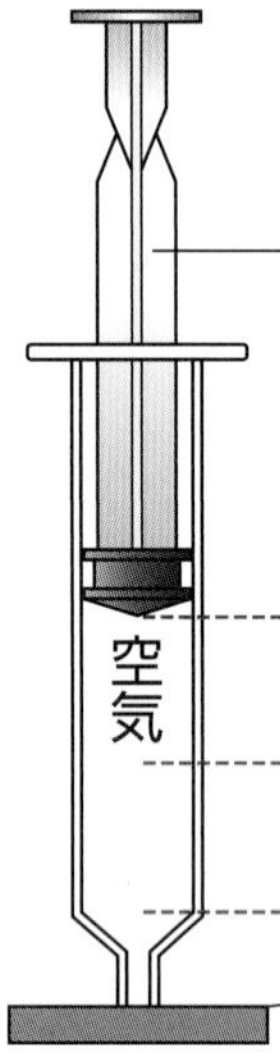

(1) ピストンを手でおすと、ピストンはどうなりますか。

ア(　　)あの位置《いち》から動かない。

イ(　　)いの位置ぐらいまで下がる。

ウ(　　)うの位置まで下がる。

(2) (1)のとき、おし返す手ごたえはどうなりますか。

ア(　　)ほとんど手ごたえを感じない。

イ(　　)強くおすほど、手ごたえは大きくなっていく。

ウ(　　)おしかたに関係《かんけい》なく、同じ手ごたえがある。

(3) ピストンをおしていた手をはなすと、ピストンはどうなりますか。

ア(　　)動かない。　　イ(　　)もっと下がる。

ウ(　　)元の位置にもどる。

(4) 空気のかわりに、ちゅうしゃ器に水をとじこめて、ピストンを手でおすと、どうなりますか。

ア(　　)あの位置から動かない。　　イ(　　)いの位置ぐらいまで下がる。

ウ(　　)うの位置まで下がる。

(5) (1)〜(4)から、とじこめた空気と水のせいしつについてわかったことをまとめました。正しい文はどれですか。

ア(　　)空気も水も、おしちぢめられない。

イ(　　)空気も水も、おしちぢめられる。

ウ(　　)空気はおしちぢめられるが、水はおしちぢめられない。

エ(　　)水はおしちぢめられるが、空気はおしちぢめられない。

(6) とじこめた空気や水に力を加《くわ》えると、それぞれ体積《たいせき》はどうなりますか。

ア(　　)空気も水も、体積は変《か》わらない。

イ(　　)空気も水も、体積は小さくなる。

ウ(　　)空気の体積は変わらないが、水の体積は小さくなる。

エ(　　)水の体積は変わらないが、空気の体積は小さくなる。

学習日　　月　　日

よく出る

2 ちゅうしゃ器に空気をとじこめて、ピストンをおしたときの手ごたえや体積の変《へん》化《か》を調べました。

(1)～(3)は各7点、(4)は全部できて6点(34点)

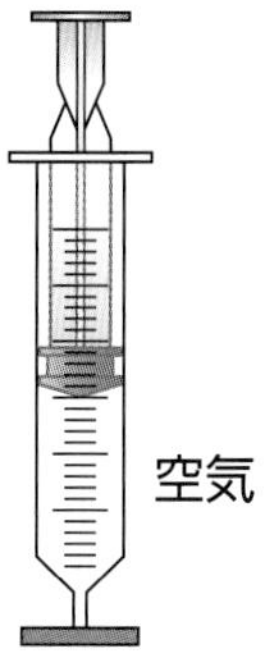

(1) ちゅうしゃ器のピストンを手でおすと、中の空気の体積はどうなりますか。

(　　　　　　　)

(2) おしていたピストンから手をはなすと、ピストンはどうなりますか。

(　　　　　　　)

(3) 1回目にピストンをおしたときより、2回目におしたときのほうが、中の空気の体積が小さくなりました。

① ピストンを強くおしたのは、1回目と2回目のどちらですか。

(　　　　　　　)

② おし返される手ごたえが大きいのは、1回目と2回目のどちらですか。

(　　　　　　　)

(4) とじこめた空気の体積と手ごたえについて、(　　)にあてはまる言葉を書きましょう。

空気の体積が(①　　　　　)なるほど、空気におし返される手ごたえが(②　　　　　)なる。

できたらスゴイ!

3 つつの中に、空気や水の入った風船を入れて、おしぼうでつつの空気をおしました。

思考・表現　(1)は各5点、(2)は各10点(30点)

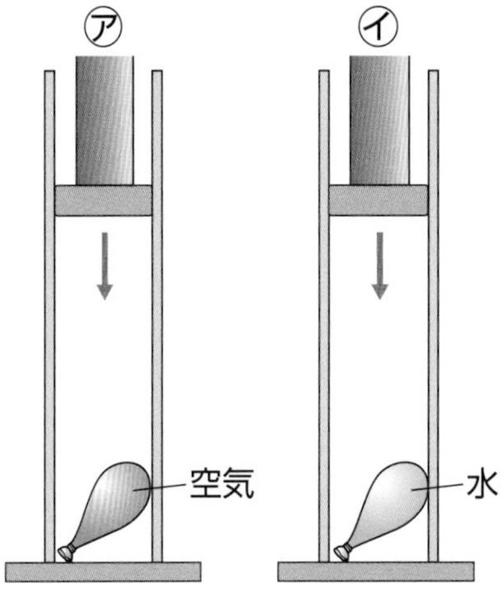

(1) おしぼうをおしていくと、ア、イの風船の体積はどうなりますか。

ア(　　　　　　　)　イ(　　　　　　　)

(2) 記述 それぞれ、(1)で答えたようになる理由を書きましょう。

ア(　　　　　　　)

イ(　　　　　　　)

ふりかえり
1がわからないときは、40ページの1にもどってかくにんしましょう。
2がわからないときは、40ページの2にもどってかくにんしましょう。

★ 秋と生き物

学習日　　月　　日

めあて
秋に見られる植物や動物の様子をかくにんしよう。

教科書 117～127ページ　答え 23ページ

下の(　　)にあてはまる言葉を書くか、あてはまるものを○でかこもう。

1 秋になって、ヘチマは、夏のころからどのように変《か》わっているのだろうか。 教科書 118～121ページ

▶秋の気温

- 気温は、夏のころよりも(① 上がって ・ 下がって)いる。

▶ヘチマの様子

- くきは、(② よくのびる ・ のびなくなった)。
- 実の大きさは、(③ 　　　　)なった。

2 秋になって、こん虫や鳥などは、夏のころからどのように変わっているのだろうか。 教科書 122～127ページ

▶秋のころのこん虫や鳥などの様子

ショウリョウバッタ

野原に(① よう虫・成虫《せいちゅう》)がいる。

エンマコオロギ

はねをこすり合わせて(② 　　　　)ている。

ナナホシテントウ

(③ 葉 ・ 水)の上などにいる。

オナガガモ

(④ 夏 ・ 秋)になると見られる。

- 夏のころに見られたツバメが見られなくなり、上の写真のような(⑤ 　　　　)の仲《なか》間《ま》が見られるようになる。

▶秋が深まると、サクラは色づいた葉を落とし、ヘチマはじゅくした実の中に黒色の(⑥ 　　　　)を残《のこ》して、かれていく。

▶秋が深まると、こん虫などは、活動がにぶくなったり、(⑦ 　　　　)を産《う》み残して死んでしまったりする。

ここがだいじ!

秋になって、気温が下がると、
①ヘチマは、夏のころよりもくきがのびなくなるが、実が大きくなる。
②夏のころとはちがうこん虫が目立つようになり、たまごを産む活動などが見られる。また、ツバメは見られなくなり、カモなどが見られるようになる。

ぴたトリビア　エンマコオロギのオスは、成虫になってから死んでしまうまで、およそ3か月の間、はねをこすり合わせて鳴きます。

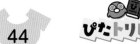

★ 秋と生き物

1 育てているヘチマのようすを観察《かんさつ》しました。

(1) 夏のころとくらべて、くきののびはどうなりましたか。正しいほうに○をつけましょう。

ア（　　）のびなくなった。

イ（　　）よくのびた。

(2) 夏のころとくらべて、実の大きさはどうなりましたか。正しいほうに○をつけましょう。

ア（　　）小さくなった。

イ（　　）大きくなった。

(3) 秋が深まると、ヘチマは、実がじゅくしたあと、全体がかれていきます。ヘチマがかれていくとき、実の中に何を残《のこ》しますか。

（　　　）

2 秋のころに見られる動物はどれですか。正しいもの２つに○をつけましょう。

ア（　　）

イ（　　）

ウ（　　）

エ（　　）

3 秋が深まるころの生き物の様子を表した次の文の、（　　）にあてはまる言葉を書きましょう。

(1) サクラは、色づいた（　　　　）を落とします。

サクラ

(2) エンマコオロギは、土の中に（　　　　　）を産《う》み、そのあと死んでしまいます。

エンマコオロギ

ヒント ② 春のころや夏のころの動物の様子を思い出しながら考えます。

ぴったり3

たしかめのテスト

★ 秋と生き物

時間 30 分

／100

合格 70 点

教科書 116〜127ページ　答え 24ページ

よく出る

1 **秋になると、生き物の様子は変《か》わってきます。**

各6点(30点)

(1) サクラの、秋のころの様子に○をつけましょう。

ア(　　)　　イ(　　)

(2) 秋のころの、生き物の様子を表した次の文の、(　　)にあてはまる言葉を書きましょう。

① ショウリョウバッタが、土の中に(　　　　　)を産《う》んでいます。

② エンマコオロギが、はねをこすり合わせて(　　　　　)います。

③ ヘチマは、実がじゅくし、実の中に(　　　　　)を残《のこ》してかれていきます。

(3) ツバメの巣《す》を観察《かんさつ》すると、ツバメはいませんでした。その理由として正しいものに○をつけましょう。

ア(　　)えさをとりにいっているから。

イ(　　)冬になる前に、あたたかい南の国へわたっていったから。

ウ(　　)冬になる前に、寒い北の国へわたっていったから。

2 **次の文のうち、秋のころの生き物の様子について、正しいもの４つに○をつけましょう。**

各6点(24点)

ア(　　)ショウリョウバッタが、たまごを産んでいる。

イ(　　)ツバメが、巣をつくって、ひなを育てている。

ウ(　　)アキアカネが、たまごを産んでいる。

エ(　　)アブラゼミが、さかんに鳴いている。

オ(　　)カエルが、池や小川でさかんに鳴いている。

カ(　　)カモが、池などで見られるようになる。

キ(　　)シジュウカラが、木の実を食べている。

よく出る

3 秋のころの、ヘチマの成長《せいちょう》の様子を調べました。

各6点（18点）

(1) 夏のころとくらべて、くきののびはどうなりましたか。
正しいものに○をつけましょう。

ア（　　）くきは、夏のころよりも、のびた。

イ（　　）くきは、夏のころと同じくらい、のびた。

ウ（　　）くきは、のびなくなった。

(2) 秋のころの、ヘチマの実の大きさはどうなりましたか。
正しいものに○をつけましょう。

ア（　　）実は、夏のころよりも、大きくなった。

イ（　　）実は、夏のころと大きさは変わっていない。

ウ（　　）実は、夏のころとくらべて、小さくなった。

(3) ヘチマの実がじゅくすと、実の中には何ができますか。

（　　　　）

できたらスゴイ！

4 気温とヘチマの様子を調べました。

思考・表現　(1)～(3)は各6点、(4)は10点（28点）

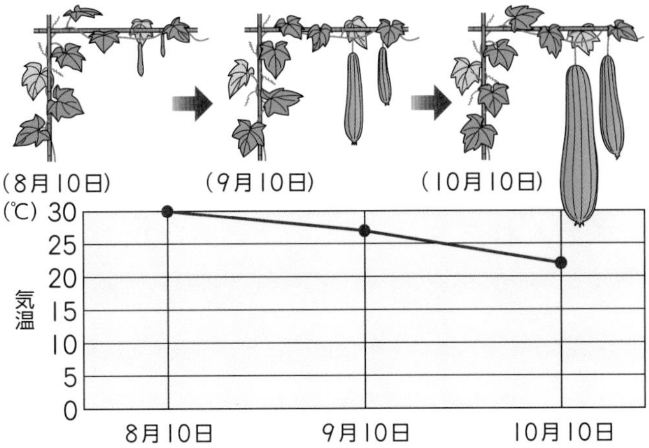

(1) 夏のころとくらべて、秋になると気温はどう変わりますか。

（　　　　）

(2) 夏のころ、ヘチマがよく成長したのは、なぜですか。

（　　　　）

(3) 秋になると、夏のころとくらべて、ヘチマの成長の様子が変わってきたのは、なぜですか。

（　　　　）

(4) 記述 秋が深まると、ヘチマはどうなりますか。「たね」という言葉を使って、書きましょう。

（　　　　）

ふりかえり
1がわからないときは、44ページの2にもどってかくにんしましょう。
4がわからないときは、44ページの1にもどってかくにんしましょう。

8. ものの温度と体積《たいせき》

①空気の温度と体積
②水の温度と体積

学習日　　月　　日

めあて
温度によって空気や水の体積がどう変わるのか、かくにんしよう。

教科書 129～136ページ　答え 25ページ

下の(　　)にあてはまる言葉を書くか、あてはまるものを○でかこもう。

1 空気は、あたためたり冷《ひ》やしたりすると、体積がどのように変《か》わるのだろうか。

教科書 129～133ページ

▶ゼリーは、とじこめた空気を湯であたためると、右の(① ㋐ ・ ㋑)の図のように動き、氷水で冷やすと、(② ㋐ ・ ㋑)の図のように動く。

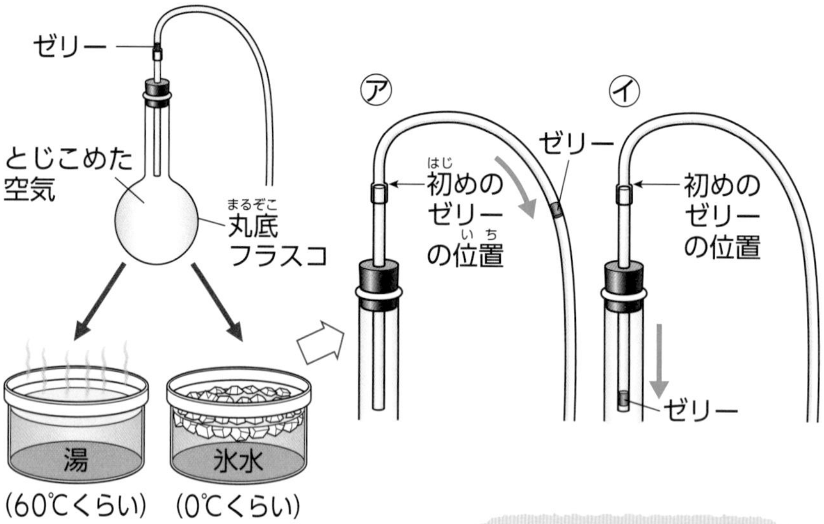

▶空気の体積は、あたためると(③ 小さく ・ 大きく)なり、冷やすと(④ 小さく ・ 大きく)なる。

2 水は、空気と同じように、あたためたり冷やしたりすると、体積が変化《へんか》するのだろうか。

教科書 134～136ページ

▶水を入れた丸底フラスコをあたためると、ガラス管《かん》の水面が(①　　)がり、冷やすと水面が(②　　)がる。

▶水は、あたためると体積が(③ 小さく ・ 大きく)なる。

▶水は、冷やすと体積が(④ 小さく ・ 大きく)なる。

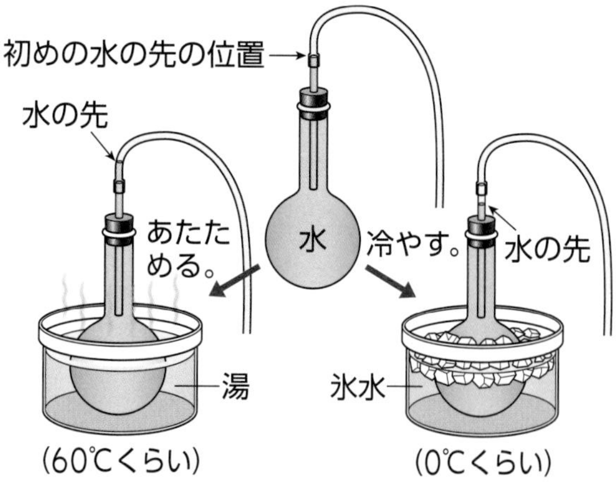

ここが、だいじ！
①空気は、あたためると体積が大きくなり、冷やすと体積が小さくなる。
②水は、空気と同じように、あたためると体積が大きくなり、冷やすと体積が小さくなる。水の体積の変化は、空気よりも小さい。

ぴたトリビア 水は温度が約《やく》4℃のとき、いちばん体積が小さいです。

8. ものの温度と体積《たいせき》

①空気の温度と体積

②水の温度と体積

教科書 129～136ページ　答え 25ページ

1 図のようなそうちで、空気の体積の変《か》わり方を調べました。

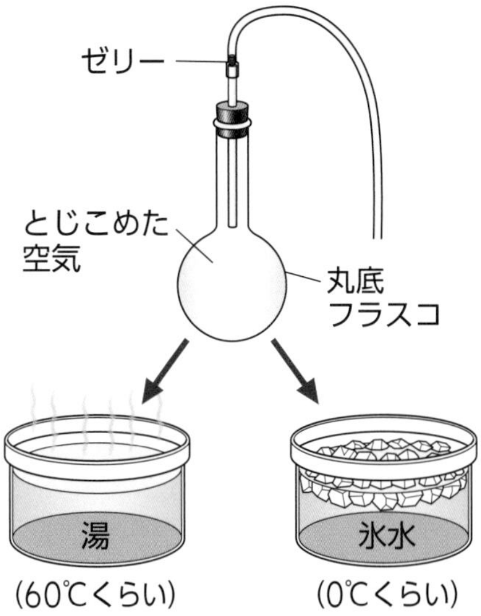

(1) 丸底《まるぞこ》フラスコを氷水につけると、ゼリーの動きはどうなりますか。正しいものに○をつけましょう。

ア（　　）フラスコからおし出されるように動く。

イ（　　）動かない。

ウ（　　）フラスコにすいこまれるように動く。

(2) 丸底フラスコを湯につけると、ゼリーの動きはどうなりますか。正しいものに○をつけましょう。

ア（　　）フラスコからおし出されるように動く。

イ（　　）動かない。

ウ（　　）フラスコにすいこまれるように動く。

(3) この実験《じっけん》から、空気の体積の変わり方についてどのようなことがいえますか。正しいものに○をつけましょう。

ア（　　）空気は、あたためると体積が大きくなり、冷《ひ》やすと体積が小さくなる。

イ（　　）空気は、あたためても冷やしても体積は変わらない。

ウ（　　）空気は、あたためると体積が小さくなり、冷やすと体積が大きくなる。

2 図のように、温度による水の体積の変化《へんか》を調べました。

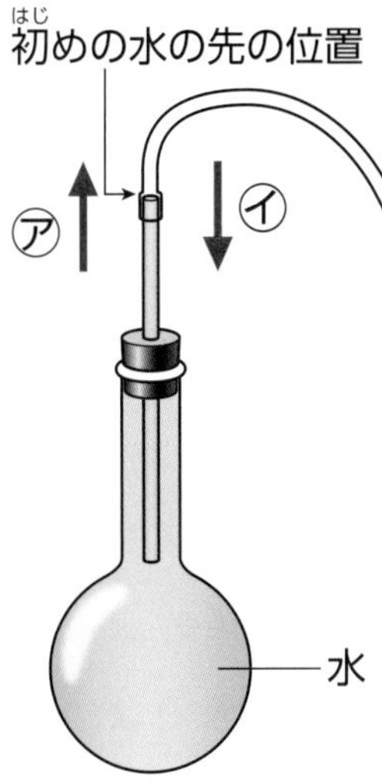

(1) 水を入れた丸底フラスコを湯の中に入れてあたためると、水の先の位置《いち》は㋐と㋑のどちらの向きに動きますか。

（　　）

(2) 水と温度の関係《かんけい》について、正しいもの2つに○をつけましょう。

ア（　　）水をあたためると体積が大きくなり、冷やすと体積が小さくなる。

イ（　　）水をあたためると体積が小さくなり、冷やすと体積が大きくなる。

ウ（　　）水は空気よりも体積の変化は、小さい。

エ（　　）水は空気よりも体積の変化は、大きい。

ヒント 1 丸底フラスコの中の空気の体積が大きくなると、ゼリーがフラスコからおし出されるように動きます。一方、体積が小さくなると、ゼリーがフラスコにすいこまれるように動きます。

8. ものの温度と体積《たいせき》

③金ぞくの温度と体積

学習日　　月　　日

めあて
温度によって金ぞくの体積がどう変わるのか、かくにんしよう。

教科書 137～141、221ページ　答え 26ページ

下の（　）にあてはまる言葉を書くか、あてはまるものを○でかこもう。

1 金ぞくは、あたためたり冷《ひ》やしたりすると、体積が変化《へんか》するのだろうか。

教科書 137～141、221ページ

▶スタンドに固定《こてい》したアルミニウムのぼうを、ほのおで熱《ねっ》したり、ほのおを消して熱するのをやめたりして、体積の変《か》わり方を調べる。

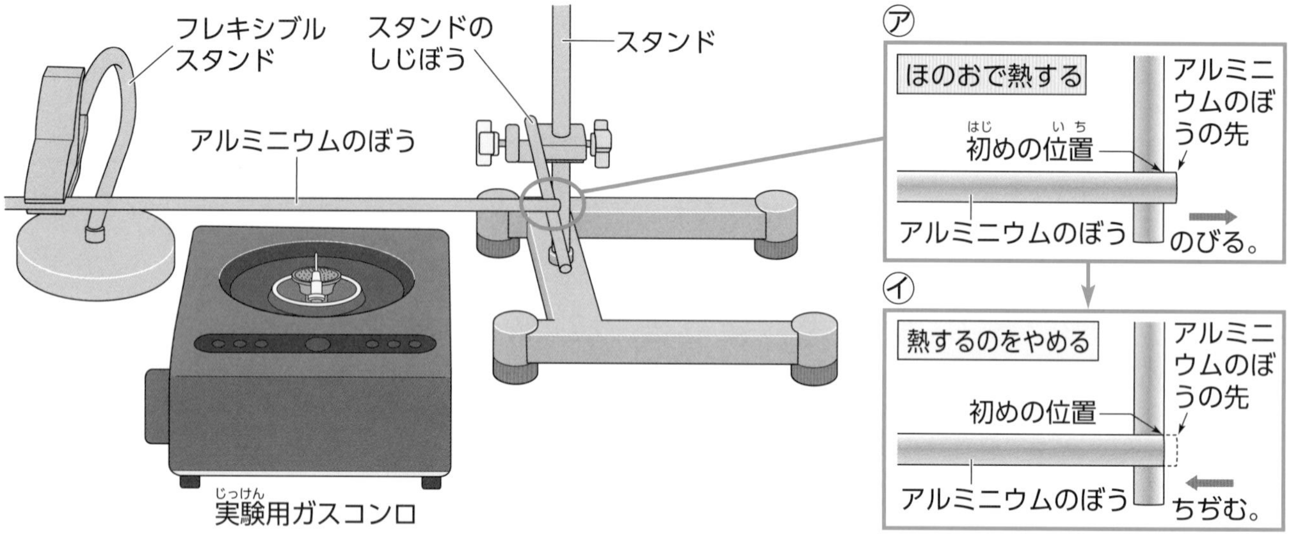

- アルミニウムのぼうをほのおで熱すると、上の㋐の図のように、アルミニウムのぼうの先は（① ちぢむ ・ のびる ）から、体積は（② 小さく ・ 大きく ）なる。
- ほのおを消して熱するのをやめると、㋑の図のように、アルミニウムのぼうの先は（③ ちぢむ ・ のびる ）から、体積は（④ 小さく ・ 大きく ）なる。

▶金ぞくも、空気や水と同じように、（⑤ あたためる ・ 冷やす ）と体積が大きくなり、（⑥ あたためる ・ 冷やす ）と体積が小さくなる。

▶金ぞくの温度による体積の変化は、空気や水の体積の変化にくらべると、ひじょうに（⑦　　　　）。

▶実験用ガスコンロの使い方

- 実験用ガスコンロは、理科の実験で、ものを熱することができるようにくふうして作られている。
- 点火したり、ほのおの大きさを調節《ちょうせつ》したり、火を消したりするのは、（⑧　　　　）で行う。

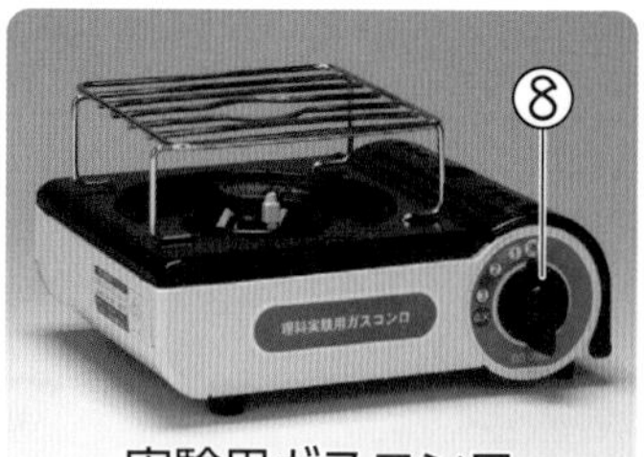

実験用ガスコンロ

ここがだいじ！ ①金ぞくは、空気や水と同じように、あたためたり冷やしたりすると、体積が変化するが、その変化は、空気や水とくらべてひじょうに小さい。

ぴたトリビア　ジャムのびんなどについている金ぞくでできたふたがかたくて開かないときは、お湯であたためるとわずかに体積が大きくなって開けやすくなります。

8. ものの温度と体積《たいせき》

③金ぞくの温度と体積

学習日　　月　　日

教科書 137〜141、221ページ　答え 26ページ

1 図のようなそうちで、アルミニウムのぼうをほのおで熱《ねっ》して、体積《たいせき》の変化《へんか》を調べました。

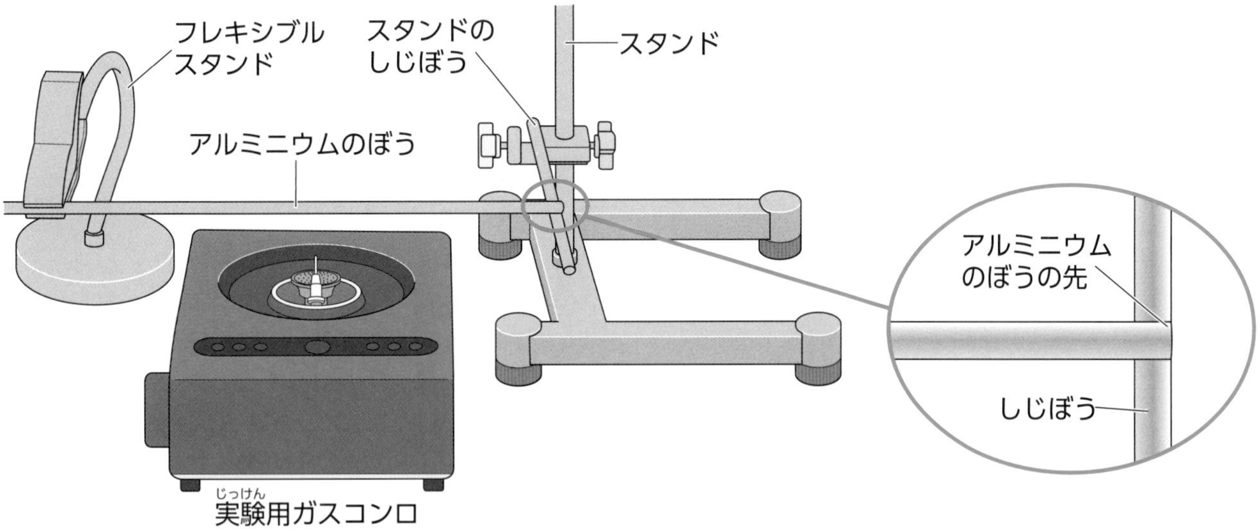

(1) アルミニウムのぼうをほのおで熱すると、㋐の図のように、アルミニウムのぼうの先がのびたのは、体積がどうなったからですか。

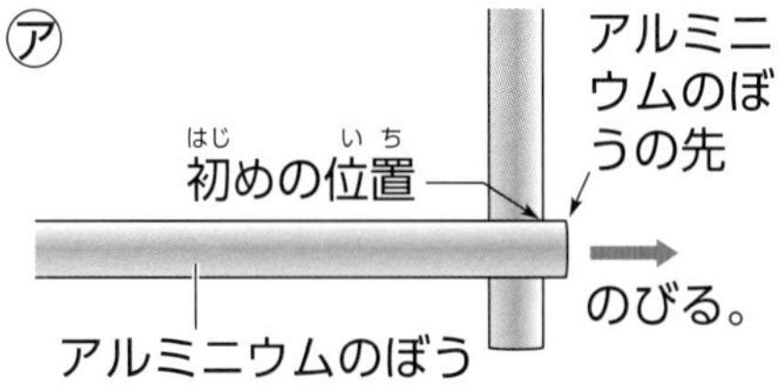

(　　　　　　　　　　)

(2) ほのおを消して熱するのをやめると、㋐の図の、アルミニウムのぼうの先はどうなりますか。正しいものに○をつけましょう。

ア(　　)のびる。　**イ**(　　)位置は変《か》わらない。　**ウ**(　　)ちぢむ。

(3) アルミニウムのぼうの先が(2)で答えたようになるのは、アルミニウムのぼうの体積がどうなったからですか。

(　　　　　　　　　　)

2 空気、水、金ぞくの温度と体積の変化について、まとめました。

(1) あたためると体積が大きくなり、冷《ひ》やすと体積が小さくなるものすべてに○をつけましょう。

ア(　　)空気　**イ**(　　)水　**ウ**(　　)金ぞく

(2) 同じようにあたためたとき、体積の変化が大きいほうから順《じゅん》に、1、2、3を書きましょう。

ア(　　)空気　**イ**(　　)水　**ウ**(　　)金ぞく

ヒント ② 金ぞくの体積は、温度によってわずかに変化しています。

ぴったり3
たしかめのテスト

8. ものの温度と体積《たいせき》

時間 30分

／100

合格 70点

教科書 128〜143、221ページ　答え 27ページ

1 水や空気をあたためたり冷《ひ》やしたりして、体積の変《か》わり方を調べました。

各8点（32点）

図１

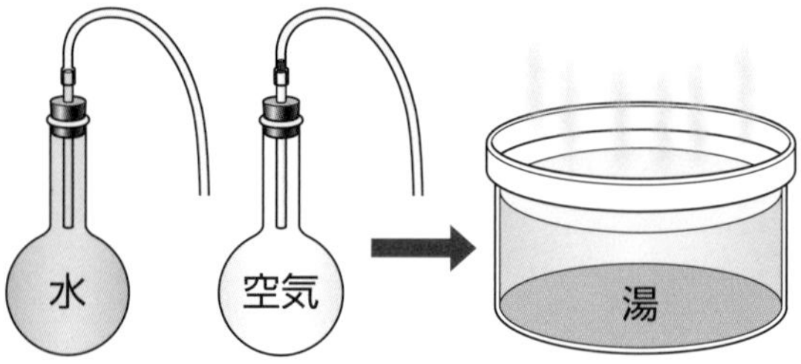

図２

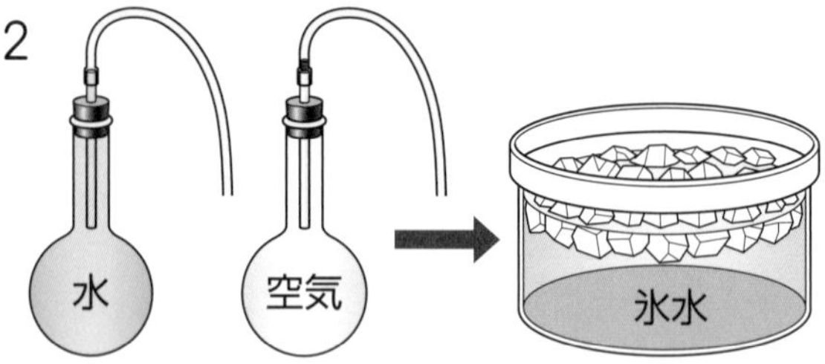

(1) 図１のように、それぞれの丸底《まるぞこ》フラスコを湯の中に入れると、水や空気の体積はどのようになりますか。

（　　　　　　　　　　）

(2) 図２のように、それぞれの丸底フラスコを氷水の中に入れると、水や空気の体積はどのようになりますか。

（　　　　　　　　　　）

(3) (1)のとき、体積の変化《へんか》が大きいのは、水、空気のどちらですか。（　　　　）

(4) (2)のとき、体積の変化が大きいのは、水、空気のどちらですか。（　　　　）

よく出る

2 アルミニウムのぼうをほのおで熱《ねっ》して、体積の変わり方を調べました。

各6点（24点）

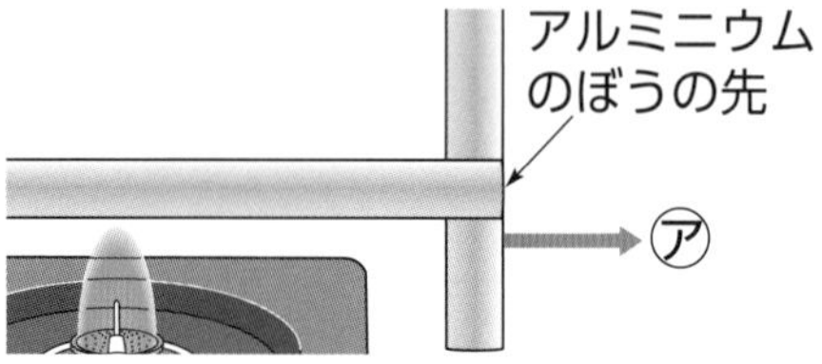

(1) アルミニウムのぼうをほのおで熱すると、アルミニウムのぼうは、図の㋐の向きにのびます。このとき、アルミニウムのぼうの体積はどうなりますか。

（　　　　　　　　　　）

(2) ほのおを消して熱するのをやめると、アルミニウムの体積はどうなりますか。正しいものに○をつけましょう。

ア（　　）ほのおを消す前より、体積は大きくなる。

イ（　　）ほのおを消す前と、体積は変わらない。

ウ（　　）ほのおを消す前より、体積は小さくなる。

(3) アルミニウムのぼうを湯であたためても、長さが変わらないように見えるわけについて、（　　）にあてはまる言葉を書きましょう。

金ぞくは、空気や水と同じように、あたためたり冷やしたりすると、（①　　　　　）が変化するが、その変化は、空気や水とくらべてひじょうに（②　　　　　　　　）から。

3 **空気が入った丸底フラスコの口にせっけん水でまくを作り、その丸底フラスコを湯につけたり、氷水につけたりしました。**

各8点(24点)

(1) 湯につけると、せっけん水のまくはどうなりますか。下の図の㋐～㋓から選《えら》び、記号で答えましょう。

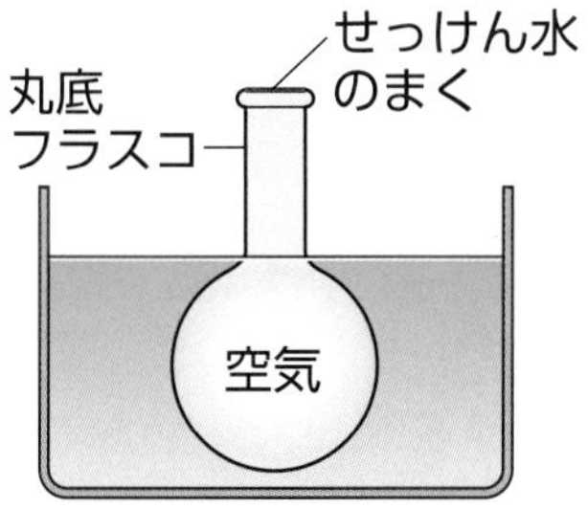

(　　)

(2) 上の図の㋐～㋓で、氷水につけたときのせっけん水のまくの様子は、どれですか。

(　　)

(3) 氷水につけたとき、丸底フラスコの中の空気の体積はどうなりますか。

(　　　　　　　　)

できたらスゴイ!

4 **①～④は、空気、水、金ぞくのどれについてのことですか。(　　)に「空気」「水」「金ぞく」のうち、あてはまるものを書きましょう。すべてにあてはまる場合は○をつけましょう。**

1つ5点(20点)

冷やすと、
体積が小さくなるよ。

①(　　　　　)

あたためたときに、
いちばん体積の変化が大きいよ。

②(　　　　　)

あたためても冷やしても、
体積の変化は見ただけでは
わからないぐらい小さいね。

③(　　　　　)

温度が上がると、
体積が大きくなるよ。

④(　　　　　)

ふりかえり
1がわからないときは、48ページの1 2にもどってかくにんしましょう。
2がわからないときは、50ページの1にもどってかくにんしましょう。

ぴったり1 じゅんび

3分でまとめ

9. もののあたたまり方

①金ぞくのあたたまり方

②水のあたたまり方1

学習日　　月　　日

めあて
金ぞくや水はどのように
あたたまっていくのか、
かくにんしよう。

教科書 145〜152ページ　答え 28ページ

下の(　　)にあてはまる言葉を書くか、あてはまるものを○でかこもう。

1 金ぞくは、熱《ねつ》したところから順《じゅん》にあたたまるのだろうか。

教科書 145〜149ページ

▶金ぞくのあたたまり方

- 金ぞくのあたたまる順を、金ぞくにぬった、し温インクの色の変化《へんか》で調べる。
- し温インクは、あたためると(① 青色 ・ ピンク色)、冷《ひ》やすと(② 青色 ・ ピンク色)になる。
- 金ぞくのぼうの一部を小さいほのおで熱すると、熱したところから順に、し温インクの色が(③　　　　)色に変《か》わる。

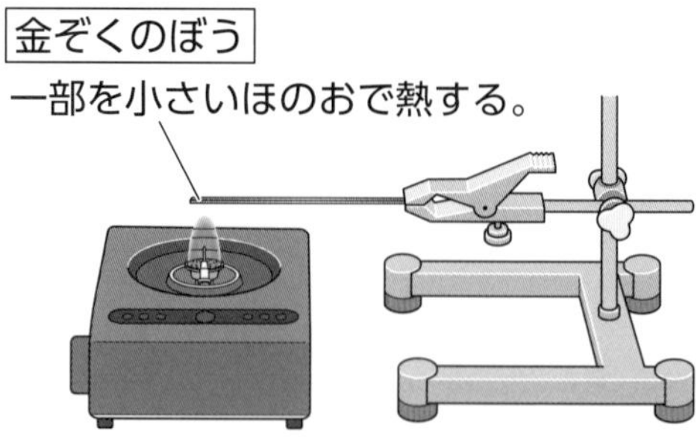

- 金ぞくの板の一部を小さいほのおで熱すると、熱したところから順に、周《まわ》りに広がるように、し温インクの色が(④　　　　　)色に変わる。

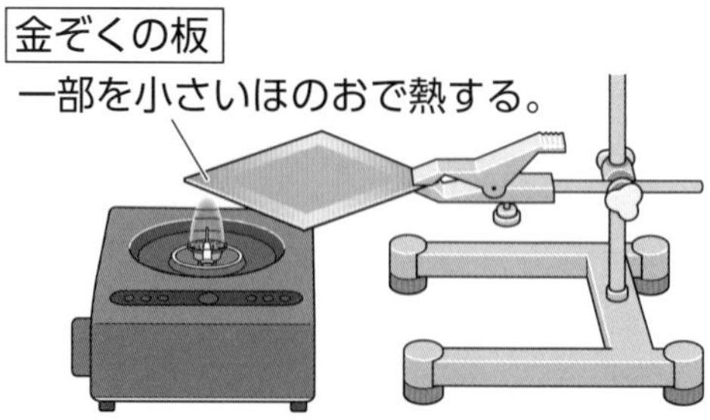

▶金ぞくは、一部を熱すると、熱したところから順に、周りに広がるように(⑤　　　　　　　　　　)。

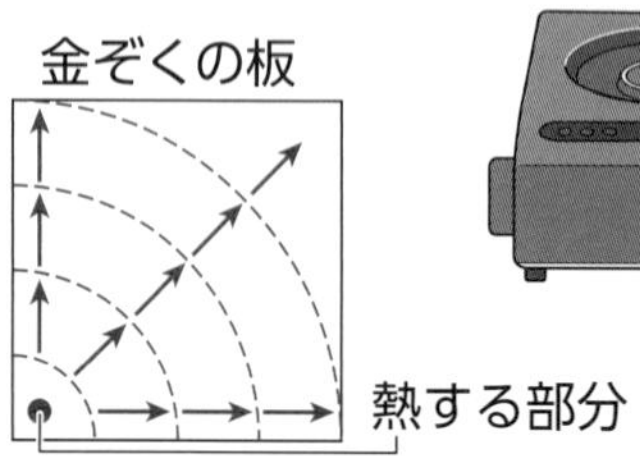

2 水は、金ぞくと同じように、熱したところから順にあたたまるのだろうか。

教科書 150〜152ページ

▶試験管《しけんかん》に入れた水のあたたまり方

- 水にとかした、し温インクの色の変化で調べる。
- 試験管のまん中を小さいほのおで熱すると、試験管に入れた水は、(① 上 ・ 下)の方が先にピンク色に変わる。

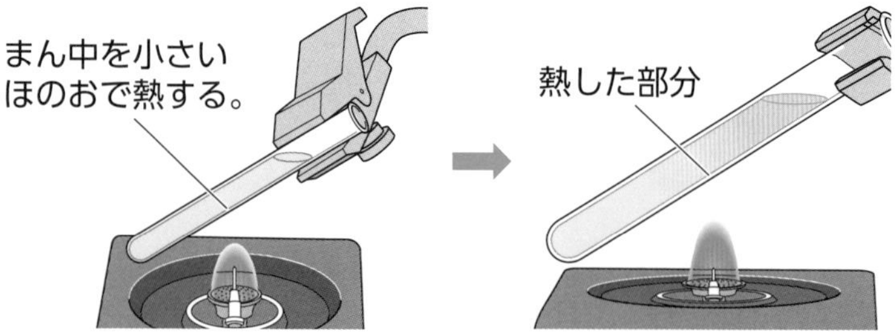

▶水は、(②　　　)の方が先にあたたまる。

ここが、だいじ！
①金ぞくは、熱したところから順にあたたまる。
②水は、金ぞくとちがって、上の方が先にあたたまる。

ぴたトリビア　鉄やどうなど、金ぞくの種類《しゅるい》がちがうと、あたたまりやすさがちがいます。

ぴったり2
練習

9. もののあたたまり方

①金ぞくのあたたまり方

②水のあたたまり方1

学習日　　月　　日

教科書 145〜152ページ　答え 28ページ

1 **し温インクをぬった、金ぞくのぼうと板の一部を熱《ねっ》して、金ぞくのあたたまり方を調べました。**

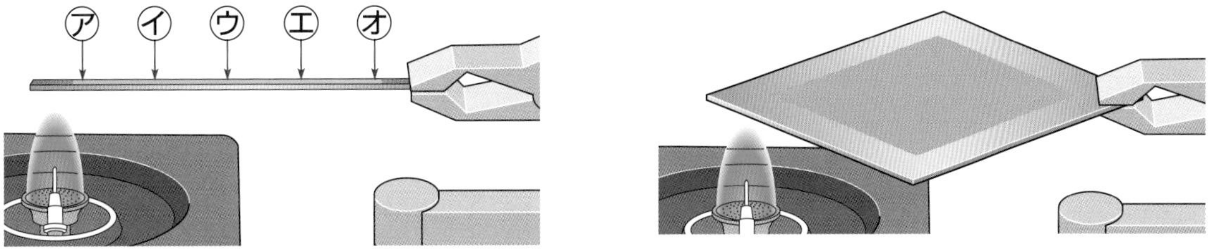

(1) 金ぞくのぼうを熱したとき、あたたまる順《じゅん》に㋐、㋑、㋒、㋓、㋔をならべましょう。

はやい　　　　　　　　おそい

(　　)→(　　)→(　　)→(　　)→(　　)

(2) 金ぞくの板を熱したときの、あたたまっていく様子として正しいものに○をつけましょう。

ア(　　)

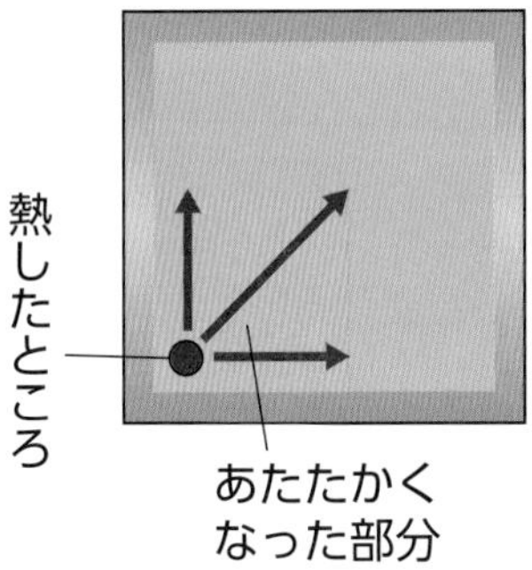

イ(　　)

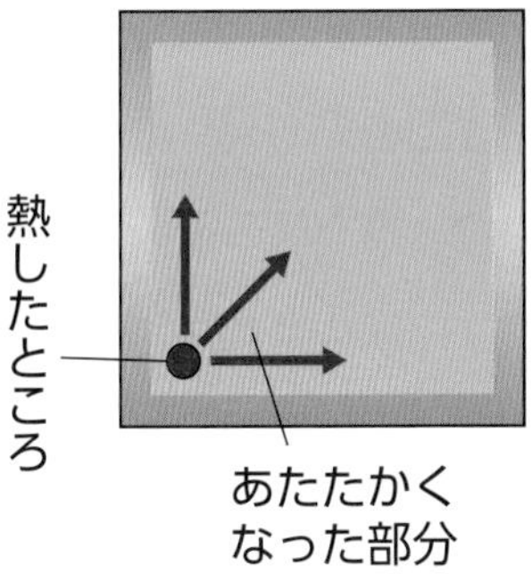

ウ(　　)

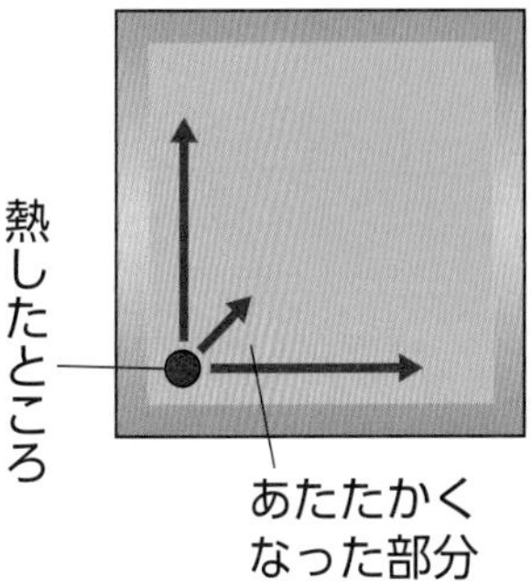

2 **試験管《しけんかん》に入れた、し温インクをとかした水の一部を熱して、水のあたたまる順を調べました。**

(1) し温インクの色は、あたためると、何色に変《か》わりますか。

(　　　　　　)

(2) まん中を熱したときの水のあたたまる順について、正しいものに○をつけましょう。

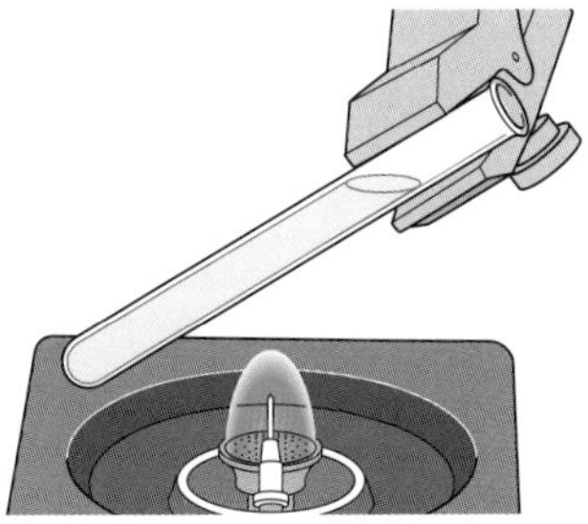

ア(　　)上の方が先にあたたまる。

イ(　　)まん中が先にあたたまる。

ウ(　　)下の方が先にあたたまる。

ヒント **1** (1)金ぞくは、熱したところから順にあたたまります。

ぴったり1 じゅんび

9. もののあたたまり方

②水のあたたまり方2

③空気のあたたまり方

学習日　　月　　日

めあて
水や空気はどのようにあたたまっていくのか、かくにんしよう。

教科書 152〜159ページ　答え 29ページ

下の(　　)にあてはまる言葉を書くか、あてはまるものを○でかこもう。

1 あたためられた水は、上の方に動くのだろうか。 教科書 152〜155ページ

▶ビーカーの中の水のあたたまり方

・水にとかした、し温インクの色の変化《へんか》で調べる。

・し温インクの色は、あたたまるとピンク色に変《か》わり、水の色は、(① 上 ・ 下)の方からピンク色に変わる。

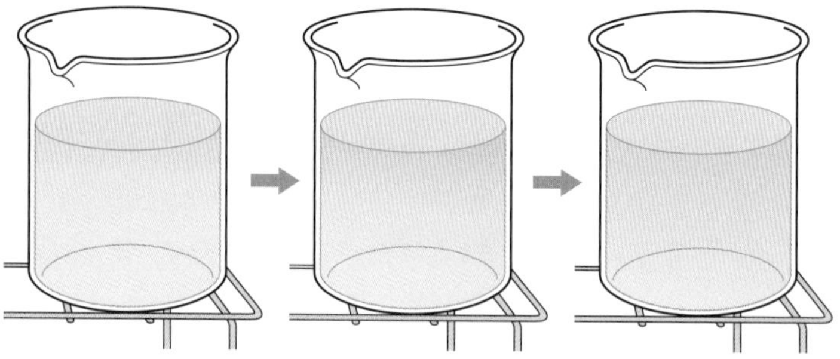

▶水は、一部を熱《ねっ》すると、熱してあたためられた部分が(② 上 ・ 下)の方に動いて、(③ 上 ・ 下)から順《じゅん》にあたたまり、やがて、全体があたたまる。

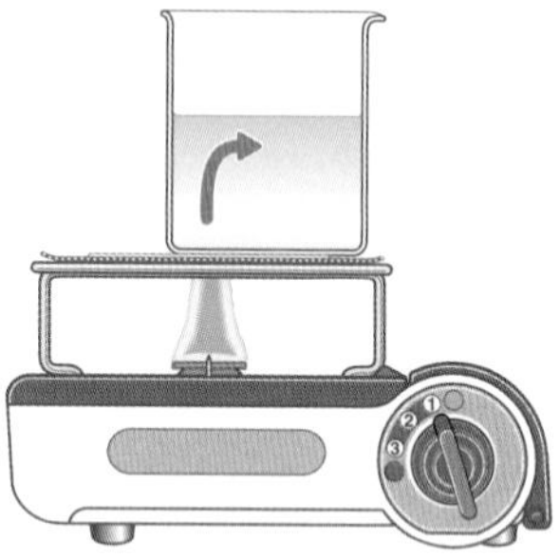

2 空気は、どのような順にあたたまるのだろうか。 教科書 156〜159ページ

▶水そうの中に入れた空気のあたたまり方

・水そうの中の空気の、白熱電球であたためる前の温度は、上の方と下の方は(①　　　　)である。

・あたため始めてから10分後の空気の温度は、水そうの(② 上 ・ 下)の方が高い。

▶白熱電球によってあたためられた水そうの中の空気は、(③ 上 ・ 下)の方に動いて、(④ 上 ・ 下)から順にあたたまり、やがて、全体があたたまる。

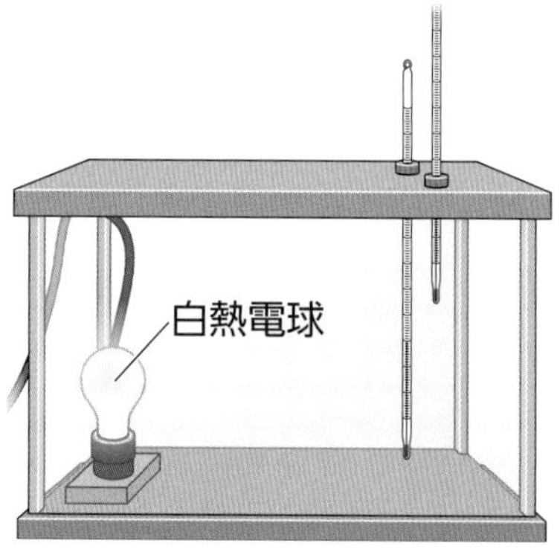

ここが、だいじ!

①あたためられた水は、上の方に動く。

②空気は、水と同じように、一部を熱すると、熱してあたためられた部分が上の方に動いて、上から順にあたたまり、やがて、全体があたたまる。

ぴたトリビア

だんぼうをかけた部屋《へや》では上の方だけがあたたかくなったり、れいぼうをかけた部屋では下の方だけがすずしくなったりすることがあります。

9. もののあたたまり方

②水のあたたまり方２

③空気のあたたまり方

学習日　月　日

教科書 152〜159ページ　答え 29ページ

1 水のあたたまり方を調べるために、ビーカーの中の水にし温インクをとかして熱《ねっ》しました。

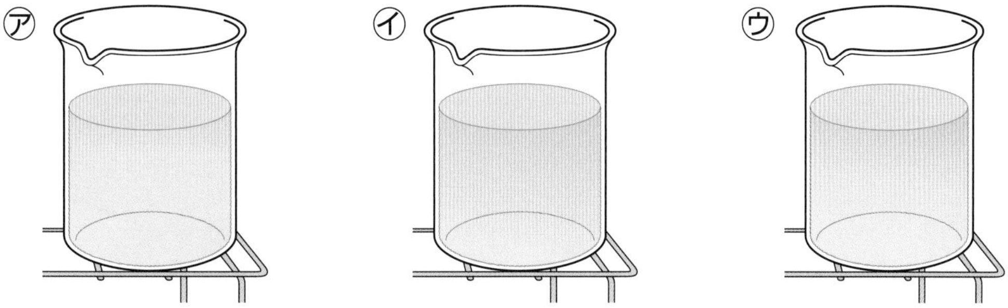

(1) し温インクをとかしたのは、あたたまった水の何を見るためですか。

（　　　）

(2) ㋐〜㋒は、ビーカーの底《そこ》のはしをあたためたときの様子です。し温インクの色が変《か》わっていく順《じゅん》を、記号で答えましょう。

（　　→　　→　　）

(3) 水はどのようにあたたまりますか。正しいものに○をつけましょう。

ア（　　）熱した部分の水から順にあたたまっていく。

イ（　　）あたためられた水が上の方に動き、全体があたたまっていく。

ウ（　　）あたためられた水が下の方に動き、全体があたたまっていく。

2 右の図のように、ストーブであたためている部屋《へや》の上の方と下の方で、空気の温度をはかりました。

(1) ㋐と㋑で、温度が高いのはどちらですか。

（　　　）

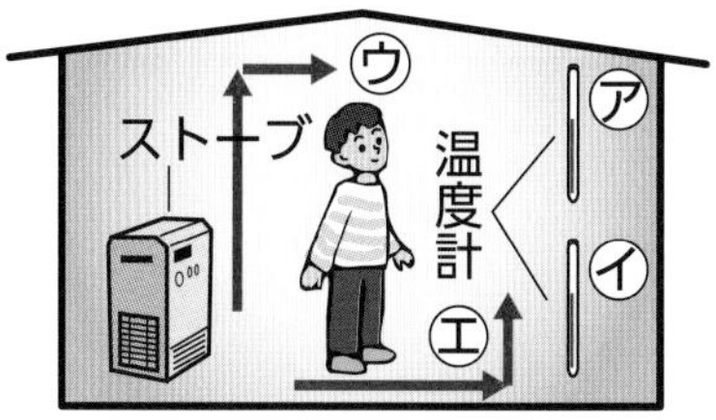

(2) あたためられた空気の動き方は、㋒と㋓のどちらですか。

（　　　）

(3) 空気のあたたまり方について、どのようなことがいえますか。正しいものに○をつけましょう。

ア（　　）金ぞくと同じようにあたたまる。

イ（　　）水と同じようにあたたまる。

ウ（　　）金ぞくとも水ともちがうあたたまり方をする。

ヒント 2 空気のあたたまり方は目で見ることができないので、金ぞくのあたたまり方や水のあたたまり方とくらべて考えましょう。

9. もののあたたまり方

時間 30 分

／100

合格 70 点

教科書 144〜161ページ　答え 30ページ

よく出る

1 正方形の金ぞくの板の一部を熱《ねっ》して、金ぞくの板のあたたまり方を調べました。

各8点(24点)

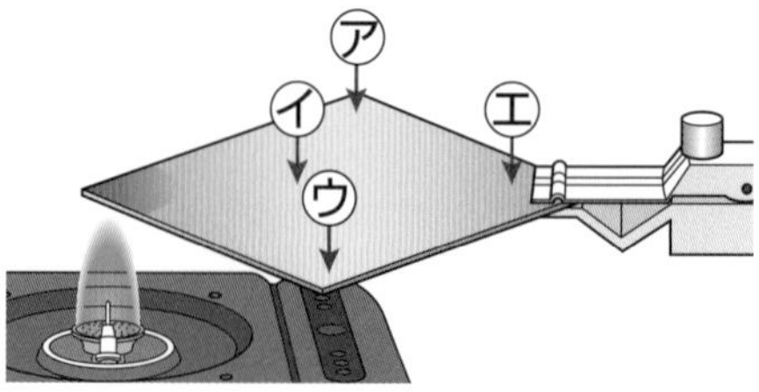

(1) いちばん先にあたたまるのは、㋐～㋓のどこですか。

(　　)

(2) ほぼ同時にあたたまるのは、㋐～㋓のどことどこですか。

(　　と　　)

(3) 次の金ぞくの板があたたまる様子を表した図で、正しいものに○をつけましょう。

ア(　　)　イ(　　)　ウ(　　)　エ(　　)

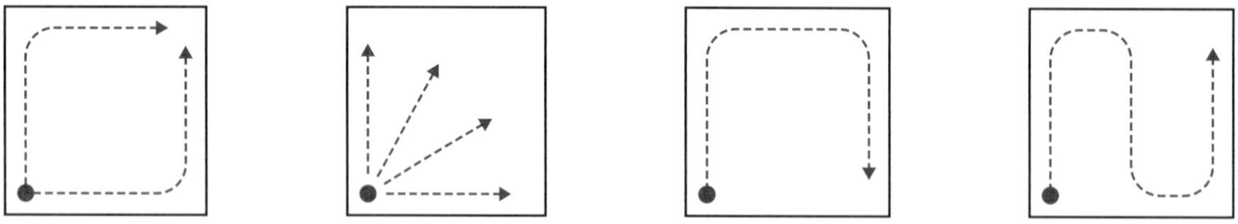

2 ストーブで、部屋《へや》をあたためて、空気の温度を調べました。

各8点(16点)

(1) しばらくたってから空気の温度をくらべました。天じょうに近いところとゆかに近いところでは、どちらの温度が高いですか。

(　　　　　　)

(2) ストーブの近くでは、空気はどのように動いていますか。正しいものに○をつけましょう。

ア(　　)　イ(　　)　ウ(　　)

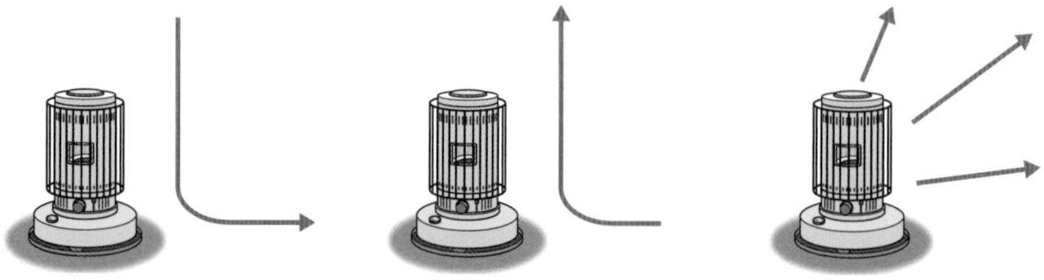

この本の終わりにある「冬のチャレンジテスト」をやってみよう！

よく出る

3 試験管《しけんかん》に入れた水のあたたまり方を調べました。

各8点(24点)

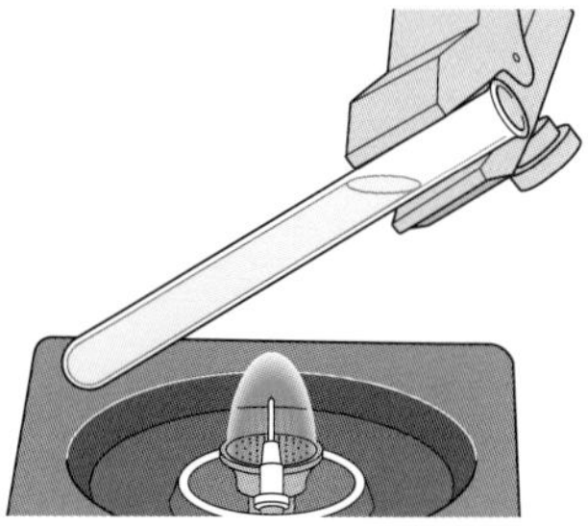

(1) 水のあたたまり方を調べるために、あたためると色が変《か》わるものを水にとかしました。このとかしたものを何といいますか。　(　　　　　　)

(2) 試験管のまん中を小さいほのおで熱すると、水にとかした(1)の色が先に変わるのは、上の方ですか、下の方ですか。　(　　　　)

(3) 水が先にあたたまるのは、上の方ですか、下の方ですか。　(　　　　　)

4 水のあたたまり方を調べるために、し温インクをとかした水をビーカーに入れて、ビーカーの底《そこ》のはしの部分を熱しました。

各8点(16点)

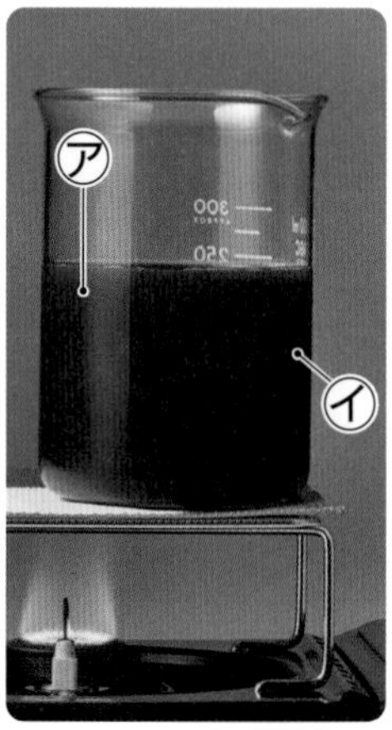

(1) 底のはしの部分を熱したとき、㋐と㋑では、どちらが先に色が変わりますか。　(　　)

(2) 水はどのようにあたたまるといえますか。正しいものに○をつけましょう。

ア(　　)水は熱した部分から順《じゅん》にあたたまるので、下の方からあたたまり、やがて、全体があたたまる。

イ(　　)熱してあたためられた水が上の方に動いて、上から順にあたたまり、やがて、全体があたたまる。

できたらスゴイ！

5 金ぞくのぼうのまん中を熱して、あたたまり方を調べました。なお、㋐～㋓は同じ間かくです。

思考・表現　各10点(20点)

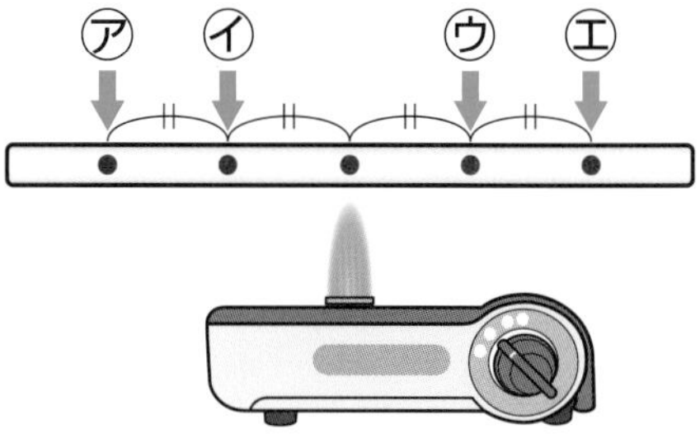

(1) 金ぞくのぼうを水平にして、そのまん中を熱したとき、㋐と㋓のあたたまり方はどうなりますか。正しいものに○をつけましょう。

ア(　　)㋐の方が先にあたたまる。

イ(　　)㋓の方が先にあたたまる。

ウ(　　)㋐と㋓は同時にあたたまる。

(2) 記述 (1)のように答えた理由を説明《せつめい》しましょう。

(　　　　　　　　　　　　　　　　　　　　　　)

ふりかえり
3がわからないときは、54ページの2にもどってかくにんしましょう。
5がわからないときは、54ページの1にもどってかくにんしましょう。

★ 冬の星

学習日　　月　　日

めあて
冬の夜空に見られる星の色や明るさ、星ざをかくにんしよう。

教科書 163〜167ページ　答え 31ページ

下の(　　)にあてはまる言葉を書くか、あてはまるものを○でかこもう。

1 オリオンざは、どのように位置《いち》が変化《へんか》するのだろうか。 教科書 163〜167ページ

▶冬に見られる星や星《せい》ざ
- ベテルギウス…(①　　　　　　)ざ
- リゲル…(②　　　　　　)ざ
- プロキオン…(③　　　　　　)ざ
- シリウス…(④　　　　　　)ざ

▶ベテルギウス、シリウス、プロキオンは、どれも1等星である。この3つの星を結《むす》んでできる形は(⑤　　　　　　　　)とよばれている。

▶オリオンざの1等星のうち、赤っぽい星は(⑥　　　　　　　　)で、青っぽい星はリゲルである。

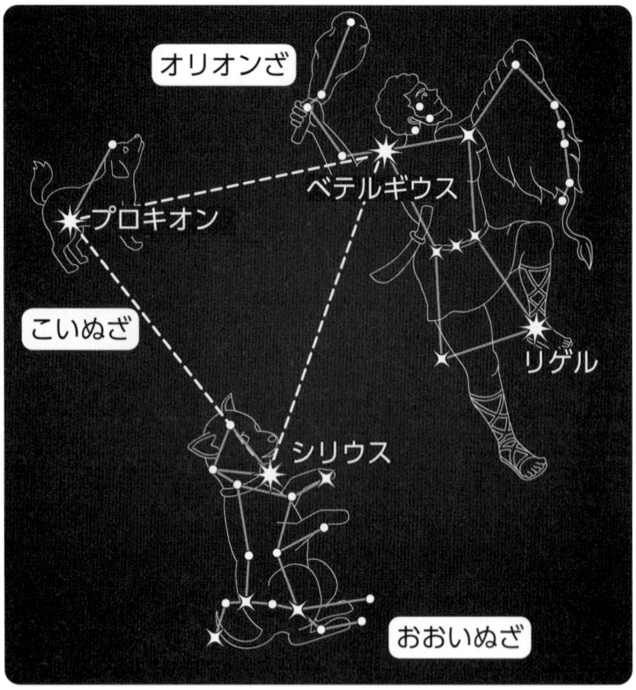

▶オリオンざの位置の変化
- オリオンざは、午後6時ごろと午後8時ごろでは、星のならび方は(⑦　変《か》わる　・　変わらない　)。
- オリオンざは、午後6時ごろに(⑧　北　・　東　)の空に見える。
- 午後8時ごろ見えるオリオンざは、午後6時ごろにくらべて(⑨　低《ひく》い　・　高い　)ところの、(⑩　東　・　南　・　西　・　北　)の方に位置が変化する。

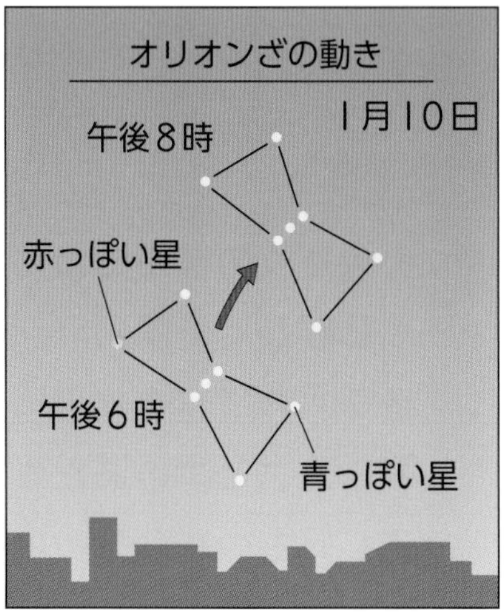

オリオンざの星のならび方は変化していないよ。

ここがだいじ!
①夜、東の空に見えるオリオンざは、時間がたつと高くなりながら南の方に位置が変化するが、星のならび方は変化しない。

ぴたトリビア
ギリシャ神話で、オリオンはさそりにさされて死んだので、さそりをおそれ、オリオンざはさそりざと同時に空にのぼらないといわれています。

ぴったり2 練習

★ 冬の星

学習日　　月　　日

教科書 163〜167ページ　答え 31ページ

1 冬の夜空を見上げると、南東の空に図のような星が見えました。

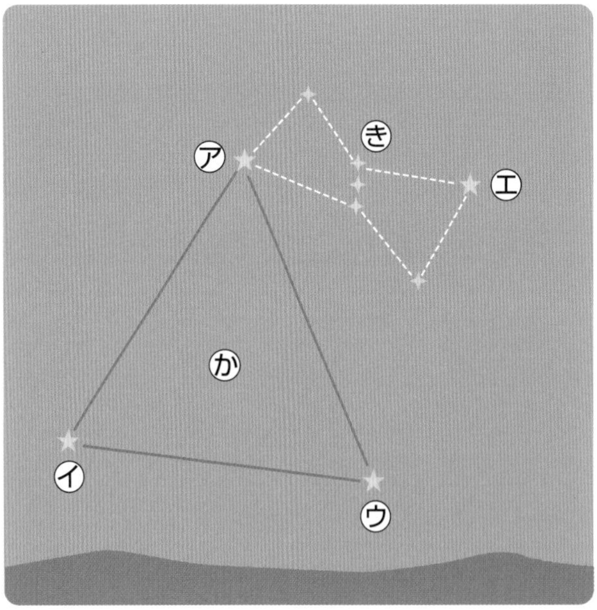

(1) 3つの明るい星㋐、㋑、㋒の名前を書きましょう。

㋐(　　　　　　　　　)
㋑(　　　　　　　　　)
㋒(　　　　　　　　　)

(2) 3つの星㋐、㋑、㋒を結《むす》んでできる三角形(か)を、何とよびますか。

(　　　　　　　　　)

(3) (き)の星《せい》ざの名前を書きましょう。

(　　　　　　　　　)

(4) (き)の星ざで、1等星㋓の名前を書きましょう。

(　　　　　　　　　)

2 右の図は、ある日の午後6時にオリオンざを観察《かんさつ》したときの様子です。

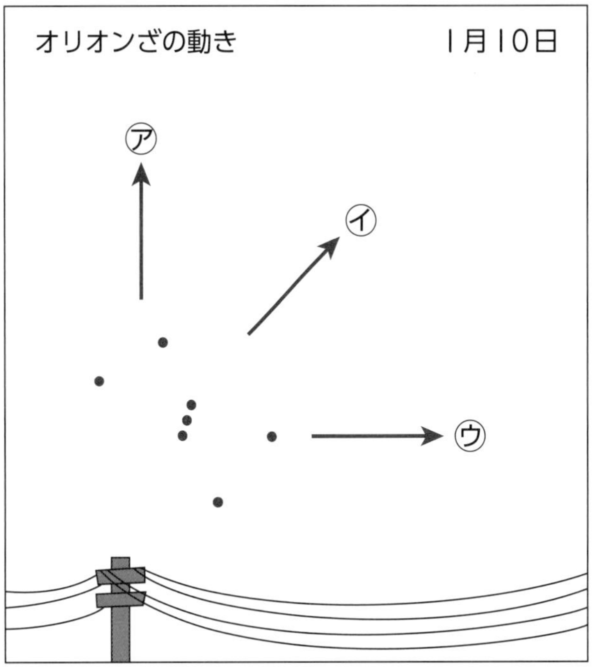

(1) このあと午後8時ごろになると、オリオンざは、図の㋐〜㋒のどの方向に動いた位置《いち》にありますか。

(　　)

(2) 午後8時ごろのオリオンざは、次の図のどれですか。正しいものに○をつけましょう。

ア(　　)　イ(　　)　ウ(　　)

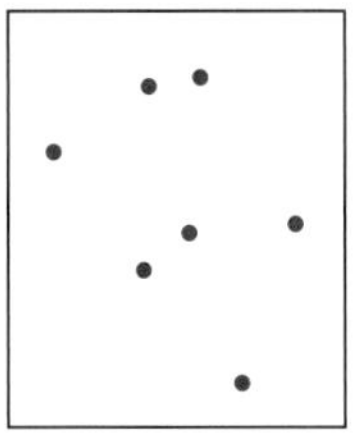
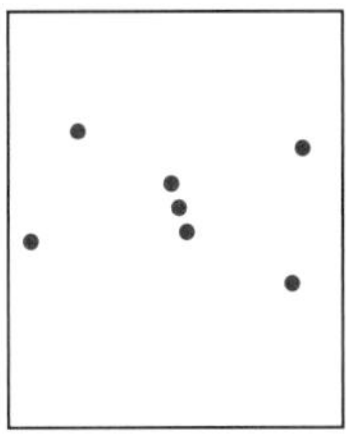
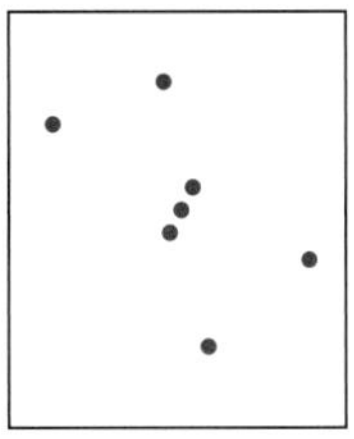

ヒント 2 オリオンざは、時間がたつと高くなりながら南の方に位置が変化しますが、星のならび方は変化しません。

ぴったり3

たしかめのテスト ★ 冬の星

時間 30 分

／100

合格 70 点

教科書 162～169ページ　答え 32ページ

よく出る

1 右の図は、冬の夜空の一部です。㋐～㋓は１等星で、㋕～㋛は２等星です。

各7点(42点)

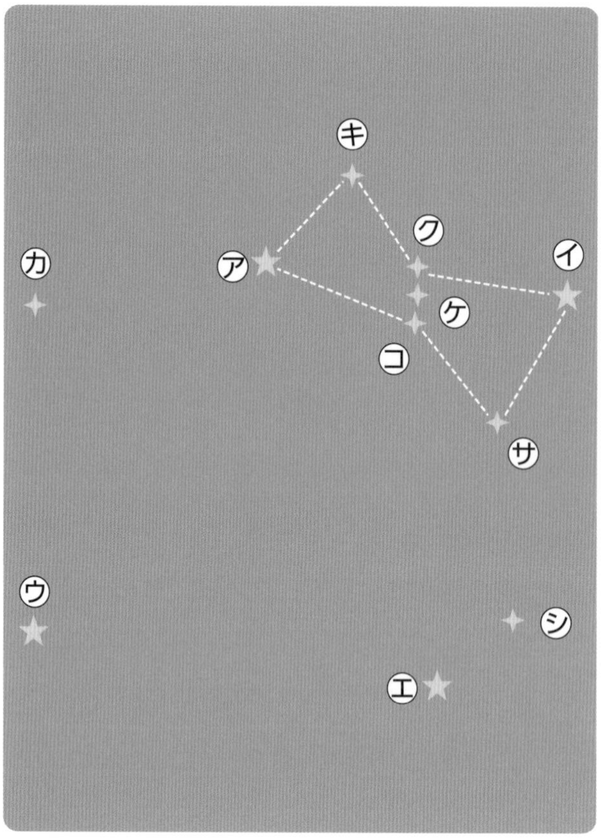

(1) 冬の大三角は、どの星を結《むす》んでできる形のことをいいますか。図の星の中から３つ選《えら》び、記号で答えましょう。

(　　)
(　　)
(　　)

(2) ㋐～㋓の中で赤っぽい星はどれですか。

(　　)

(3) (2)で答えた星の名前を書きましょう。

(　　　　　　　　)

(4) ㋓は、おおいぬざの星です。㋓の星の名前を書きましょう。

(　　　　　　　　)

2 星の位置《いち》の変化《へんか》を調べました。

技能　各6点(12点)

(1) 星の位置の変化を調べるとき、星をさがすのに使う㋐を何といいますか。

(　　　　　　)

(2) 星の位置の変化を調べるときは、どのようにしますか。正しいほうに○をつけましょう。

ア(　　)観察《かんさつ》する場所や向きを変《か》えないで行う。

イ(　　)星を見やすいように、観察する場所や向きを変えて行う。

よく出る

❸ 図は、午後6時と午後8時に星《せい》ざを観察したときの様子を表したものです。

各6点(18点)

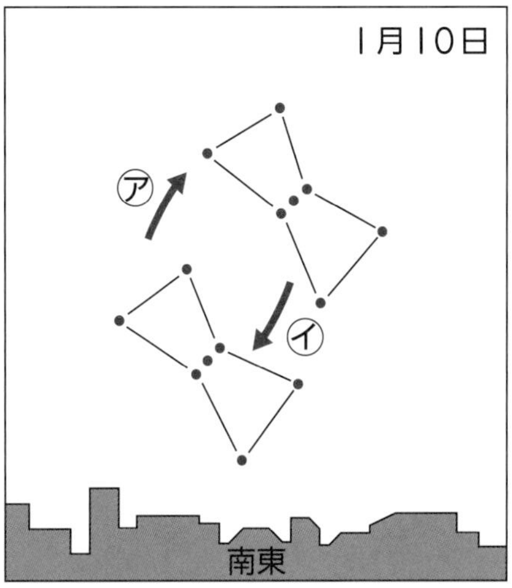

(1) 観察した星ざの名前を書きましょう。

(　　　　　　　　)

(2) 午後6時から午後8時までの星の動きを表しているのは、㋐と㋑のどちらですか。

(　　)

(3) 星ざを観察して、時間がたっても変わらなかったのは、星の何ですか。

(　　　　　　　　)

できたらスゴイ!

❹ 下の図は、冬の大三角とその近くの星を記録《きろく》したものです。

各7点(28点)

午後7時　　午後8時

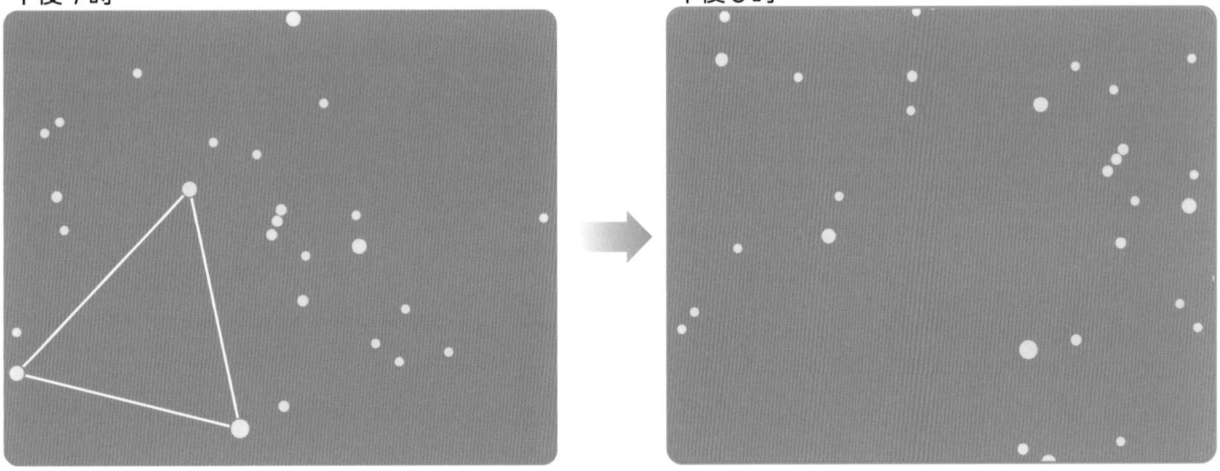

(1) 作図 午後8時には、冬の大三角はどの位置にありますか。線で結びましょう。

(2) 冬の大三角をつくっている星やその近くの星の明るさは、どれも同じだといえますか、いえませんか。

(　　　　　　　　)

(3) 記述 星の見える位置は、時間がたつと、どうなるといえますか。　思考・表現

(　　　　　　　　　　　　　　　　)

(4) 記述 星のならび方は、時間がたつと、どうなるといえますか。　思考・表現

(　　　　　　　　　　　　　　　　)

ふりかえり
❶がわからないときは、60ページの❶にもどってかくにんしましょう。
❹がわからないときは、60ページの❶にもどってかくにんしましょう。

3分でまとめ

★冬と生き物

学習日　　月　　日

めあて
冬に見られる植物や動物の様子をかくにんしよう。

教科書 171～177ページ　答え 33ページ

下の（　）にあてはまる言葉を書くか、あてはまるものを○でかこもう。

1 冬になって、ヘチマは、秋のころからどのように変《か》わっているのだろうか。 教科書 172～174ページ

▶冬の気温

- 気温は、秋のころよりもさらに（① 上がって ・ 下がって ）いる。

▶ヘチマの様子

- ヘチマは（② 成長《せいちょう》して ・ かれて ）、実の中には（③　　　　）が残《のこ》っている。

2 冬になって、こん虫や鳥などは、秋のころからどのように変わっているのだろうか。 教科書 175～177ページ

▶冬のころのこん虫や鳥などの様子

ナナホシテントウ

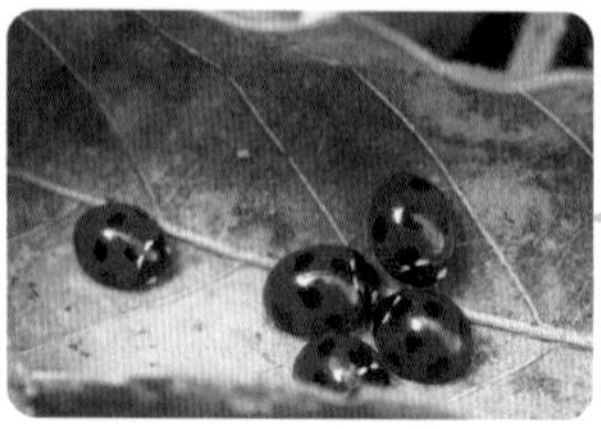

（①　　　）のかげに集まって冬をこす。

オオカマキリ

（②　　　　　　）のすがたで冬をこす。

ヒキガエル

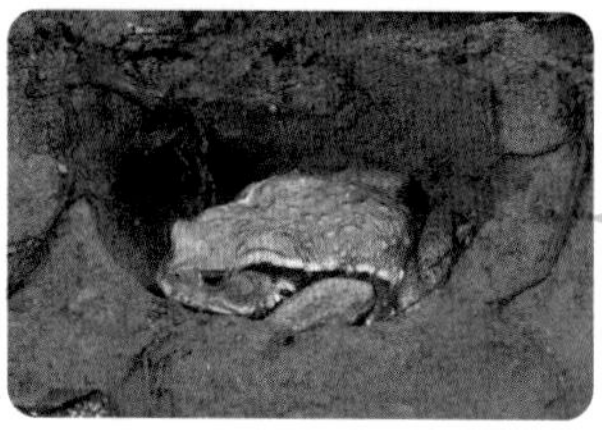

（③　　　）の中でとうみんして冬をこす。

オナガガモ

水辺《みずべ》などで見られる。

- 寒い冬は、動物はあまり見られなくなる。こん虫などは、葉のかげや（④ 水 ・ 土 ）の中で冬をこしたり、（⑤　　　　　）やさなぎのすがたで冬をこしたりしている。
- 鳥は、上の写真のような、（⑥　　　　）の仲間《なかま》などが見られる。

ここがだいじ！

冬になって、気温がさらに下がると、
①ヘチマは、秋のころにつけた実の中にたねを残して、かれてしまう。
②こん虫などは、葉のかげや土の中で冬をこしたり、たまごやさなぎのすがたで冬をこしたりしている。また、鳥は、カモなどが見られる。

ぴたトリビア　動物が長い間じっとして冬ごしをする理由は、冬はじゅうぶんな食べ物がないことや、動物によっては体温が下がって活動しにくくなることが考えられます。

学習日　　月　　日

★ 冬と生き物

教科書 171～177ページ　答え 33ページ

1 冬のころのヘチマの様子を調べました。

(1) 秋のころは、夏のころにくらべて、気温が下がりました。では、冬のころになると、気温は、秋のころにくらべてどうなりますか。

（　　　　　　）

(2) 冬のころのヘチマの様子を表しているのは、㋐、㋑のどちらですか。

（　　）

(3) 冬のころになると、ヘチマは実の中に何を残(のこ)して、かれてしまいますか。

（　　　）

㋐

㋑

2 冬のころの動物の様子について調べました。

(1) 右の①はオオカマキリ、②はアゲハが冬をこすときのすがたです。このすがたを何といいますか。それぞれ正しいものに○をつけましょう。

①

②

① オオカマキリ

ア（　　）よう虫　**イ**（　　）さなぎ　**ウ**（　　）たまご

② アゲハ

ア（　　）よう虫　**イ**（　　）さなぎ　**ウ**（　　）たまご

(2) 次の文の中で、冬のころの動物の様子について書いてあるものを3つ選(えら)び、○をつけましょう。

ア（　　）ナナホシテントウが、葉のかげに集まっている。

イ（　　）ショウリョウバッタが、たまごを産(う)んでいる。

ウ（　　）巣(す)を作っているシジュウカラが見られる。

エ（　　）土の中に、カブトムシのよう虫がいる。

オ（　　）たまごからかえった、オオカマキリのよう虫が見られる。

カ（　　）土の中で、ヒキガエルがとうみんをしている。

ヒント 2 寒い冬には、動物はあまり見られません。

ぴったり3

たしかめのテスト

★ 冬と生き物

時間 30 分

／100

合格 70 点

教科書 170〜177ページ　答え 34ページ

よく出る

1 冬のころのこん虫の様子について答えましょう。

各6点(12点)

(1) 秋のころにくらべて、こん虫の種類《しゅるい》や数はどうなりますか。次の㋐〜㋒から選《えら》んで記号で答えましょう。

㋐　多くなる。　㋑　少なくなる。　㋒　ほとんど変《か》わらない。

(　　)

(2) 葉のかげに集まっているのが見られるのは、次の㋐〜㋒のどれですか。

㋐　オオカマキリ　㋑　コオロギ　㋒　ナナホシテントウ

(　　)

2 冬のころのヘチマの様子を調べました。

各6点(24点)

(1) ヘチマのあの中には、何ができていますか。

(　　　)

(2) くきについて、冬のころの様子について書いているものに○をつけましょう。

ア(　　)くきののびが止まった。

イ(　　)芽《め》が出て、のび始めた。

ウ(　　)かれてしまった。

エ(　　)大きくのびた。

(3) 葉について、冬のころの様子について書いているものに○をつけましょう。

ア(　　)子葉が出て、葉がふえてきた。

イ(　　)かれてしまった。

ウ(　　)葉がかれ始めた。

エ(　　)葉の数がふえた。

(4) ヘチマは、どのように冬をこしますか。正しいものに○をつけましょう。

ア(　　)えだに芽をつけて冬をこす。

イ(　　)たねのすがたで冬をこす。

ウ(　　)実をつけて冬をこす。

よく出る

3 冬のころの動物を観察《かんさつ》しました。

各6点（36点）

①

②

③

(1) 上の①～③は、それぞれ、何という動物の冬のころの様子ですか。次の㋐～㋓から選び、記号で答えましょう。

㋐　オナガガモ　　㋑　ヒキガエル　　㋒　カブトムシ　　㋓　オオカマキリ

①（　　）　②（　　）　③（　　）

(2) ①～③の動物は、それぞれ冬をどこですごしますか。次の㋐～㋓から選び、記号で答えましょう。

㋐　池や湖　　㋑　土の中　　㋒　かれた植物のくき　　㋓　かれた葉の上

①（　　）　②（　　）　③（　　）

できたらスゴイ！

4 右の写真は、冬のころのサクラの様子です。

(1)～(3)は各6点、(4)は10点（28点）

(1) 右のサクラの写真で、あは何ですか。

（　　）

(2) あをよく見ると、どうなっていますか。正しいものに○をつけましょう。

ア（　　）小さな花びらが何まいも重なっている。

イ（　　）緑色の葉がのぞいている。

ウ（　　）秋のころよりも大きくなっている。

(3) 右の写真で、サクラはかれていますか、かれていませんか。

（　　　　　　）

(4) 記述 (3)は、どんなことから考えられますか。かんたんに書きましょう。

思考・表現

（　　　　　　　　　　　　　　　　）

ふりかえり
1がわからないときは、64ページの2にもどってかくにんしましょう。
3がわからないときは、64ページの2にもどってかくにんしましょう。

10. 水のすがたの変化《へんか》

①水を冷《ひ》やしたときの変化

学習日　　月　　日

めあて
水を冷やし続けたときの変化をかくにんしよう。

教科書　179〜184ページ　答え　35ページ

下の(　)にあてはまる言葉を書くか、あてはまるものを○でかこもう。

1 水を冷《ひ》やし続《つづ》けると、水は、どのようにして氷にすがたが変《か》わるのだろうか。

教科書　179〜184ページ

▶水を冷やし続けたときの、水の温度とすがたの変化の調べ方

- 図１のように、水と温度計を入れた試験管《しけんかん》を、(①　　　)を入れた氷水で冷やし、水の温度とすがたの変化を調べる。
- 氷水に(①)を入れると、氷水だけのときよりも(②　高　・　低《ひく》　)い温度にすることができる。

図１

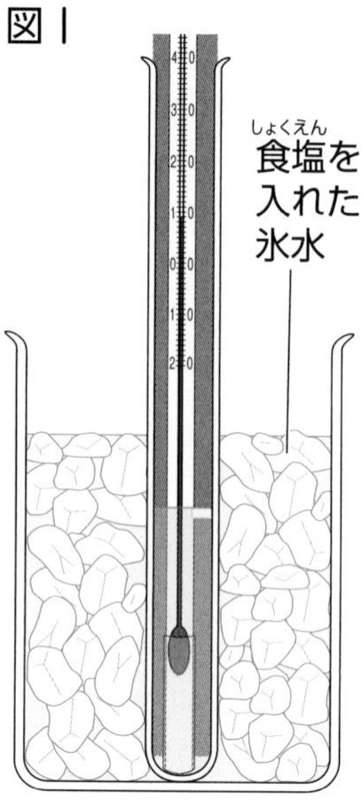

▶0℃よりも低い温度の表し方

- 図２の温度は、0℃より(③　　　)度低い温度である。
- この温度を「−5℃」と書いて、「(④　ひく　・　マイナス　)5ど」と読む。

図２

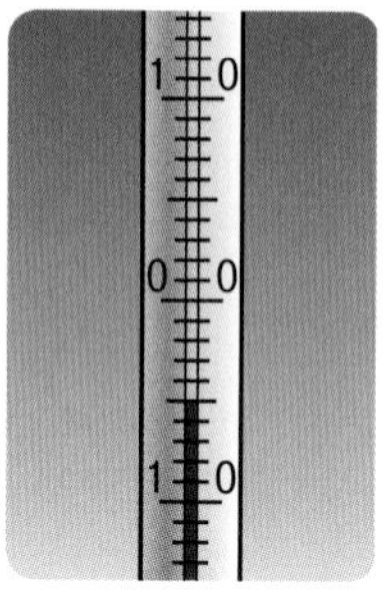

▶水の温度と水のすがたの変化

- 水を冷やし続けて、温度が(⑤　　　)℃になると、試験管の水がこおり始めた。
- 水が全部こおるまでの間、水の温度は(⑥　　　)℃のままで変わらなかった。
- 水は、氷にすがたが変わると、体積《たいせき》が(⑦　小さくなる　・　変わらない　・　大きくなる　)。
- 全部こおったあと、温度は(⑧　下がる　・　変わらない　・　上がる　)。

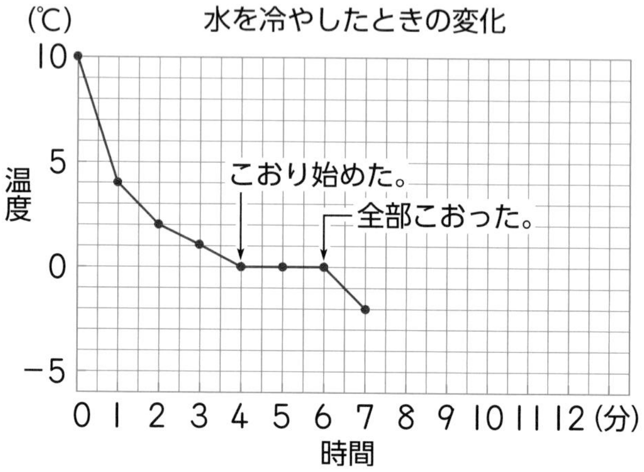

▶水がこおる前のすがたを(⑨　固体《こたい》　・　液体《えきたい》　)といい、水がこおったあとのすがたを(⑩　固体　・　液体　)という。

ここがだいじ！

①水を冷やし続けると、水は、0℃でこおり始めて、周《まわ》りから少しずつ氷にすがたが変わる。
②水は、こおり始めてから、全部こおるまでの間、温度が0℃のまま変わらない。
③水は、氷にすがたが変わると、体積が大きくなる。

ぴたトリビア　水を冷やし続けると液体から固体になりますが、このとき、体積は約1.1倍になります。

ぴったり2 練習

10. 水のすがたの変化《へんか》

①水を冷《ひ》やしたときの変化

学習日　　月　　日

教科書 179〜184ページ　答え 35ページ

1 図1のように、水と温度計を入れた試験管《しけんかん》を、食塩《しょくえん》を入れた氷水で冷やし、水の温度とすがたの変化を調べました。

図1

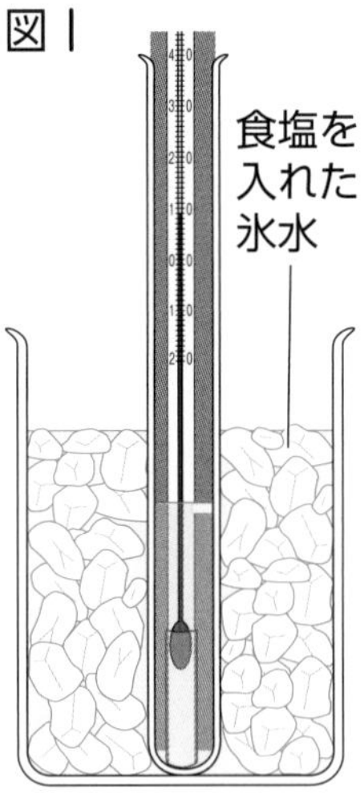

(1) ビーカーの中には、食塩を入れた氷水が入っています。氷水に食塩を入れると、氷水の温度はどうなりますか。正しいものに○をつけましょう。

ア(　　)0℃より高くなる。
イ(　　)0℃くらいになる。
ウ(　　)0℃より低《ひく》くなる。

(2) 試験管の中の水がこおり始めたときの、水の温度は何℃ですか。

(　　　)

(3) 試験管の中の水がこおり始めてから全部こおるまでの間、水の温度はどうなっていますか。

(　　　　　　　　)

(4) 水を冷やし続《つづ》けて全部こおったあと、水面の位置《いち》はどうなりますか。図2の㋐〜㋒から選《えら》び、記号で答えましょう。

(　)

図2

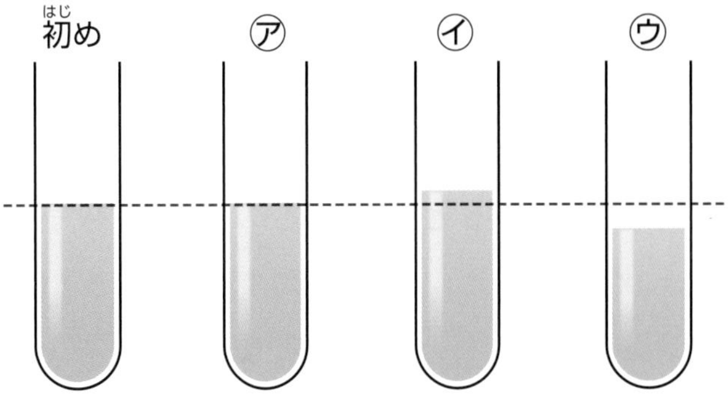

(5) 水は、こおる前とこおったあとでは、すがたが変《か》わります。

① 水のこおる前のすがたを何といいますか。

(　　　)

② 水のこおったあとのすがたを何といいますか。

(　　　)

(6) 図1のビーカーの中の、食塩を入れた氷水の中に温度計を入れて、氷水の温度をはかると、図3のようになりました。温度計の目もりは何℃ですか。また、その温度は、何と読みますか。

温度(　　　　　)

読み方(　　　　　　　　)

図3

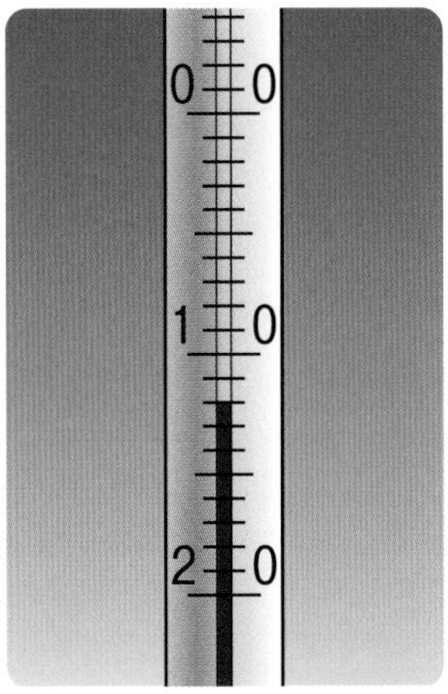

ヒント **1** (4)水は氷にすがたが変わると、体積《たいせき》が大きくなります。

ぴったり1 じゅんび

10. 水のすがたの変化《へんか》

②水をあたためたときの変化

学習日　　月　　日

めあて
水をあたため続けたときの変化をかくにんしよう。

教科書 185～193ページ　答え 36ページ

下の(　)にあてはまる言葉を書くか、あてはまるものを○でかこもう。

1 水をあたため続《つづ》けると、水は、どのように変化するのだろうか。　教科書 185～189ページ

▶水をあたためたときの変化
- ビーカーに入れた水をあたためていくと、底《そこ》に(①　　　　)が出てくる。
- 水をあたため続けると、水の中からも小さい(②　　　　)が出るようになる。
- さらに、水をあたため続けて、温度が(③　　　)℃近くになると、わきたって、中からさかんにあわが出るようになる。

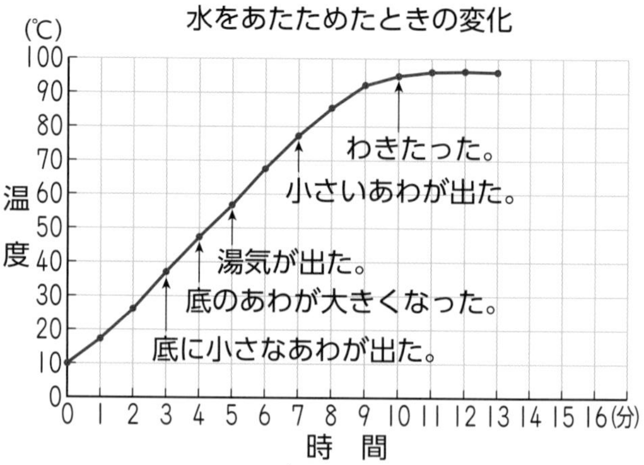

▶水は、わきたっている間は、温度は(④　上がり続ける　・　変《か》わらない　)。

▶液体《えきたい》の水がわきたって、中からさかんにあわが出ることを(⑤　　　　　　)という。

▶水がふっとうしたあとのビーカーの中の水の量《りょう》は、初《はじ》めよりも(⑥　へって　・　ふえて　)いる。

2 水がふっとうしているときに出るあわは何だろうか。　教科書 190～193ページ

▶右の図のように、水がふっとうしているときに出るあわを、ふくろに集めると、ふくろの中がくもる。
- 火を消すと、ふくろの中に水てきがつき、しばらくすると、ふくろに(①　　　)がたまる。
- 水がふっとうしているときに出るあわは、すがたが変わった(②　　　)である。

▶水がふっとうしたときに出るあわを、(③　　　　　　　　)という。水《すい》じょう気《き》は、目に見えなくなった水である。

▶水がふっとうして、目に見えなくなったすがたを(④　液体　・　気体《きたい》　)という。

▶湯気は、水じょう気が(⑤　熱《ねっ》せられて　・　冷《ひ》やされて　)、液体の水の小さいつぶになったものなので、目に見える。

ここが だいじ!
①水をあたため続けると、水は、湯気が出るようになり、温度が100℃近くでわきたって、中からさかんにあわが出るようになる。
②水は、わきたっている間、温度が変わらない。
③水がふっとうしているときに出るあわは、すがたが変わった水である。

ぴたトリビア 水は約100℃まであたためると液体から気体になりますが、このとき、体積《たいせき》は約1700倍になります。

10. 水のすがたの変化《へんか》

②水をあたためたときの変化

教科書 185〜193ページ　答え 36ページ

1 図のようにして、水をあたため続《つづ》けて、水の温度とすがたの変化を調べました。

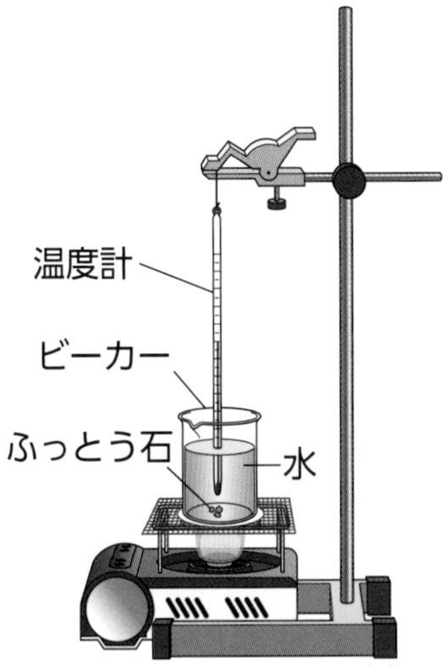

(1) 次の㋐〜㋒は、水をあたため続けたときの、水のすがたの変化の様子です。変化の順《じゅん》を、記号で答えましょう。

㋐　水がわきたつ。

㋑　ビーカーの底《そこ》にあわが出る。

㋒　水の中から小さいあわが出る。

（　→　→　）

(2) 水がわきたって、中からさかんにあわが出ることを、何といいますか。

（　　　）

(3) (2)の水がわきたっているとき、水の温度は何℃ぐらいですか。次の㋐〜㋒から選《えら》び、記号で答えましょう。

㋐　60℃近く　㋑　80℃近く　㋒　100℃近く　（　）

(4) 水がわきたったあともあたため続けると、わきたっている間の水の温度はどうなりますか。次の㋐〜㋒から選《えら》び、記号で答えましょう。

㋐　上がり続ける。　㋑　変《か》わらない。　㋒　少し下がる。　（　）

(5) わきたったあと、あたためる前とくらべてビーカーの水の量《りょう》はどうなりますか。

（　　　）

2 図のように、水がふっとうしているときに出るあわを、ポリエチレンのふくろに集めました。

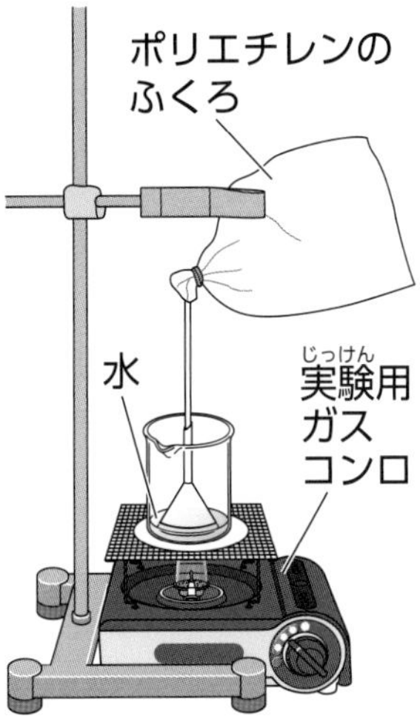

(1) 水がふっとうしているときに出るあわで、ふくろの中がくもったので、火を消しました。火を消してからしばらくすると、ふくろの中に何がたまりますか。

（　）

(2) 水がふっとうしているときに出るあわを、何といいますか。

（　　　）

(3) 水がふっとうして、目に見えなくなったすがたを何といいますか。

（　　　）

ヒント ②　水がふっとうしているときに出るあわは、すがたが変わった水です。

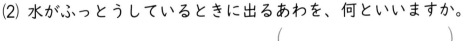

10. 水のすがたの変《へん》化《か》

時間 30 分

／100

合格 70 点

教科書 178～195ページ　答え 37ページ

よく出る

1 図のように、ビーカーに水を入れ、ビーカーをほのおで熱《ねっ》しました。 各6点（36点）

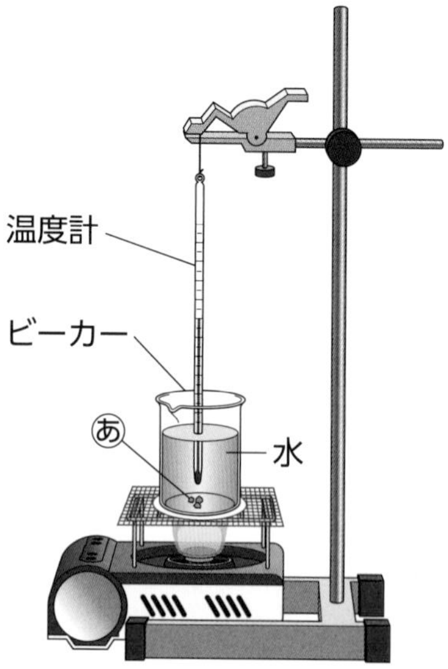

(1) 急に湯がふき出すのをふせぐために水の中に入れるあを何といいますか。

（　　　　　）

(2) 熱していくと、やがて水の中からあわがさかんに出るようになります。このさかんにあわが出ることを、何といいますか。

（　　　　　）

(3) (2)のようになるのは、水をあたため続《つづ》けて、温度が何℃近くになったときですか。

（　　　　　）

(4) (2)のようになったあと、さらに熱し続けると、水の温度はどうなりますか。

（　　　　　）

(5) (2)のとき、水の中からさかんに出るあわを何といいますか。

（　　　　　）

(6) (5)のような水のすがたを何といいますか。

（　　　　　）

2 図のように、水がふっとうしているときに出るあわを、ポリエチレンのふくろに集めて、そのあわが水かどうか調べました。 各6点（18点）

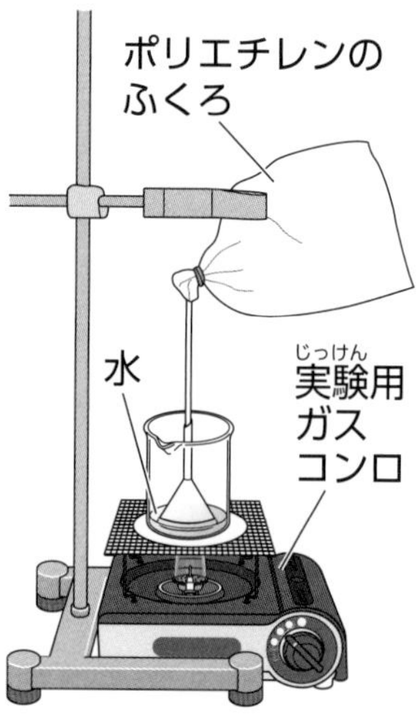

(1) 水がふっとうしているとき、ふくろの中はどうなりますか。次の㋐～㋒から選《えら》び、記号で答えましょう。

㋐ くもる　㋑ 水てきがつく　㋒ 水がたまる

（　　）

(2) 火を消してからしばらくすると、ふくろの中はどうなりますか。次の㋐～㋒から選び、記号で答えましょう。

㋐ くもる　㋑ 水てきがつく　㋒ 水がたまる

（　　）

(3) ふっとうしたあと、ビーカーの水の量《りょう》はどうなりますか。

（　　　　　）

よく出る

❸ 下の図は、水のすがたの変《か》わり方を表したものです。

(1)は各5点、(2)は6点(16点)

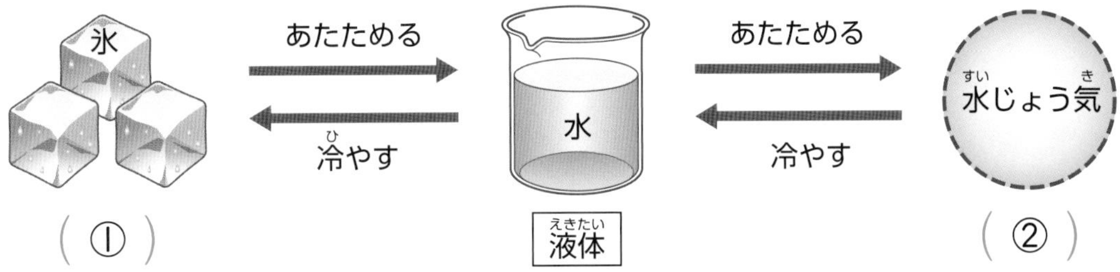

(1) 図の①、②にあてはまる言葉を書きましょう。

①(　　　　)　②(　　　　)

(2) 水は、何の変化によってすがたを変えますか。

(　　　　)

できたらスゴイ!

❹ 図1のように、水と温度計を入れた試験管《しけんかん》を、食塩《しょくえん》を入れた氷水で冷やしました。図2のグラフは、このときの時間と水の温度の関係《かんけい》を表したものです。

各6点(30点)

図1

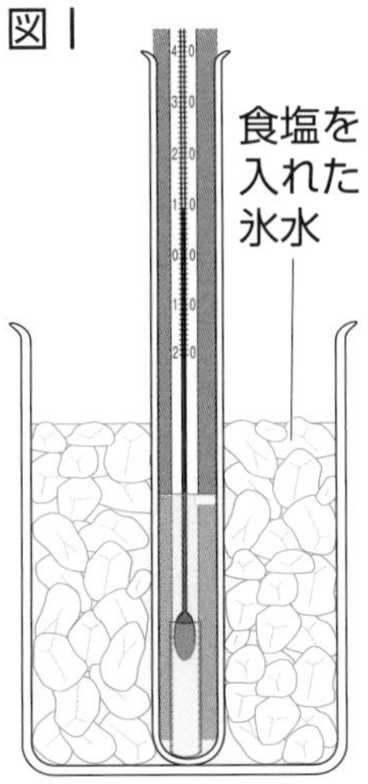

図2

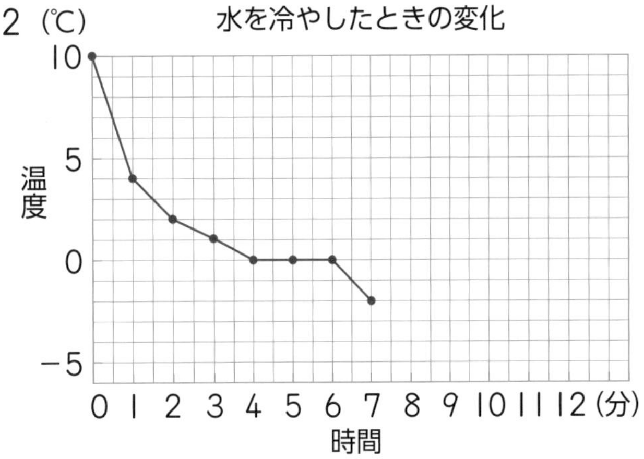

(1) 水がこおり始めるのは、何分後ですか。また、そのときの水の温度は何℃ですか。

時間(　　　　)　水の温度(　　　　)

(2) 水が全部こおったのは何分後ですか。

(　　　　)

(3) 水が氷にすがたを変えると、体積《たいせき》はどうなりますか。

(　　　　)

(4) 記述 (2)の時間は、どのようなことからわかりますか。その理由を書きましょう。

思考・表現

(　　　　)

ぴったり1 じゅんび

3分でまとめ

11. 水のゆくえ

①水の量《りょう》がへるわけ

学習日　　月　　日

めあて
ようきの中の水の量がへる理由をかくにんしよう。

教科書 197〜202ページ　答え 38ページ

下の(　)にあてはまる言葉を書くか、あてはまるものを○でかこもう。

1 ようきの中の水の量がへるのは、水が空気中に出ていくからなのだろうか。 教科書 197〜202ページ

▶大きさと形が同じようきに水を入れ、Ⓘはラップフィルムでおおいをして、Ⓐと Ⓘを2〜3日の間、部屋《へや》の中に置《お》いて、水の量のへり方を調べる。

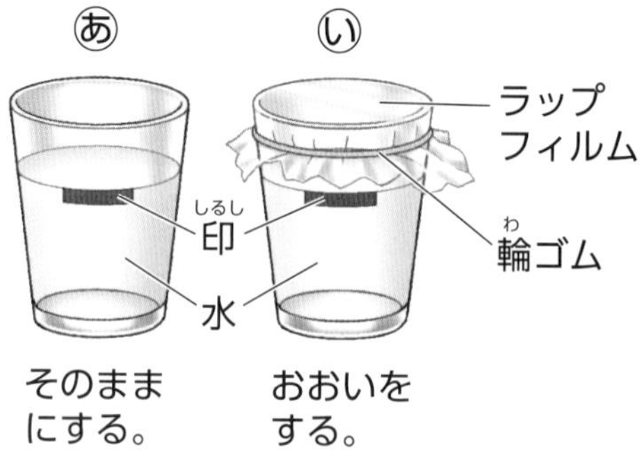

- おおいをしていないⒶの水の量
  →(① へった ・ へらなかった)。
- おおいをしてあるⒾの水の量
  →(② へった ・ へらなかった)。

　また、Ⓘのラップフィルムの(③ 内側《がわ》 ・ 外側)には、水てきがつく。

▶(④ Ⓐ ・ Ⓘ)の水の量がへったのは、ようきの中の水が(⑤　　　　　)になって、空気中に出ていったからである。

▶水は、ふっとうしていなくても、(⑥　　　　　)になって空気中に出ていく。このようにして、液体《えきたい》から気体《きたい》に水のすがたが変《か》わることを(⑦　　　　　)という。

▶水の、水面や地面からのじょうはつ

- 水は、水面からだけではなく、(⑧　　　　)からもじょうはつする。
- 水たまりの水は、水面からじょうはつしたり、土の中にしみこんだりする。
- 水たまりの水で、土にしみこんだ水は、やがて、地面から(⑨　　　　　)する。

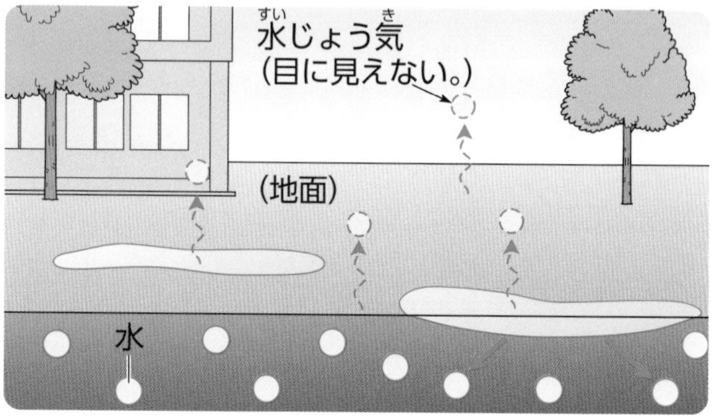

水不足《みずぶそく》のときに水田がひあがったり、ほしたせんたく物がかわいたりするのは、水がじょうはつしているからだよ。

ここが だいじ! ①ようきの中の水の量がへるのは、液体の水が水じょう気になって空気中に出ていくからである。

ぴたトリビア 自然《しぜん》の中では、水はたえずじょうはつしています。水じょう気は、空の高いところで冷《ひ》えて、小さな水や氷のつぶになります。これが雲の正体です。

11. 水のゆくえ

①水の量《りょう》がへるわけ

教科書 197〜202ページ　答え 38ページ

1 大きさと形が同じ2つのようきに、印《しるし》をつけた同じ高さまで水を入れました。

(1) 部屋《へや》の中に置《お》いて、3日後に水の量を調べたときの水の量について、正しいものに○をつけましょう。

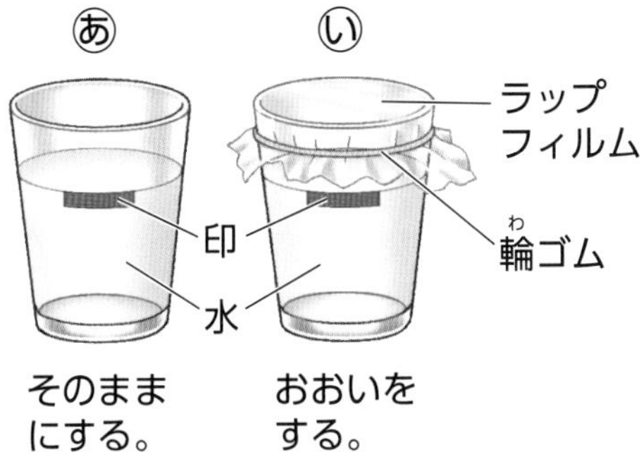

ア(　　)水の量は、あもいもへった。
イ(　　)水の量は、あはへり、いはへらなかった。
ウ(　　)水の量は、あはへらず、いはへった。

(2) 水の量がへったようきでは、へった水はどこへ出ていったのですか。

(　　　　　)

(3) (2)のとき、水は何になって出ていったのですか。

(　　　　　)

(4) (3)の水のすがたを、何といいますか。ア〜ウから正しいものを選《えら》んで記号で答えましょう。

ア 固体《こたい》　イ 液体《えきたい》　ウ 気体《きたい》

(　　)

2 水そうを何日か置いておくと、水の量がへっていました。

(1) 水の量がへっていたのは、水が何のすがたに変《か》わって出ていったからですか。正しいものに○をつけましょう。

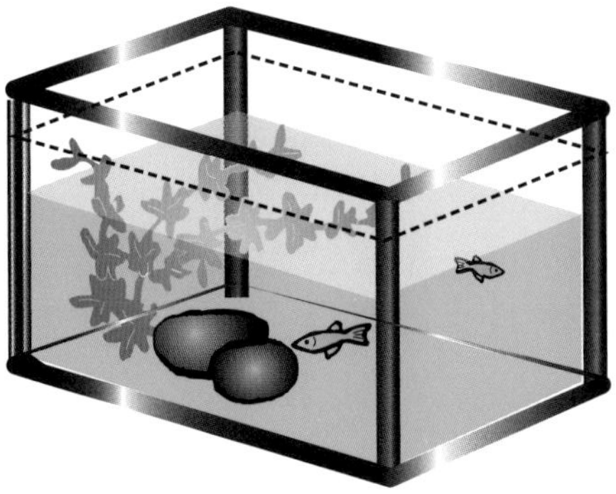

ア(　　)固体
イ(　　)液体
ウ(　　)気体

(2) 水が(1)のすがたになったものを、何といいますか。

(　　　　　)

(3) 水が(2)になって、水面や地面から出ていくことを何といいますか。

(　　　　　)

ヒント ② 水そうの水の量がへったのは、水がすがたを変えて空気中に出ていったからです。

ぴったり1 じゅんび

11. 水のゆくえ

②冷《つめ》たいものに水てきがつくわけ

学習日　月　日

めあて
冷たいようきに水てきがつく理由をかくにんしよう。

教科書 203～209ページ　答え 39ページ

下の(　　)にあてはまる言葉を書くか、あてはまるものを○でかこもう。

1 冷たいようきに水てきがつくのは、空気中の水《すい》じょう気《き》が冷《ひ》やされるからなのだろうか。 教科書 203～209ページ

▶大きさと形が同じふたつきのかん㋐と㋑に、㋐には氷水、㋑には水を入れて、2～3分部屋《へや》の中に置《お》き、㋐と㋑の水てきのつき方を調べる。

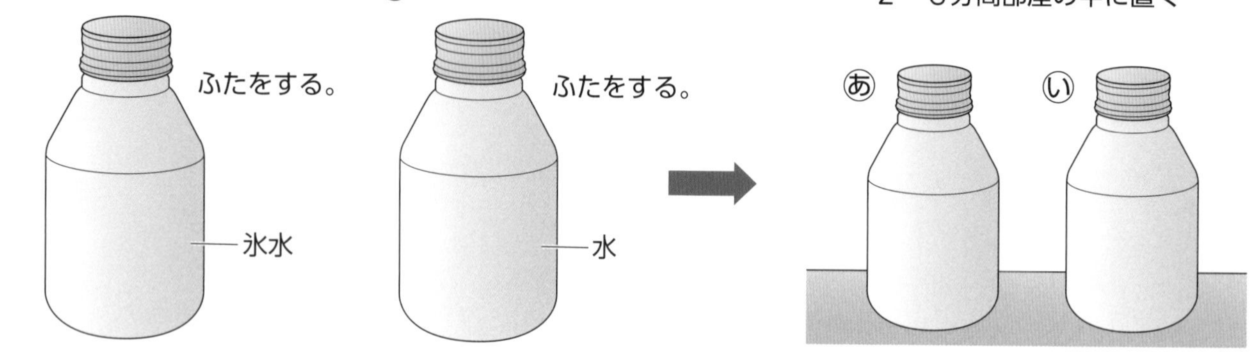

▶2～3分間、部屋の中に置いておくと、(① ㋐ ・ ㋑)のかんの表面に水てきがつく。

・この水てきは、空気中の(②　　　　　　)がかんの表面で冷やされて、液《えき》体《たい》の(③　　)となってついたものである。

▶空気中の水じょう気がもので冷やされて、ものの表面で気《き》体《たい》から液体に水のすがたが変化《へんか》することを(④　　　　)という。

・水じょう気は、空気中のあらゆるところにあるので、けつろは、(⑤　　　　)中のあらゆるところで起こる。

▶水じょう気は、空気中で冷やされてすがたが変《か》わることもある。

・雨や雪のもとは、空気中の(⑥　　　　　　)が冷やされてすがたが変わったものである。

雪のつぶ

ここが、だいじ！ ①冷たいようきに水てきがつくのは、空気中の水じょう気が冷やされるからである。

ぴたトリビア 雪のつぶはいろいろな形になりますが、雪のつぶができるときの温度と水じょう気の量《りょう》によってつぶの形が決まります。

11. 水のゆくえ

②冷《つめ》たいものに水てきがつくわけ

教科書 203～209ページ　答え 39ページ

1 大きさと形が同じふたつきのかん(あ)と(い)に、(あ)には氷水、(い)には水を入れて、部《へ》屋《や》の中に置《お》き、3分後に(あ)と(い)の水てきのつき方を調べました。

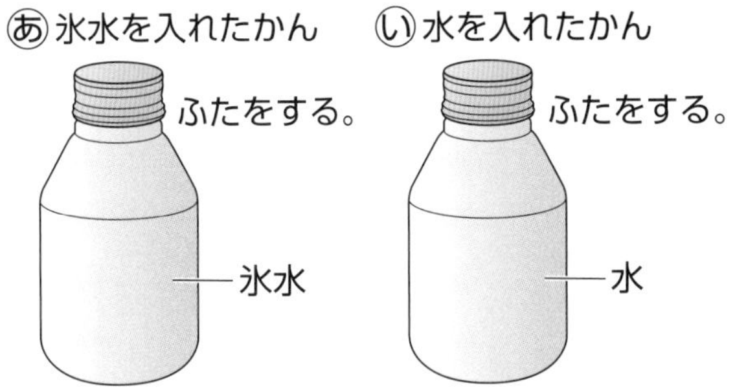

(1) 部屋の中に置いて、3分後の水てきのつき方について、正しいものに○をつけましょう。

ア（　　）水てきは、(あ)にも(い)にもついた。
イ（　　）水てきは、(あ)にはつき、(い)にはつかなかった。
ウ（　　）水てきは、(あ)にはつかず、(い)にはついた。

(2) かんについた水てきは、空気中の何が冷《ひ》やされてすがたが変化《へんか》したものですか。（　　　　）

(3) (2)の水のすがたを、何といいますか。㋐～㋒から正しいものを選《えら》んで記号で答えましょう。

㋐ 固体《こたい》　㋑ 液体《えきたい》　㋒ 気体《きたい》　（　　）

(4) (2)がもので冷やされて、ものの表面で液体の水になることを、何といいますか。（　　　　）

2 ガラスコップに冷たい氷水を入れて、時間がたつと、外側《がわ》に水てきがつきました。

(1) 水てきの水は、どのようにしてできたものですか。正しいものに○をつけましょう。

ア（　　）空気中にあった水《すい》じょう気《き》が水になった。
イ（　　）ガラスコップの中の水分がしみ出した。

(2) このとき、右の写真のように、ガラスコップの外側に水てきがつくことを、何といいますか。（　　　　）

3 水は、空気中ですがたを変《か》えることがあります。

(1) 雨や雪のもとは、空気中の何ですか。（　　　　）

(2) けつろは、空気中の(1)が冷やされて、ものの表面でどんなすがたの水に変わることですか。㋐～㋒の中から正しいものを選び、記号で答えましょう。

㋐ 固体　㋑ 液体　㋒ 気体　（　　）

ヒント 1 (1)空気中の水じょう気がもので冷やされると、ものの表面に水てきがつきます。

11. 水のゆくえ

時間 30 分

／100

合格 70 点

教科書 196〜211ページ　答え 40ページ

よく出る

1 大きさと形が同じ２つのようきに同じ量《りょう》の水を入れ、１つのようきにはおおいをして、部屋《へや》の中に置《お》きました。

各6点(36点)

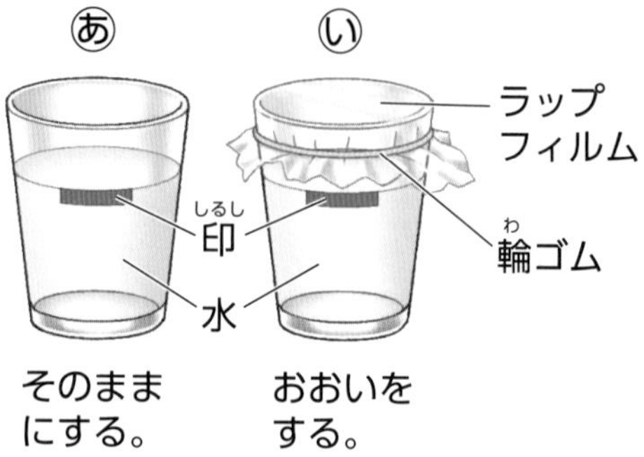

(1) あといを２〜３日置いておくと、水の量がへるのはどちらですか。

(　　)

(2) 水がへったようきの水は、何になって、どこへいったのですか。

何(　　　　　　　　　　)

どこ(　　　　　　　　　　)

(3) 水のすがたが(2)のように変《か》わることを何といいますか。

(　　　　　　　　　　)

(4) いのラップフィルムの内側《がわ》には、何がつきますか。

(　　　　　　　　)

(5) いの水の変化《へんか》の様子を次のように表しました。(　　)にあてはまる言葉を書きましょう。

水 → (　　　　　　　　　　) → ラップフィルムの内側についたもの

よく出る

2 大きさと形が同じふたつきのかんあといに、あには氷水、いには水を入れて、部屋の中に置き、３分後にあといの水てきのつき方を調べました。

各6点(18点)

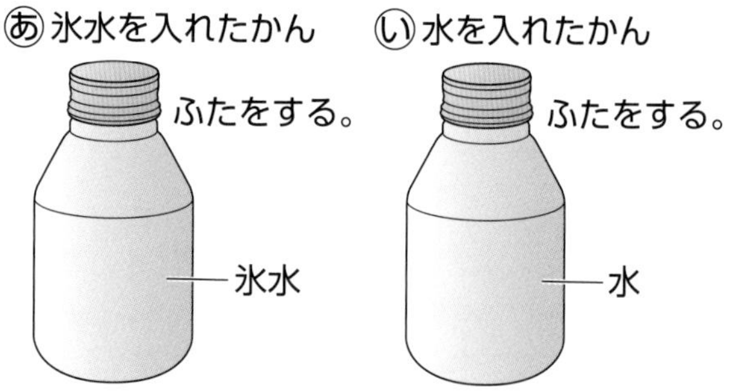

(1) 水てきがついたかんは、あといのどちらですか。

(　　)

(2) かんについた水てきは、空気中の何が冷《ひ》やされて出てきたものですか。

(　　　　　　　　　　)

(3) 冷やされて、水のすがたが、(2)で答えたものから水てきに変わることを、何といいますか。

(　　　　　　　　　　)

3 晴れた日に、学校のいろいろな場所で、ふたつきのかんに氷水を入れて、かんに水てきがつくかどうかを調べました。

各6点(18点)

(1) 調べた場所が、校庭、屋上、教室、ろうかのとき、水てきがついた場所はどこですか。㋐～㋔から正しいものを１つ選《えら》び、記号で答えましょう。

㋐ 校庭、屋上　　㋑ 校庭、ろうか

㋒ 教室、ろうか　　㋓ 屋上、教室

㋔ 校庭、屋上、教室、ろうか

(　　)

(2) この実験《じっけん》からどんなことがわかりますか。次の文の(　　)にあてはまる言葉を書きましょう。

どの場所でも、空気中には(①　　　　)があり、氷水を入れたかんに冷やされて液体《えきたい》の(②　　)となり、かんに水てきがつく。

4 フルーツパックのようきを日なたの地面にかぶせて、しばらくしたあと、ようきの中の様子を観察《かんさつ》したところ、水てきがついていました。

各6点(12点)

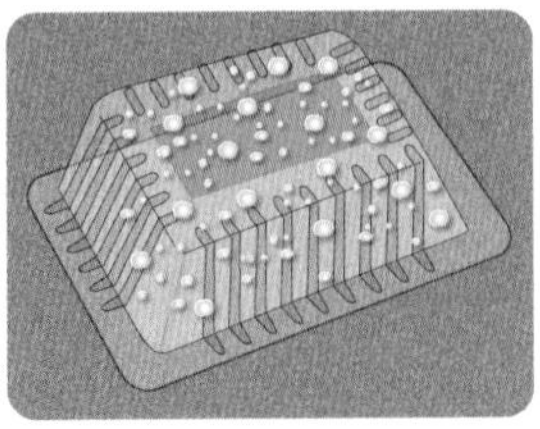

(1) この水てきは、何が液体の水に変わったものですか。

(　　　　)

(2) (1)のものは、どこから出てきたのですか。

(　　　　)

できたらスゴイ!

5 身のまわりのげんしょうで、水のゆくえについて考えましょう。

思考・表現　各8点(16点)

(1) せんたく物がかわく理由で、正しいものに○をつけましょう。

ア(　　)空気中には、水《すい》じょう気《き》がふくまれているから。

イ(　　)水を熱《ねっ》すると、水じょう気にすがたが変わるから。

ウ(　　)水が水じょう気になって、空気中に出ていくから。

(2) 記述 寒い日ほど、あたたかい部屋のまどガラスがぬれることがあります。これはなぜですか。かんたんに書きましょう。

(　　　　　　　　　　)

ふりかえり
1 がわからないときは、74ページの 1 にもどってかくにんしましょう。
2 がわからないときは、76ページの 1 にもどってかくにんしましょう。

ぴったり1 じゅんび

3分でまとめ

★ 生き物の１年

学習日　　月　　日

めあて
植物や動物の１年間の様子をかくにんしよう。

教科書 212～217ページ　答え 41ページ

下の（　）にあてはまる言葉を書くか、あてはまるものを○でかこもう。

1 季節（きせつ）によって、植物や動物の様子は、どのように変（か）わってきたのだろうか。 教科書 212～217ページ

▶季節による植物の様子

・ヘチマの１年間の様子　（→①～④は、春・夏・秋・冬で答えよう。）

（①　　）

（②　　）

（③　　）

（④　　）

・サクラの１年間の様子　（→⑤～⑧は、春・夏・秋・冬で答えよう。）

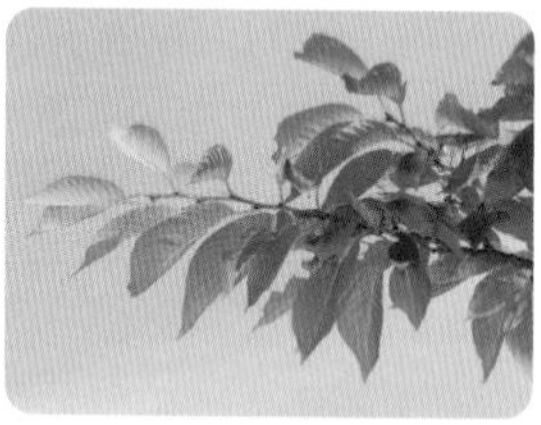
（⑤　　）

（⑥　　）

（⑦　　）

（⑧　　）

・植物は、気温が上がる春から夏にかけて、えだや（⑨　　　）をのばし、葉をしげらせ、気温が下がる秋から冬にかけて、（⑩　　）を落としたり、かれたりする。

▶季節による動物の様子　（→⑪～⑭は、春・夏・秋・冬で答えよう。）

（⑪　　）

（⑫　　）

（⑬　　）

（⑭　　）

・動物は、（⑮　寒い　・　暑い　）季節には見られる数や種類（しゅるい）が多く、（⑯　寒い　・　暑い　）季節にはあまり見られない。

▶冬がすぎると、ふたたび（⑰　　）がくる。季節は、春夏秋冬をくり返し、（⑱　　　）ごとに、植物や動物の様子が変わる。

ここが、だいじ！
①植物は、気温が上がる春から夏にかけて、えだやくきをのばし、葉をしげらせる。また、気温が下がる秋から冬にかけて、葉を落としたり、かれたりする。
②動物は、暑い季節には見られる数や種類が多く、寒い季節にはあまり見られない。

この本の終わりにある「春のチャレンジテスト」をやってみよう！

この本の終わりにある「学力しんだんテスト」をやってみよう！

5 金ぞく、水、空気のあたたまり方を調べました。

1つ4点(16点)

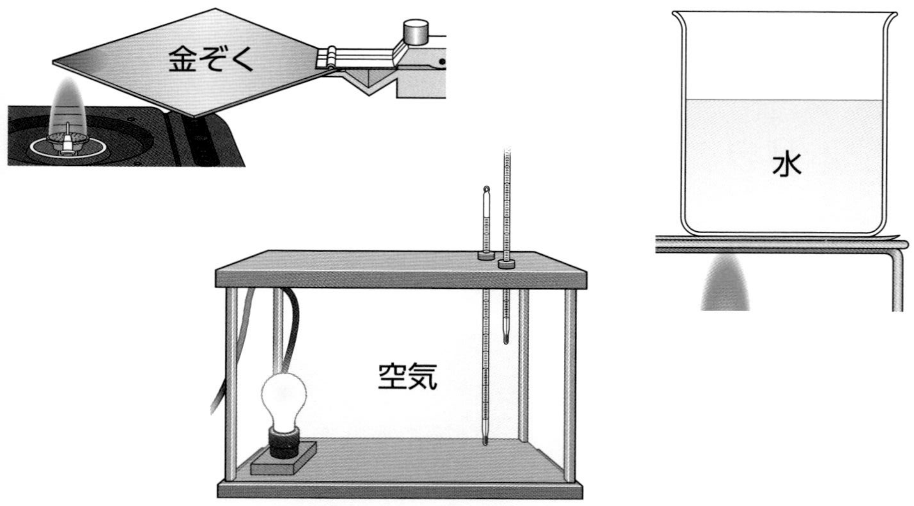

(1) 金ぞく、水、空気のあたたまり方を表しているのは、㋐、㋑のどちらですか。

① 金ぞく（　　）
② 水（　　）
③ 空気（　　）

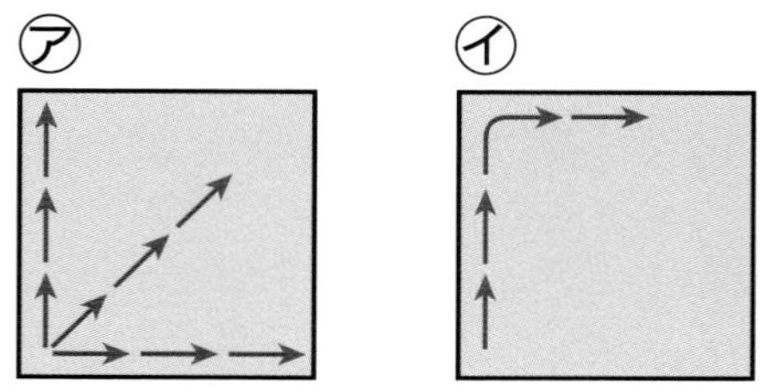

(2) 熱《ねっ》せられたところから順《じゅん》にあたたまるのは、金ぞく、水、空気のどれですか。

（　　　　）

思考・判断・表現

6 運動場の土とすな場のすなを使って、土のつぶの大きさと水のしみこむ速さの関係《かんけい》を調べました。

1つ3点(6点)

運動場の土　　すな場のすな

(1) 運動場の土のほうが、すな場のすなにくらべて、土のつぶが小さいです。運動場の土と、すな場のすなでは、水が速くしみこむのは、どちらですか。

（　　　　）

(2) すな場のすなと、じゃりに、同じ量《りょう》の水を注ぐと、じゃりのほうが速く水がしみこみました。すな場のすなと、じゃりでは、土のつぶの大きさはどちらが大きいと考えられますか。

（　　　　）

7 右の図のように、水と空気をつつにとじこめて、ぼうをおしました。

1つ4点(8点)

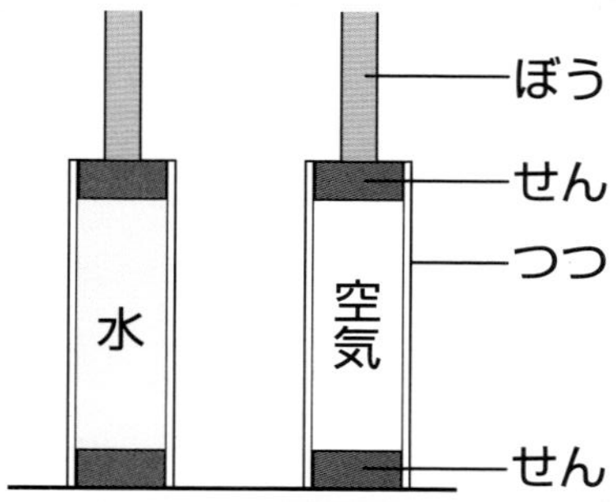

(1) 両方のぼうをおすと、それぞれどうなりますか。下の㋐～㋓から選《えら》んで、記号で答えましょう。

（　　）

(2) ぼうをおすのをやめるとどうなりますか。下の㋐～㋓から選んで、記号で答えましょう。（　　）

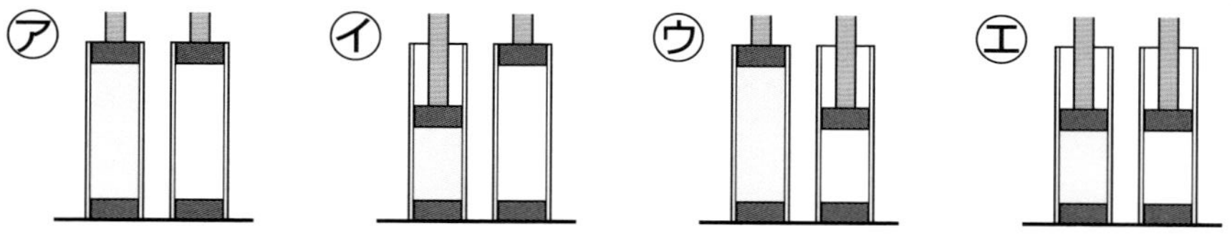

8 同じ大きさの2つの丸底《まるそこ》フラスコに、空気と水を入れ、体積《たいせき》の変化《へんか》について調べました。

(1)は4点、(2)は8点(12点)

(1) 湯に入れたとき、㋐のゼリーと㋑の水面では、どちらが大きく動きますか。記号で答えましょう。（　　）

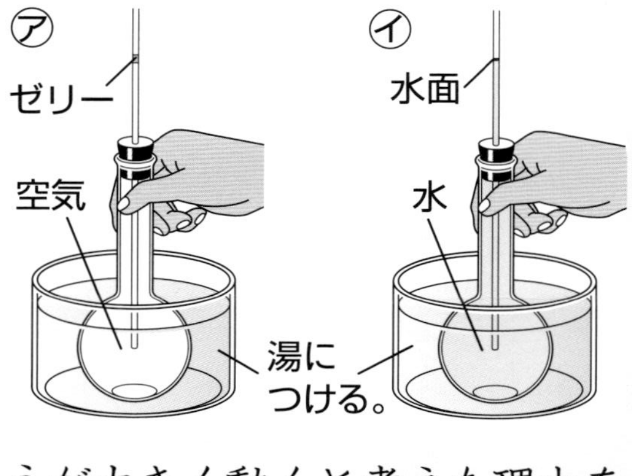

(2) 記述 (1)で答えたほうが大きく動くと考えた理由を書きましょう。

（　　　　　　　　）

9 水を入れたビーカーの底《そこ》のはしの部分を熱して、水のあたたまり方を調べました。

(1)は4点、(2)は8点(12点)

(1) ビーカーの底のはしの部分を熱したとき、㋐と㋑では、どちらが先にあたたまりますか。

（　　）

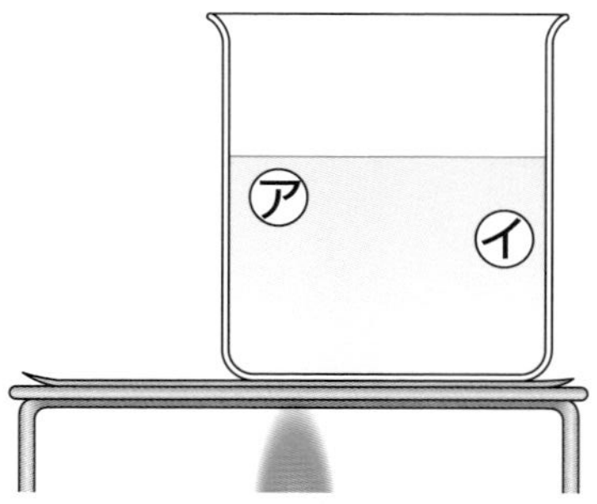

(2) 記述 (1)で答えたほうが先にあたたまる理由を、熱してあたためられた水の動き方を考えて、説明《せつめい》しましょう。

（　　　　　　　　）

冬のチャレンジテスト

教科書 78〜161ページ

月　日

名前

時間 40分

知識・技能	思考・判断・表現	ごうかく80点
/62	/38	/100

答え 44〜45ページ

知識・技能

1 ある日の午後6時ごろに半月《はんげつ》を観察《かんさつ》すると、下の図のように見えました。

1つ3点(9点)

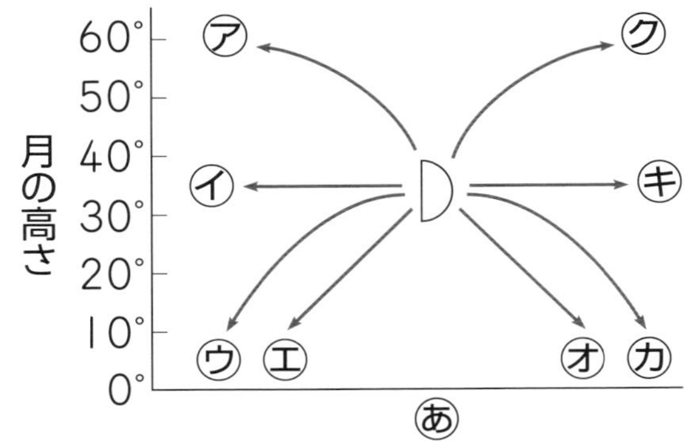

(1) あの方位《ほうい》は、東、西、南、北のどれですか。 (　　)

(2) このあと、半月はどのように位置《いち》が変化《へんか》しますか。図のア〜クから選《えら》びましょう。 (　　)

(3) この月が出てくるときのかたむきは、次のサ〜スのどれですか。

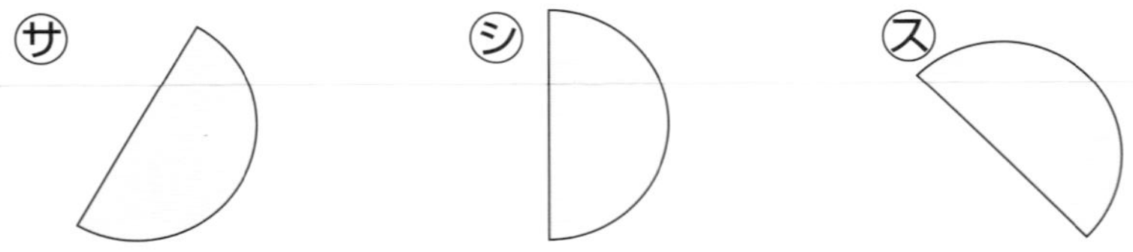

(　　)

2 空気をちゅうしゃ器《き》にとじこめて、ピストンをおしました。

1つ3点(9点)

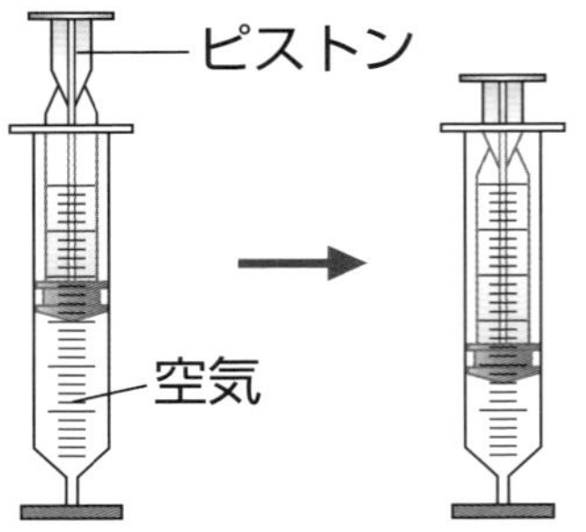

(1) ピストンをおしこめばおしこむほど、手ごたえはどのようになりますか。

(　　)

(2) ちゅうしゃ器の中にとじこめられた空気の体積《たいせき》は、どのようになりますか。

(　　)

(3) ピストンをおすのをやめて、手をはなすとどうなりますか。正しいものに○をつけましょう。

ア(　　)そのまま動かない。

イ(　　)さらに下まで動く。

ウ(　　)元にもどろうとする。

3 秋のころの、生き物の様子を観察しました。

1つ4点(16点)

(1) オオカマキリの様子を観察しました。

① 秋のころのオオカマキリはア、イのどちらですか。

(　　)

② ①で選んだ写真のオオカマキリは、何をしていますか。

(　　)

(2) ヘチマの成長《せいちょう》の様子を観察しました。

① 夏のころとくらべて、くきののびはどうなりましたか。正しいものに○をつけましょう。

ア(　　)くきは、夏のころと同じくらい、のびた。

イ(　　)くきは、夏のころよりも、のびなくなった。

ウ(　　)くきは、夏のころよりも、のびた。

② 秋になると、実は大きくなり、じゅくします。実がじゅくすと、実の中には何ができますか。

(　　)

4 図のように水を入れた丸底《まるそこ》フラスコを、あたためたり、冷《ひ》やしたりしました。

1つ3点(12点)

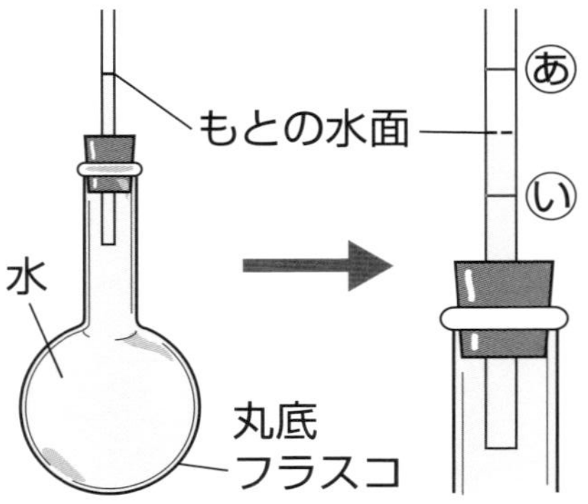

(1) 水をあたためたときの水面の位置は、あ、いのどちらですか。(　　)

(2) 水を冷やしたときの水面の位置は、あ、いのどちらですか。(　　)

(3) 水の温度と体積について、正しいもの2つに○をつけましょう。

ア(　　)あたためると、体積は大きくなる。

イ(　　)あたためると、体積は小さくなる。

ウ(　　)冷やすと、体積は大きくなる。

エ(　　)冷やすと、体積は小さくなる。

うらにも問題があります。

夏のチャレンジテスト

教科書　8～75ページ

月　　日

名前

時間 40分

知識・技能	思考・判断・表現	ごうかく80点
／64	／36	／100

答え 42～43ページ

知識・技能

1 春の生き物の様子を調べました。

1つ3点（18点）

(1) 生き物を観察《かんさつ》するとき、気温をはかります。気温とは、何の温度ですか。（　　　　）

(2) ヘチマのたねは、㋐～㋒のどれですか。

（　　　）

(3) 春の生き物の様子について、（　　）にあてはまる言葉を［　　］から選《えら》んで書きましょう。

土にまいたヘチマのたねは、（①　　　）を出したあと、（②　　　）の数をふやして大きくなる。

春のころ、バッタは、まだ（③　　　　）で、ツバメは、（④　　　）を作り、たまごを産《う》む。

芽《め》　くき　葉　成虫《せいちゅう》　よう虫　巣《す》　あな

2 1日の気温の変化《へんか》を調べました。

1つ3点（12点）

(1) 気温のはかり方について、（　　）にあてはまる言葉や数を［　　］から選んで書きましょう。

気温は、（①　　　　）のよい場所で、地面からの高さが（②　　　　）のところではかる。

風通し　日当たり　30～50 cm　1.2～1.5 m

(2) 晴れの日の気温は、朝から午後にかけて、どのように変化しますか。正しいほうに○をつけましょう。

ア（　　）朝から昼にかけて上がり、午後になってしばらくたつと下がる。

イ（　　）朝から昼にかけてあまり変《か》わらず、午後になってしばらくたつと下がる。

(3) 晴れの日とくもりの日をくらべると、1日の気温の変化が大きいのはどちらですか。（　　　　）

3 次の図は、うでをのばしたり曲げたりしたときの、きん肉の様子です。

1つ3点（9点）

図1

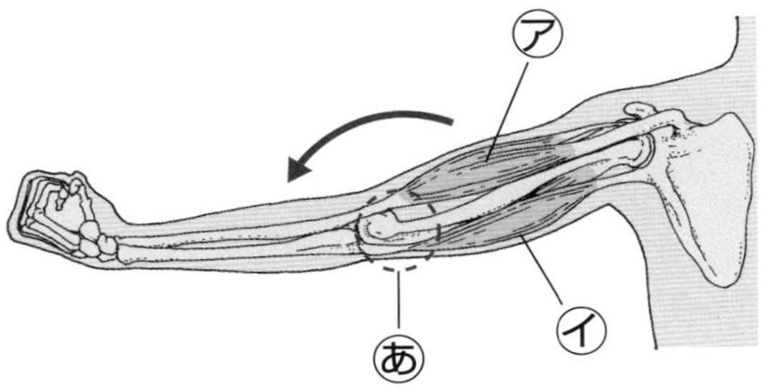

図2

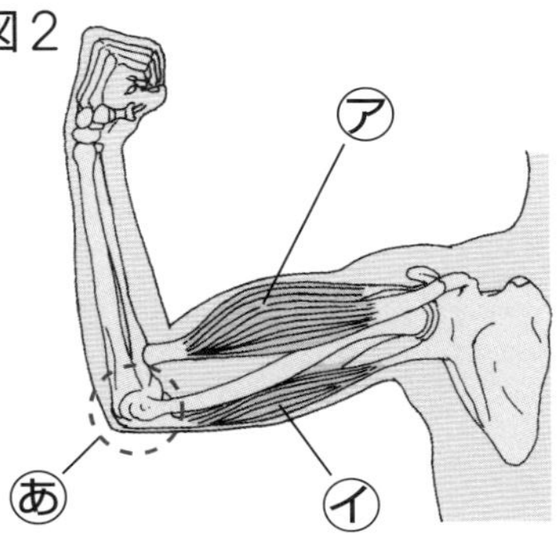

(1) 次のとき、ちぢむきん肉は㋐、㋑のどちらですか。

① 図1のように、うでをのばしたとき。（　　　）

② 図2のように、うでを曲げたとき。（　　　）

(2) ほねとほねのつなぎ目で、体の曲がるあの部分を何といいますか。（　　　　）

4 かん電池とプロペラをつけたモーターをつないで、電流のはたらきを調べました。

1つ4点（16点）

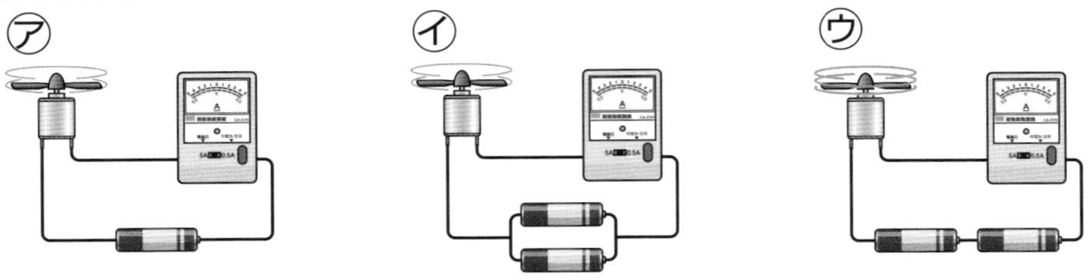

(1) ㋑と㋒のかん電池2このつなぎ方を、それぞれ何つなぎといいますか。

㋑（　　　　　）

㋒（　　　　　）

(2) モーターの回る速さがいちばん速いのは、㋐～㋒のどれですか。（　　　）

(3) 流れる電流の大きさがあまり変わらないものは、㋐～㋒のどれとどれですか。（　　と　　）

うらにも問題があります。

5 夏の南の夜空に、アンタレスが見られました。

1つ3点(9点)

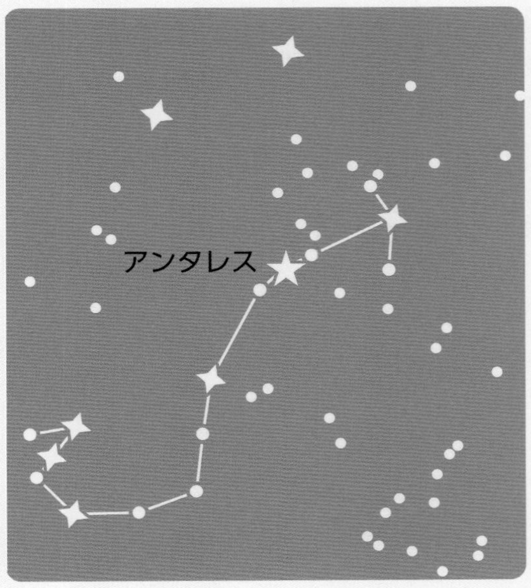

(1)　アンタレスは何ざの星ですか。あてはまるものに○をつけましょう。

ア(　　)はくちょうざ　イ(　　)夏の大三角
ウ(　　)さそりざ　エ(　　)わしざ

(2)　アンタレスは何等星ですか。

(　　　　)

(3)　アンタレスの色は白っぽい色ですか、赤っぽい色ですか。

(　　　　)

思考・判断・表現

6 晴れの日とくもりの日に、気温の変化《へんか》を調べて、折《お》れ線グラフにしました。

(1)は4点、(2)は6点(10点)

あ

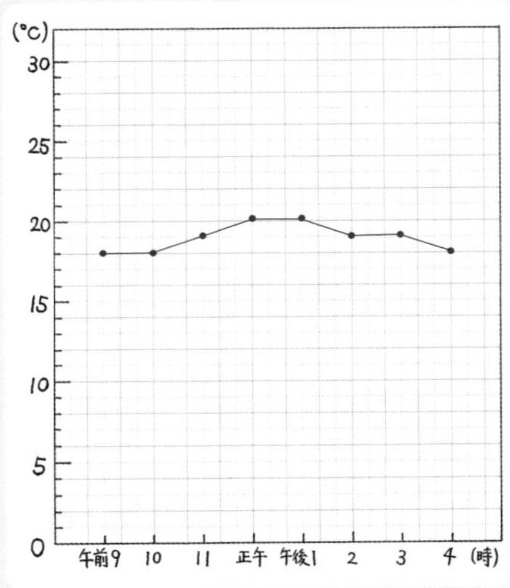

い

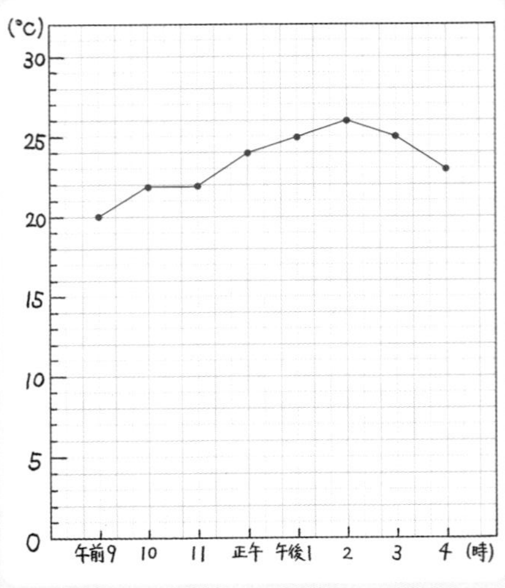

(1)　晴れの日の記録《きろく》は、あ、いのどちらですか。

(　　　　)

(2) 記述 (1)のように答えた理由を書きましょう。

(　　　　)

7 かん電池にプロペラをつけたモーターをつないで、プロペラカーを作りました。

(1)、(3)は5点、(2)は6点(16点)

(1)　図1のプロペラカーの走る向きを反対にするには、どうすればよいですか。

図1

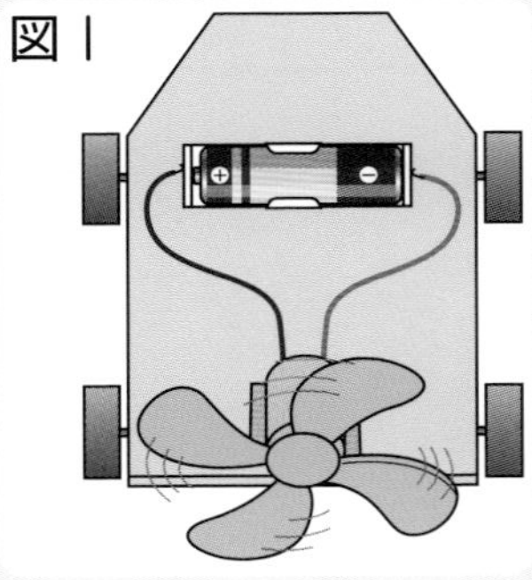

(　　　　)

(2) 作図 プロペラカーをもっと速く走らせようと思い、かん電池を2こにしました。

かん電池2こをどのようにつなげば、図1のかん電池1このときより速く走りますか。図2に、たりないどう線をかきましょう。

図2

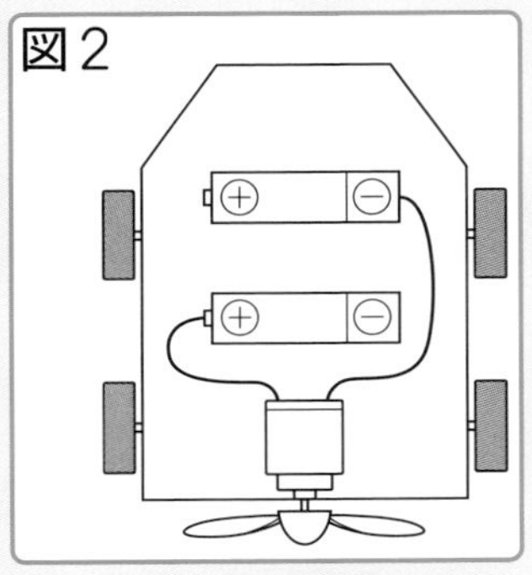

(3)　2このかん電池を、図3のようにつなぎました。図3のモーターに流れる電流の大きさは、かん電池1このときとくらべて、どうなりますか。

図3

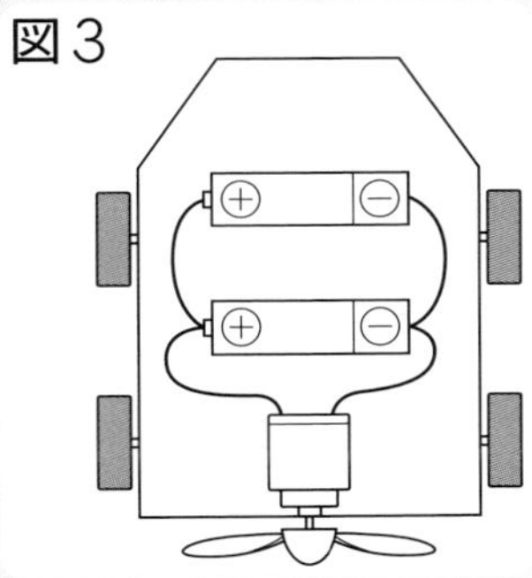

(　　　　)

8 ア〜エは、春から夏にかけて、ヘチマを観察《かんさつ》して、スケッチしたものです。

(1)は4点、(2)は6点(10点)

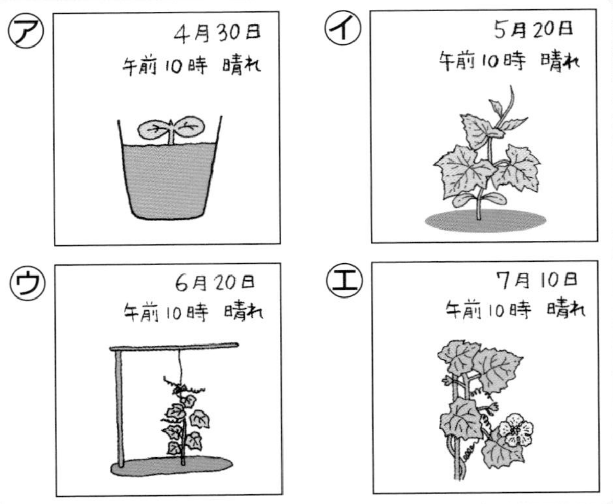

(1)　ア〜エで、気温がいちばん高かったのは、どれですか。

(　　　　)

(2) 記述 気温が高くなってくると、ヘチマのくきののび方、葉の数、花の様子はどうなりますか。

(　　　　)

4 大きさと形が同じふたつきのかん㋐と㋑に、㋐には氷水、㋑には水を入れて、部屋《へや》の中に3分間置《お》きました。

1つ4点(16点)

(1) 3分後に、水てきがついていたのは、㋐、㋑のどちらですか。

(　　　)

(2) かんについた水てきは、空気中の何が冷《ひ》やされてすがたが変化《へんか》したものですか。

(　　　　　　)

(3) (2)で答えたものの、水のすがたを、何といいますか。正しいものに○をつけましょう。

ア(　　　)固体《こたい》　イ(　　　)液体《えきたい》

ウ(　　　)気体《きたい》

(4) 冷やされて、水のすがたが、(2)で答えたものから水てきに変《か》わることを、何といいますか。

(　　　　)

思考・判断・表現

5 下の図は、1月のある日の午後10時ごろに、南の空の星《せい》ざを観察《かんさつ》した記録《きろく》です。

1つ4点(8点)

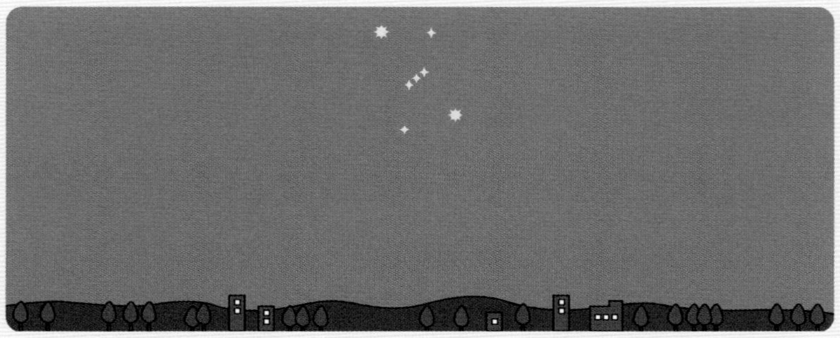

(1) 5〜6時間後に、この星ざは西の低《ひく》い空に見られます。このときの星ざの見え方で、正しいものに○をつけましょう。

ア(　　　)

イ(　　　)

ウ(　　　)

エ(　　　)

(2) 次の日の午後10時ごろに観察すると、この星ざは、東、西、南、北のどの方位《ほうい》に見えますか。

(　　　)

6 水と温度計を入れた試験管《しけんかん》を、食塩《しょくえん》を入れた氷水で冷やして、何℃になるとこおるのか調べました。

(1)、(2)は4点、(3)は8点(16点)

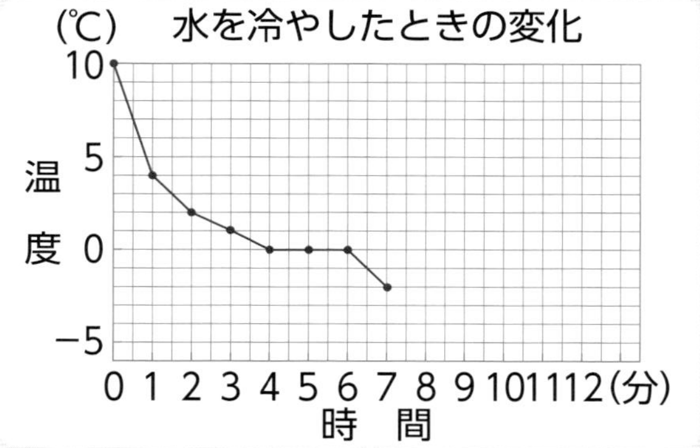

(1) 試験管に入れた水は、グラフのように温度が変化しました。水は何℃でこおり始めますか。

(　　　　)

(2) 水が全部こおったのは、約何分後ですか。正しいものに○をつけましょう。

ア(　　　)約4分後　イ(　　　)約5分後

ウ(　　　)約6分後　エ(　　　)約7分後

(3) 記述 (2)のように答えた理由を書きましょう。

(　　　　　　　　　　　　)

7 2つのようきに同じ量《りょう》の水を入れ、1つのようきにはラップフィルムでおおいをしました。これらの2つのようきを部屋の中に置きました。

1つ8点(16点)

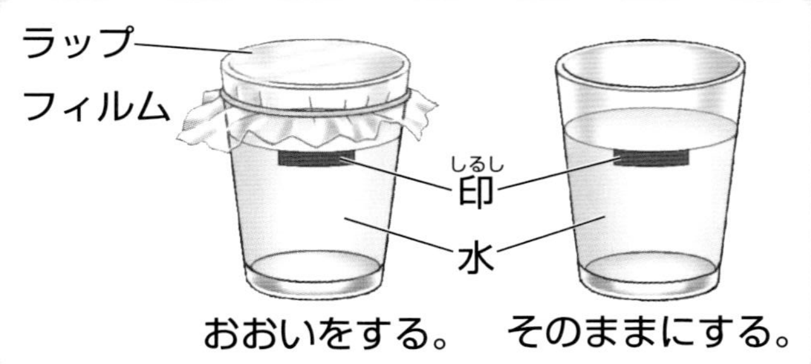

(1) 記述 3日後、おおいをしていないほうのようきの水がへっていることがわかりました。水がへったのはなぜですか。理由を書きましょう。

(　　　　　　　　　　　　)

(2) 記述 3日後、おおいをしているほうのようきを見ると、ラップフィルムの内側《がわ》に水てきがついていました。これはなぜですか。理由を書きましょう。

(　　　　　　　　　　　　)

春のチャレンジテスト

教科書 162～217ページ

月　日

名前

時間	知識・技能	思考・判断・表現	ごうかく80点
40分	/60	/40	/100

答え 46～47ページ

知識・技能

1 冬の夜空を観察《かんさつ》しました。

1つ4点(8点)

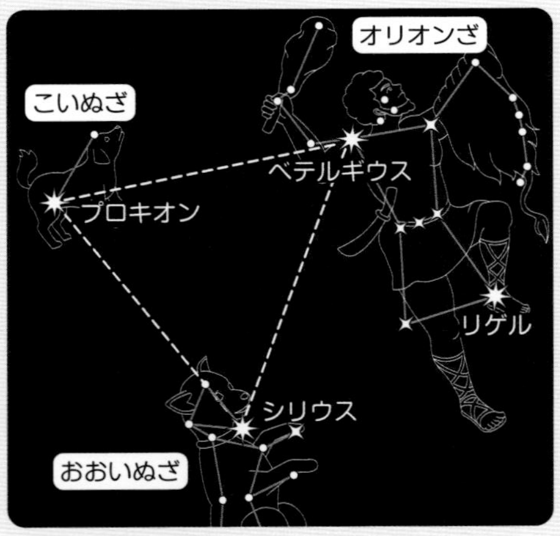

(1) 図に見られる、ベテルギウス、シリウス、プロキオンの3つの星をつないでできる三角形のことを何といいますか。
(　　　　)

(2) 2時間後、同じ場所から夜空を観察しました。星の位置《いち》と、ならび方はどうなっていましたか。正しいものに○をつけましょう。

ア(　　)星の位置もならび方も変化《へんか》した。
イ(　　)星の位置だけが変化した。
ウ(　　)星のならび方だけが変化した。
エ(　　)星の位置もならび方も変化しなかった。

2 下の写真は、冬のサクラの木の様子です。

1つ4点(8点)

● 次の文の(　)にあてはまる言葉を、［　］から選《えら》んで、書きましょう。

秋に色づいた(①　　　　)はすっかり落ちてしまい、えだについた(②　　　　)は秋のころよりも大きくなっています。

［ 葉　つぼみ　花　芽《め》 ］

3 水を冷《ひ》やしたときの変化と、水をあたためたときの変化を調べました。

1つ4点(28点)

図1

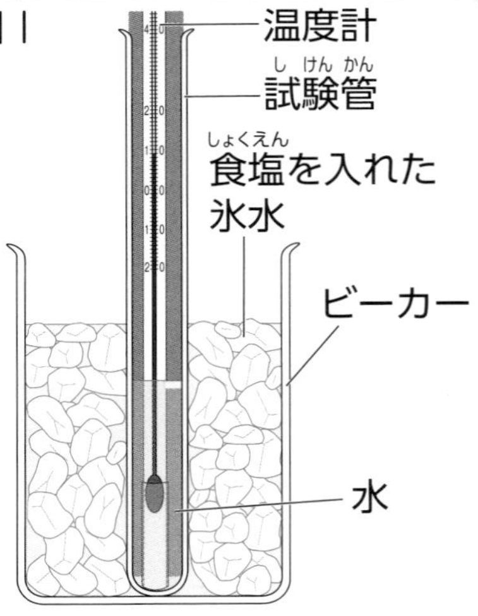

図2

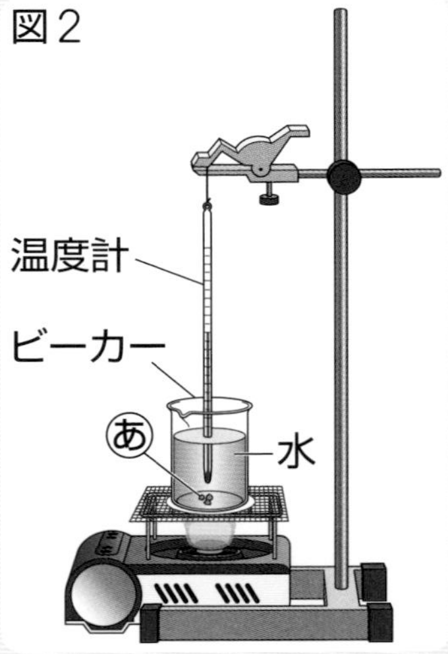

(1) 図1のように、水と温度計を入れた試験管を、食塩を入れた氷水で冷やしました。

① 氷水に食塩を入れる目的は何ですか。正しいものに○をつけましょう。

ア(　　)氷水の温度を、0℃くらいにするため。
イ(　　)氷水の温度を、0℃より低《ひく》くするため。
ウ(　　)氷水の温度を、0℃より高くするため。

② 試験管の中の水がこおり始めたときの、水の温度は何℃ですか。(　　　　)

③ 水は、氷になると、体積《たいせき》はどうなりますか。
(　　　　)

(2) 図2のように、ビーカーに水を入れ、ビーカーをあたため続《つづ》けました。

① 水の中に入れる、レンガのかけらなどの、ⓐを何といいますか。(　　　　)

② あたため続けていくと、やがて水の中からあわがさかんに出てきました。このようになるのは、水の温度が何℃近くになったときですか。
(　　　　)

(3) 水は、固体《こたい》、液体《えきたい》、気体《きたい》とすがたを変《か》えます。水《すい》じょう気《き》や氷は、それぞれどれですか。

水じょう気(　　　　)
氷(　　　　)

うらにも問題があります。

6 ものをあたためたときの体積《たいせき》の変化《へんか》を調べました。

各4点(12点)

(1) 丸底《まるぞこ》フラスコをあたためたときの水面を表しているのは、㋐、㋑のどちらですか。

(　　)

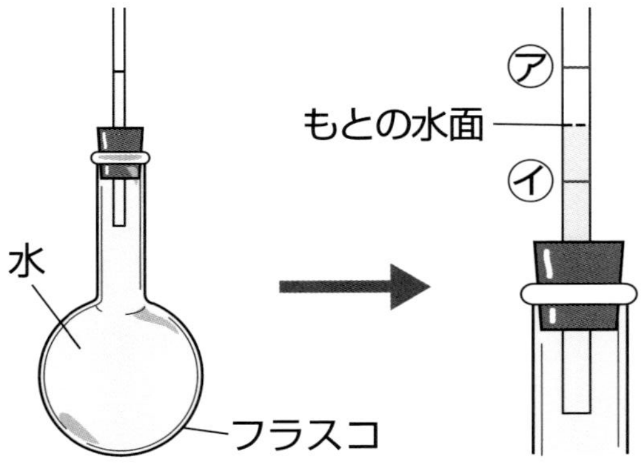

(2) 空の丸底フラスコの口にせっけん水でまくを作りました。湯につけると、せっけん水のまくはどうなりますか。㋒～㋕から正しいものを選《えら》び、□に○をつけましょう。

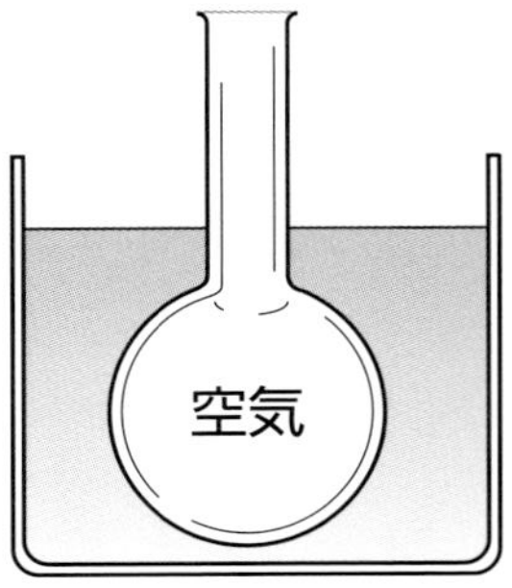

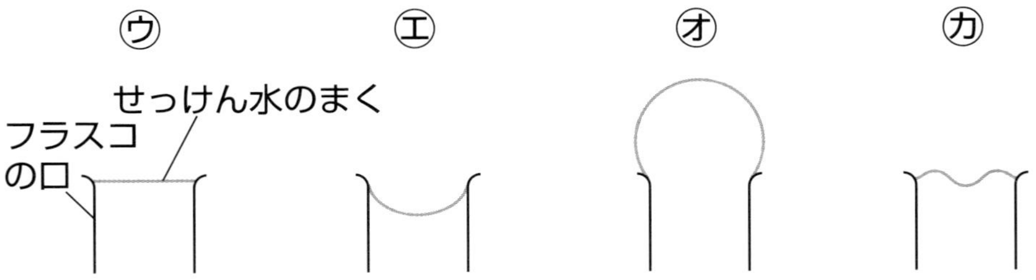

(3) 金ぞくをあたためたとき、体積はどのように変化しますか。正しいほうに○をつけましょう。

①(　　)大きくなる。　②(　　)小さくなる。

7 もののあたたまり方を調べました。

各4点(12点)

(1) 右の図のように、試験管《しけんかん》に水を入れて熱《ねっ》し、㋐があたたかくなったので熱するのをやめました。5分後にいちばん温度が高いのは、㋐～㋒のどれですか。　(　　)

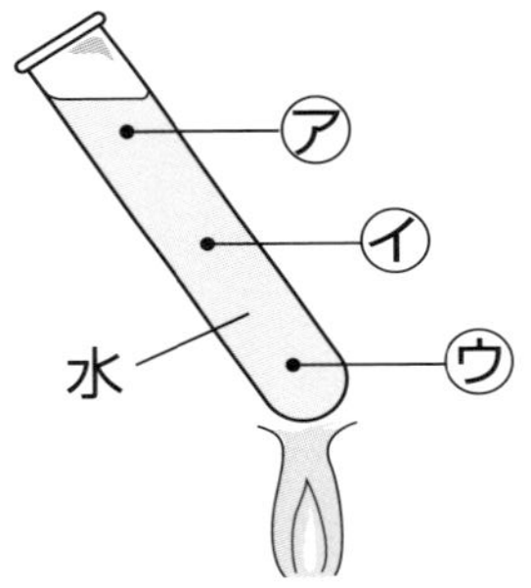

(2) 下の図のように、金ぞくのぼうにろうをたらし、ぼうの一部を熱しました。ろうがとけるのがいちばんおそい部分は、㋓～㋖のどれですか。　(　　)

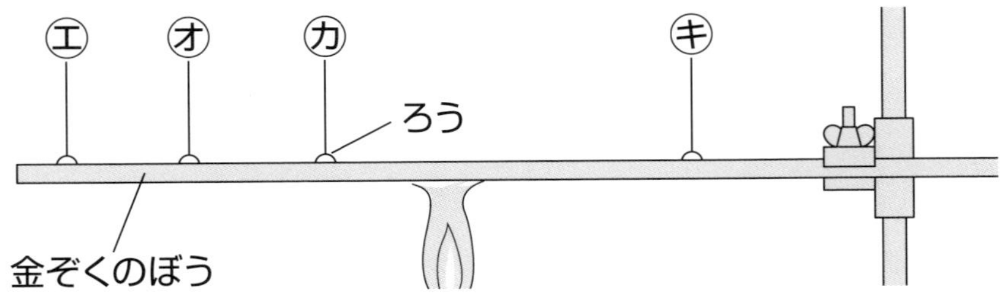

(3) 水と金ぞくのあたたまり方は、同じですか、ちがいますか。　(　　)

活用力をみる

8 自然《しぜん》の中をめぐる水を調べました。

各4点(16点)

㋐ せんたく物がかわく。

㋑ まどガラスの内側《がわ》に水のつぶがつく。

(1) ㋐、㋑は、どのような水の変化ですか。あてはまる言葉を(　)に書きましょう。

㋐ 水から(　　　　)への変化

㋑ (　　　　)から(　　　　)への変化

(2) 雨がふって、地面に水が流れていました。地面を流れる水はどのように流れますか。正しいほうに○をつけましょう。

①(　　)高いところから低《ひく》いところに流れる。

②(　　)低いところから高いところに流れる。

9 身のまわりの生き物の一年間の様子を観察《かんさつ》しました。

各4点(8点)

(1) ㋐～㋓のサクラの育つ様子を、春、夏、秋、冬の順《じゅん》にならべましょう。

(㋑ →　　→　　→　　)

(2) オオカマキリが右のころのとき、サクラはどのような様子ですか。㋐～㋓から選び、記号で書きましょう。

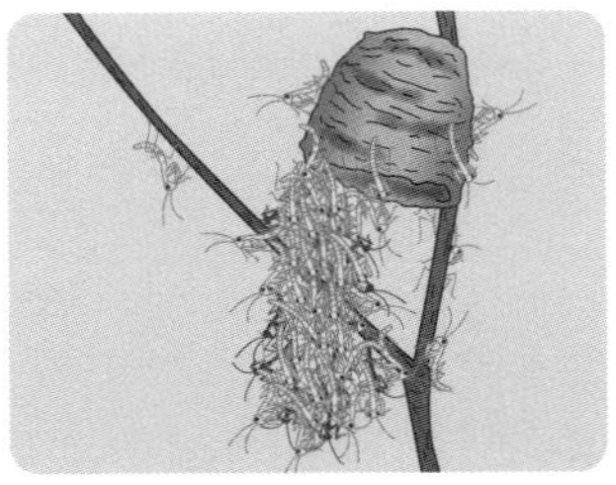

(　　)

4年 理科のまとめ 学力しんだんテスト

月　日

名前

時間 40分

ごうかく80点　／100

答え 48〜49ページ

1 モーターを使って、電気のはたらきを調べました。

各4点(12点)

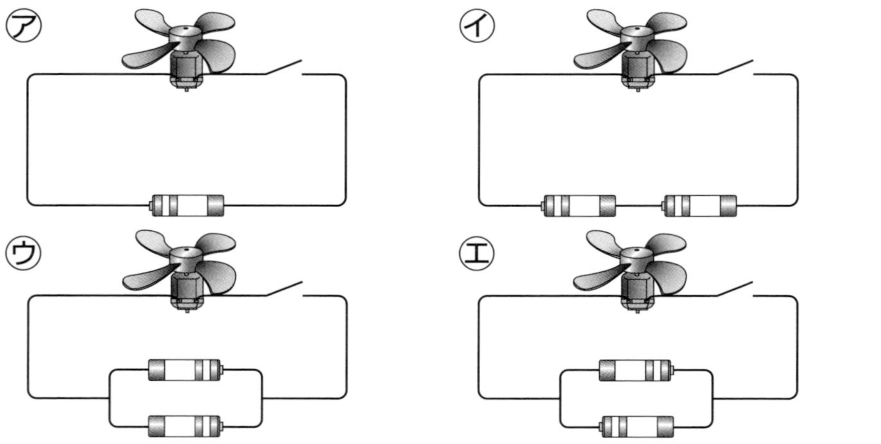

(1) ㋑、㋒のようなかん電池のつなぎ方を、それぞれ何といいますか。

㋑(　　　　　　)　㋒(　　　　　　)

(2) スイッチを入れたとき、モーターがいちばん速く回るものは、㋐〜㋓のどれですか。　(　　)

2 ある1日の気温の変化《へんか》を調べました。

各4点(16点)

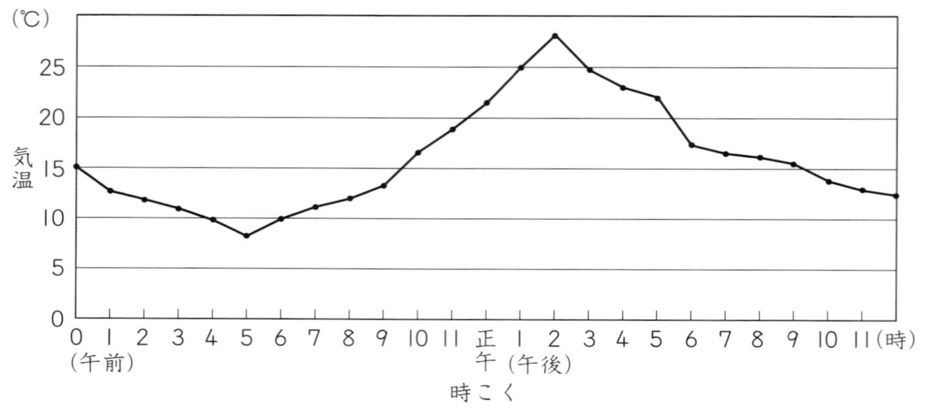

(1) この日にいちばん気温が高くなったのは何時ですか。　(　　　　　)

(2) この日の気温がいちばん高いときと低《ひく》いときの気温の差《さ》は、何℃ぐらいですか。正しいほうに○をつけましょう。

①(　　)10℃ぐらい　②(　　)20℃ぐらい

(3) この日の天気は、①と②のどちらですか。正しいほうに○をつけましょう。

①(　　)晴れ　②(　　)雨

(4) (3)のように答えたのはなぜですか。

(　　　　　　　　　　　　　　)

3 ある日の夜、はくちょうざを午後8時と午後10時に観察《かんさつ》し、記録《きろく》しました。

各4点(8点)

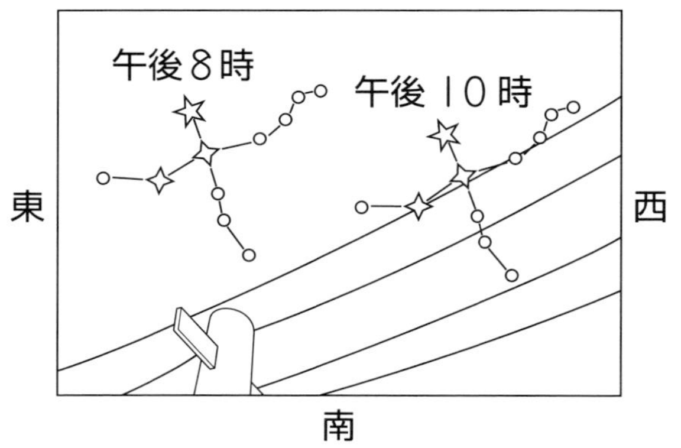

(1) さそりざのアンタレスは赤っぽい色です。はくちょうざのデネブは何色ですか。(　　　　　)

(2) 時こくとともに、星ざの中の星のならび方は変《か》わりますか、変わりませんか。　(　　　　　)

4 ちゅうしゃ器《き》の先にせんをして、ピストンをおしました。

各4点(8点)

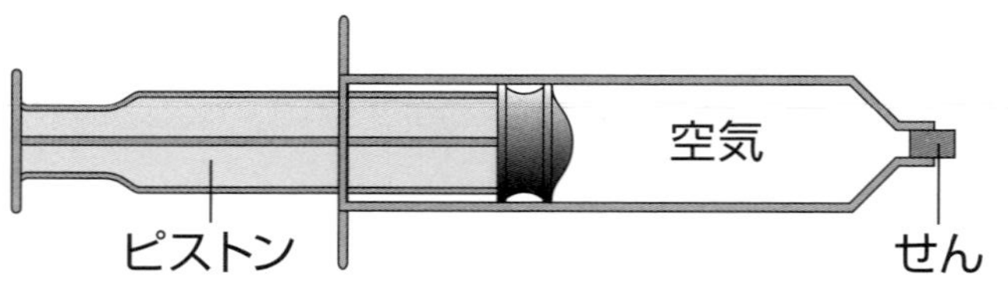

(1) ちゅうしゃ器のピストンをおすと、空気の体積《たいせき》はどうなりますか。　(　　　　　)

(2) ちゅうしゃ器のピストンを強くおすと、手ごたえはどうなりますか。正しいほうに○をつけましょう。

①(　　)大きくなる。　②(　　)小さくなる。

5 うでのきん肉やほねの様子を調べました。

各4点(8点)

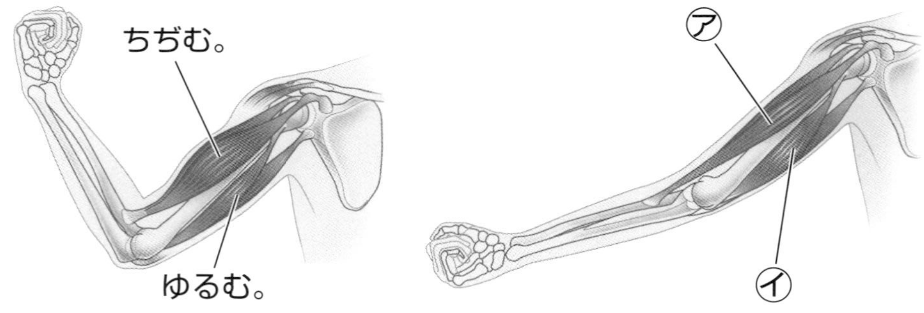

(1) うでをのばしたとき、きん肉がちぢむのは、㋐、㋑のどちらですか。　(　　)

(2) ほねとほねのつなぎ目の部分を何といいますか。

(　　　　　)

うらにも問題があります。

教科書ぴったりトレーニング

丸つけラクラクかいとう

教育出版版
理科４年

この「丸つけラクラクかいとう」は
とりはずしてお使《つか》いください。

「丸つけラクラクかいとう」では問題《もんだい》と同じ紙面《しめん》に、赤字で答えを書いています。

①問題がとけたら、まずは答え合わせをしましょう。

②まちがえた問題やわからなかった問題は、てびきを読んだり、教科書を読み返したりしてもう一度《いちど》見直しましょう。

おうちのかたへ では、次のようなものを示しています。

- 学習のねらいやポイント
- 他の学年や他の単元の学習内容とのつながり
- まちがいやすいことやつまずきやすいところ

お子様への説明や、学習内容の把握などにご活用ください。

見やすい答え

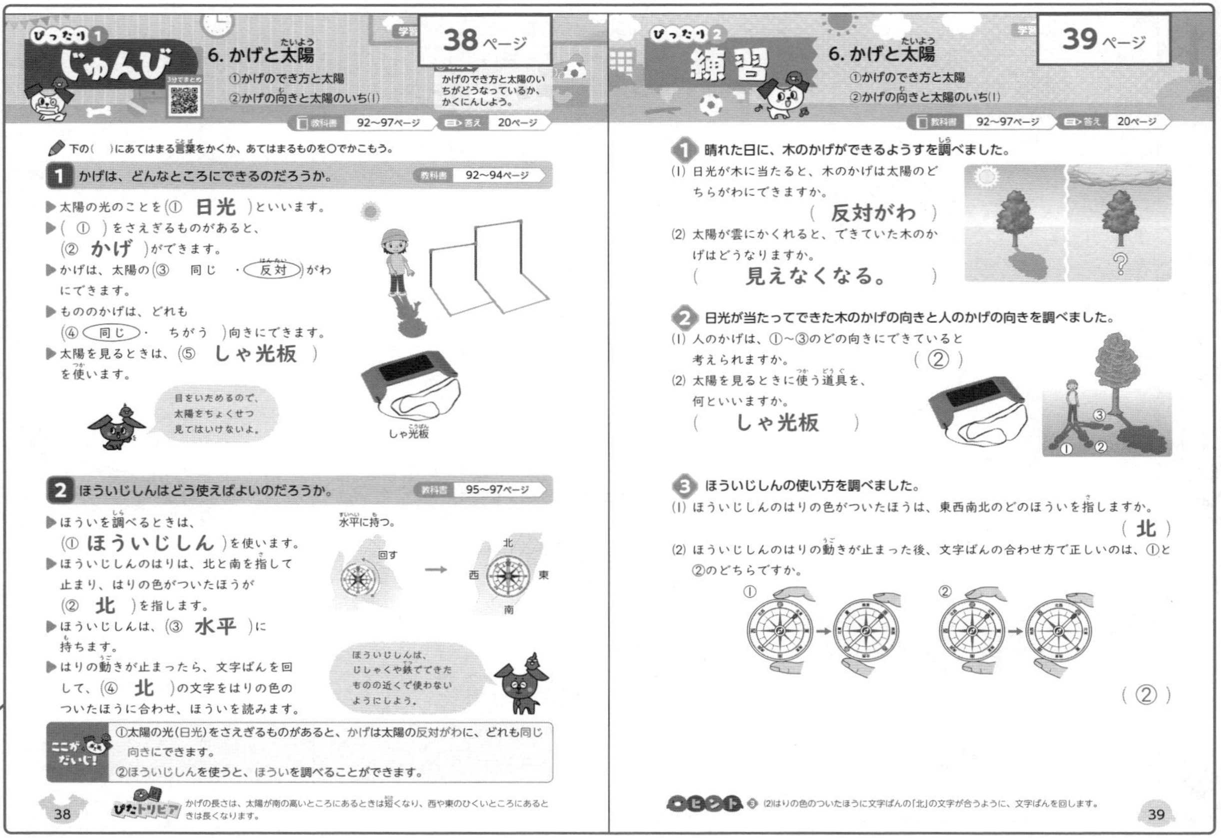
ぴったり１ じゅんび

6. かげと太陽《たいよう》

①かげのでき方と太陽

②かげの向《む》きと太陽のいち(1)

38ページ

かげのでき方と太陽のいちがどうなっているか、かくにんしよう。

教科書 92～97ページ　答え 20ページ

下の(　)にあてはまる言葉《ことば》をかくか、あてはまるものを○でかこもう。

1 かげは、どんなところにできるのだろうか。 教科書 92～94ページ

▶太陽の光のことを(① 日光)といいます。

▶(①)をさえぎるものがあると、(② かげ)ができます。

▶かげは、太陽の(③ 同じ ・ 反対《はんたい》)がわにできます。

▶もののかげは、どれも(④ 同じ ・ ちがう)向きにできます。

▶太陽を見るときは、(⑤ しゃ光板)を使《つか》います。

2 ほういじしんはどう使えばよいのだろうか。 教科書 95～97ページ

▶ほういを調《しら》べるときは、(① ほういじしん)を使います。

▶ほういじしんのはりは、北と南を指《さ》して止まり、はりの色がついたほうが(② 北)を指します。

▶ほういじしんは、(③ 水平)に持《も》ちます。

▶はりの動《うご》きが止まったら、文字ばんを回して、(④ 北)の文字をはりの色のついたほうに合わせ、ほういを読みます。

ここがだいじ！
①太陽の光(日光)をさえぎるものがあると、かげは太陽の反対がわに、どれも同じ向きにできます。
②ほういじしんを使うと、ほういを調べることができます。

ぴたトリビア かげの長さは、太陽が南の高いところにあるときは短《みじか》くなり、西や東のひくいところにあるときは長くなります。

38

ぴったり２ 練習

6. かげと太陽《たいよう》

①かげのでき方と太陽

②かげの向《む》きと太陽のいち(1)

39ページ

教科書 92～97ページ　答え 20ページ

1 晴れた日に、木のかげができるようすを調《しら》べました。

(1) 日光が木に当たると、木のかげは太陽のどちらがわにできますか。
(反対がわ)

(2) 太陽が雲にかくれると、できていた木のかげはどうなりますか。
(見えなくなる。)

2 日光が当たってできた木のかげの向きと人のかげの向きを調べました。

(1) 人のかげは、①～③のどの向きにできていると考えられますか。 (②)

(2) 太陽を見るときに使《つか》う道具《どうぐ》を、何といいますか。
(しゃ光板)

3 ほういじしんの使い方を調べました。

(1) ほういじしんのはりの色がついたほうは、東西南北のどのほうを指《さ》しますか。
(北)

(2) ほういじしんのはりの動《うご》きが止まった後、文字ばんの合わせ方で正しいのは、①と②のどちらですか。
(②)

ヒント 3 (2)はりの色のついたほうに文字ばんの「北」の文字が合うように、文字ばんを回します。

39

くわしいてびき

39ページ てびき

1 (1)かげは太陽《たいよう》の反対《はんたい》がわにできます。
(2)日光をさえぎるものがあると、かげができます。日光が当たらなければ、かげはできません。

2 (1)かげはどれも同じ向《む》きにできるため、人のかげは木のかげと同じ向きにできます。
(2)目をいためるので、ぜったいに太陽をちょくせつ見てはいけません。

3 (1)ほういじしんのはりの色がついたほうは、北を向いて止まります。
(2)ほういじしんのはりの動きが止まってから、文字ばんを回して、「北」の文字をはりの色のついたほうに合わせます。

おうちのかたへ

おうちのかたへ 6. かげと太陽

日光により影ができること、太陽が動くと影も動くこと、日なたと日かげではようすが違うことを学習します。太陽と影(日かげ)との関係が考えられるか、日なたと日かげの違いについて考えることができるか、などがポイントです。

※紙面はイメージです。

ぴったり1 じゅんび 1.季節《きせつ》と生き物1 学習 2ページ

観察記録のとり方や気温のはかり方をかくにんしよう。

下の(　)にあてはまる言葉を書くか、あてはまるものを○でかこもう。

1 季節によって、植物や動物の様子は、どのように変化《へんか》するのだろうか。 教科書 8~12、218~219ページ

▶植物の成長《せいちょう》や動物の活動が、季節とどのように関係《かんけい》しているかを予想する。
- 問題に対する答え(①　(理由)　・　(結《けつ》ろん))を予想するときには、どうしてそのように考えたのか(②　(理由)　・　(結《けつ》ろん))をはっきりさせる。

▶季節ごとに調べていく植物や動物を決める。
- 季節ごとに調べていく植物や動物を決めて、季節と(③　天気　・　(生き物))の関係について調べていく。

▶観察記録《かんさつきろく》のとり方
- 観察するものと自分の(④ 名前)を書く。
- 観察する日時と天気、(⑤ 気温)を書く。
- 観察したものを(⑥　絵　)で表す。
- 観察したものについて、言葉で(⑦ 説明)を書く。

また、思ったことも書いておく。

サクラのえだ	4年	1組	林　さくら

4月8日 午前10時 天気 晴れ 気温 20℃

調べた場所：校庭

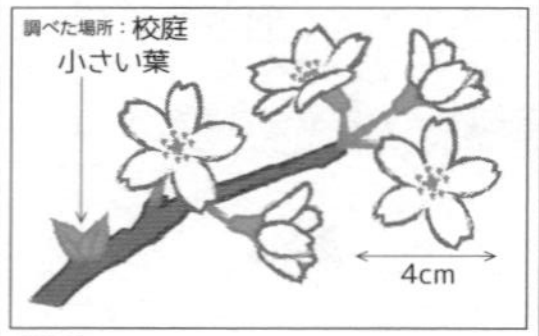

[説明]
・1つのえだに花がいっぱいさいている。
・小さい葉が出ている。
(感想)小さい葉が、これから大きくなっていくと思う。

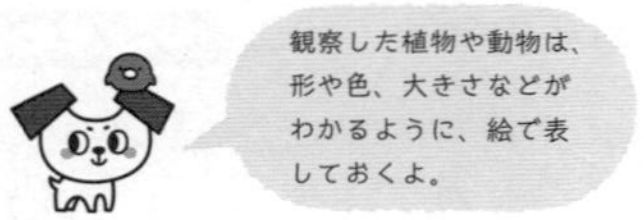

▶気温のはかり方
- (⑧ 地面)から1.2~1.5mの高さではかる。
- 温度計にじかに(⑨ 日光)が当たらない場所ではかる。
- (⑩ 風通し)のよい場所ではかる。
- 温度計の真横から(⑪ 目もり)を読む。

ここがだいじ!
①自分の予想とそう考えた理由を伝《つた》えるとき、「~だと思います。(予想)なぜなら、~だからです。(理由)」のような話し方をするとよい。
②季節ごとに調べていく植物や動物を決めて、季節と生き物の関係について調べる。

ぴたトリビア　植物が花をさかせるじょうけんには、気温変化や夜の長さの変化などが関係しています。

ぴったり2 練習 1.季節《きせつ》と生き物1 学習 3ページ

1 観察《かんさつ》したことはカードに記録《きろく》しておきます。

(1) ①には何を書きますか。

(　観察するもの　)

(2) 観察したものを絵で表します。どのように表すとよいですか。正しいものすべてに○をつけましょう。

ア(○)えんぴつで形をかき、色をぬる。
イ(　)えんぴつで形をかき、色はぬらない。
ウ(○)大きさをはかれるものは、大きさをはかって記録する。
エ(　)生き物の大きさは変化するので、大きさははからなくてよい。

①	4年	2組	中川けんじ

4月10日 午前10時 天気 くもり 気温 18℃

調べた場所：野原

[説明]
・空き地の野原で、ツバメが飛び回っていた。
(感想) この近くにすみついたのかな。

2 生き物を観察するとき、気温をはかります。

(1) 気温とは、何の温度ですか。　(空気)の温度

(2) 気温は、地面からどのぐらいの高さではかりますか。正しいものに○をつけましょう。

ア(　)0.2~0.5m
イ(○)1.2~1.5m
ウ(　)2.2~2.5m

(3) 図で、温度計の前に下じきをかざしているのは何のためですか。正しいものに○をつけましょう。

ア(　)風が温度計に当たらないようにするため。
イ(○)温度計にじかに日光が当たらないようにするため。

(4) 気温は、どのような場所ではかりますか。正しいものに○をつけましょう。

ア(○)風通しのよい場所
イ(　)風通しの悪い場所

ヒント 2 (1)温度計は、えきだめにふれている土や水、空気の温度をはかることができます。

3ページ　てびき

1 (2)観察《かんさつ》したものを絵で表すとき、形や色がわかるようにかき、大きさがはかれるものは、大きさも記録《きろく》します。

2 (1)気温は空気の温度です。
(2)~(4)気温は地面から1.2~1.5mの高さで、温度計にじかに日光が当たらない風通しのよい場所ではかります。

おうちのかたへ
温度計の使い方は3年で学習していますが、気温や水温のはかり方は4年で学習します。なお、気温のはかり方は「2.天気による気温の変化」や5年の天気の学習でも使います。

おうちのかたへ　1.季節と生き物
身の回りの生き物を観察して、植物の成長や動物の活動が季節によって違うことを学習します。
季節ごとの生き物を観察し、植物の成長や動物の活動の変化や、環境との関わりを理解しているか、などがポイントです。
ここでは春の生き物を扱います。

植物の成長や動物の活動と季節の関係をかくにんしよう。

教科書 13〜19ページ　答え 3ページ

下の(　)にあてはまる言葉を書くか、あてはまるものを○でかこもう。

1 植物は、季節とともにどのように成長《せいちょう》していくのだろうか。 教科書 13〜14ページ

▶ヘチマのたねをビニルポットの(① 土)にまく。　▶ヘチマの芽《め》が出る。

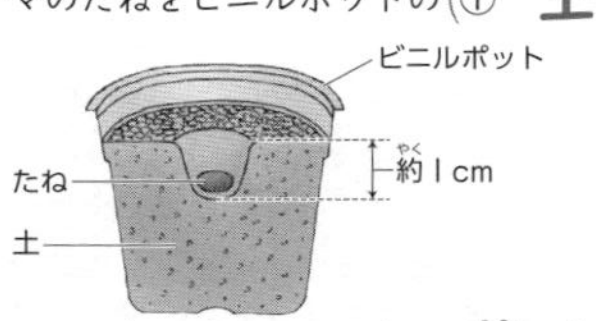

(② 子葉)

▶芽が出て、(②)のほかに(③ 葉)の数が3〜4まいになったころ、花だんなどに植えかえる。

植えかえの仕方

なえをポットから取り出して植える。

(④ 水 ・ (ひりょう))を、根にふれないように入れておく。

・育ってきたら、くきをぼうでささえる。

2 動物は、季節とともにどのような活動をしていくのだろうか。 教科書 15〜17ページ

▶春の動物の様子

ショウリョウバッタ

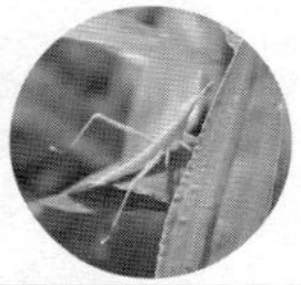

ヒキガエル

ツバメ

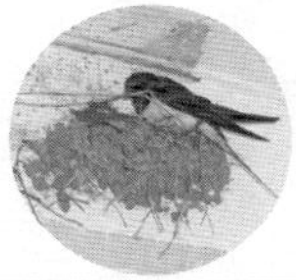

葉の上の、ショウリョウバッタの (① (よう虫) ・ 成虫)

池の中のヒキガエルの (② (おたまじゃくし) ・ 親)

(③ 巣)を作っている ツバメ

ここがだいじ! ①土にまいたヘチマのたねは、芽を出したあと、葉の数をふやして大きくなる。
②春のころは、こん虫のよう虫が見られ、鳥は巣《す》を作り、巣の中でたまごを産《う》む。

ぴたトリビア　ツバメは、春になると日本から約5000kmはなれた南の国からやってきます。

教科書 13〜19ページ　答え 3ページ

1 ヘチマのたねをまいて、1年間観察《かんさつ》していきます。

(1) ヘチマのたねはどれですか。正しいものに○をつけましょう。

ア(　)　イ(○)　ウ(　)

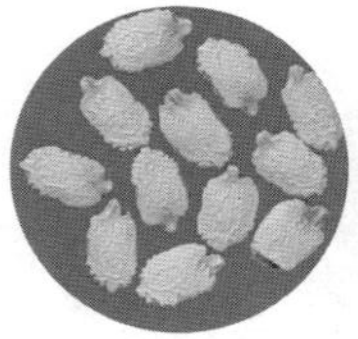

(2) ヘチマのたねをまく深さは、どれくらいがよいですか。正しいものに○をつけましょう。

ア(　)0cm　イ(○)1cm　ウ(　)5cm　エ(　)10cm

(3) 図の㋐、㋑のうち、子葉はどちらですか。

(㋑)

(4) ㋐、㋑のうち、先に出てくるのはどちらですか。

(㋑)

(5) このあと、数がふえていくのは、㋐、㋑のどちらですか。

(㋐)

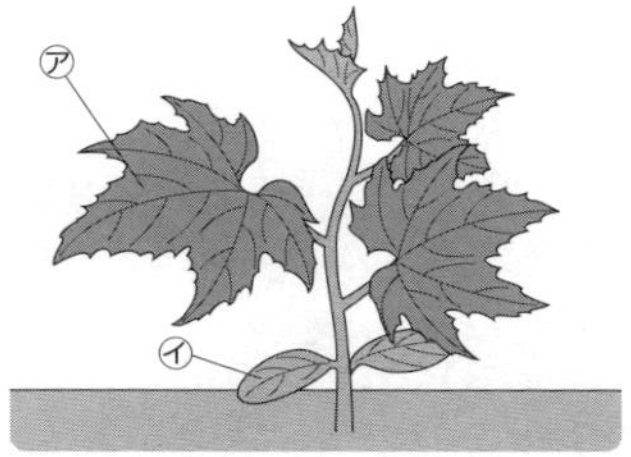

2 春のころの動物の様子を調べました。

(1) 春のころの動物の様子を表している文すべてに○をつけましょう。

ア(○)シジュウカラが巣《す》を作っていた。
イ(　)アマガエルが、土の中でじっとしていた。
ウ(○)アゲハのよう虫が葉を食べていた。
エ(　)アブラゼミが鳴いていた。

(2) ツバメは、どのようなところに巣を作りますか。正しいものに○をつけましょう。

ア(　)高い木のえだ　イ(○)家ののき先　ウ(　)草むらの中

ヒント ❶ (4)ヘチマのたねをまいてしばらくすると、はじめに子葉が出てきます。

5ページ てびき

❶ (1)ヘチマのたねは、黒くて少しふくらんでいます。アはツルレイシのたね、ウはヒマワリのたねです。
(3)(4)たねをまいてからしばらくすると、㋑の子葉が出てきます。そのあと㋐の葉が出ます。
(5)成長《せいちょう》すると、くきをのばして葉(㋐)の数をふやして大きくなります。

❷ (1)イは冬、エは夏のころの様子です。
(2)ツバメは、家ののき先などに巣《す》を作ります。

おうちのかたへ
植物の育ち(たねから子葉が出て、葉が出ること)は、3年で学習しています。なお、「種子」「発芽」は5年で学習します。

ぴったり3 たしかめのテスト

1. 季節《きせつ》と生き物

6ページ

/100 合格70点

教科書 8〜19、218〜219ページ　答え 4ページ

よく出る

1 春のころの植物やこん虫の様子を表したものには○、春のころ以外の季節の様子を表したものには×をつけましょう。　各5点(30点)

ア(×)

イ(○)

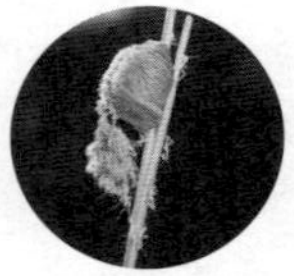

ウ(○)

エ(○)

オ(×)

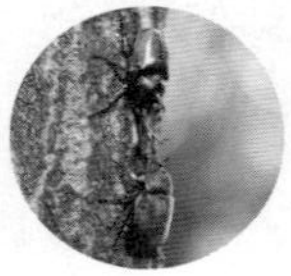

カ(×)

よく出る

2 生き物を観察《かんさつ》する前に、気温をはかりました。　(1)、(2)、(4)は各5点、(3)は10点(25点)

(1) 気温は、何を使ってはかりますか。

(温度計)

(2) 気温は、地面からどのぐらいの高さではかるとよいですか。

(1.2〜1.5m)

(3) 記述 図のように、温度計の前に下じきなどをかざすのはなぜですか。

(温度計にじかに日光が当たらないようにするため。)

(4) 右の図は、温度計の目もりを読んでいるところです。読み方が正しいほうに○をつけましょう。

ア( )

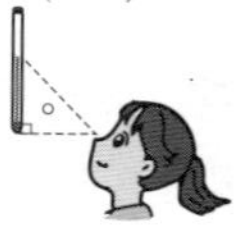

イ(○)

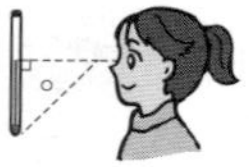

7ページ

学習

よく出る

3 ビニルポットのヘチマを花だんに植えかえました。　各5点(15点)

ア　イ　ウ

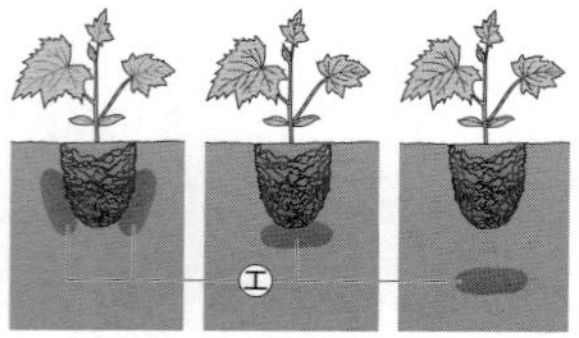

(1) エは植物が大きく育つように土の中に入れるものです。これは何ですか。

(ひりょう)

(2) エの入れ方で正しいのは、ア〜ウのどれですか。

(ウ)

(3) 記述 育ってきて、くきがのびてきたら、どんなことをしますか。

(くきをぼうでささえる。)
(ささえのぼうを立てる。)

4 春になると、サクラの花など、寒い冬のころには見られなかった花がいろいろ見られます。　思考・表現　(1)は5点、(2)は10点(15点)

(1) このころになると見られるようになる、南の国からやってくる生き物はどれですか。○をつけましょう。

ア( )チョウ　イ( )シジュウカラ
ウ(○)ツバメ　エ( )テントウムシ

(2) 記述 自然《しぜん》のかんきょうがどうなると、サクラの花がさき始めますか。「気温」という言葉を使って、かんたんに書きましょう。

(気温が上がって、あたたかくなる。)

できたらスゴイ!

5 春の生き物のようすについてあてはまるものには○を、あてはまらないものには×をつけましょう。　各5点(15点)

葉の色が緑色から黄色や赤色に変《か》わったよ。

①(×)

ツバメが巣《す》を作って、たまごを産《う》んでいたよ。

②(○)

ショウリョウバッタのよう虫が葉の上にいたよ。

③(○)

ふりかえり　**2**がわからないときは、2ページの**1**にもどってかくにんしましょう。
5がわからないときは、4ページの**2**にもどってかくにんしましょう。

6〜7ページ　てびき

1 アのトンボは夏から秋に、オのカブトムシは夏に、カのコオロギは秋に見られます。

2 (1)温度計は、えきだめにふれているものの温度をはかることができます。
(3)温度計に、じかに日光が当たらないようにするため、温度計がかげになるようにしています。
(4)温度計の目もりは、真横から読みます。

3 (1)(2)ひりょうは、植物の根に直せつふれないように入れます。
(3)根をいためないように気をつけて、ぼうを立てます。

4 (1)春のころに南の国からやってくるのは、ツバメです。

5 ①葉の色が黄色や赤色に変《か》わるのは秋のころです。

ぴったり1 じゅんび

2. 天気による気温の変化《へんか》

①晴れの日の気温の変化
②天気による気温の変化のちがい

8ページ

天気による1日の気温の変化のちがいをかくにんしよう。

教科書 21～30、225ページ　答え 5ページ

下の(　)にあてはまる言葉を書くか、あてはまるものを○でかこもう。

1 朝から午後にかけて、晴れの日の気温は、どのように変化するのだろうか。 教科書 21～24ページ

▶晴れの日の気温の変化を、1時間おきに調べる。
- 気温は、風通しの(① (よい) ・ わるい)場所ではかる。
- (② (同じ) ・ ちがう)場所で気温をはかり、そのときの(③ 天気)も記録《きろく》する。

▶晴れの日に、気温の変化を調べると、右の表のように、朝から昼にかけて(④ (上がり) ・ 下がり)、午後になってしばらくたつと(⑤ 上がる ・ (下がる))。

晴れの日の気温の変化
校庭(鉄ぼうの横) 5月8日

時こく	気 温	天 気
午前9時	19℃	晴れ
10時	20℃	晴れ
11時	21℃	晴れ
正午	22℃	晴れ
午後1時	24℃	晴れ
2時	24℃	晴れ
3時	23℃	晴れ

2 晴れの日とくもりの日では、気温の変化にどのようなちがいがあるのだろうか。 教科書 25～30、225ページ

▶1日の気温の変化は、天気によってちがう。
- 気温を調べた結果《けっか》を、折《お》れ線グラフに表すと、天気による気温の変化をくらべやすくなる。

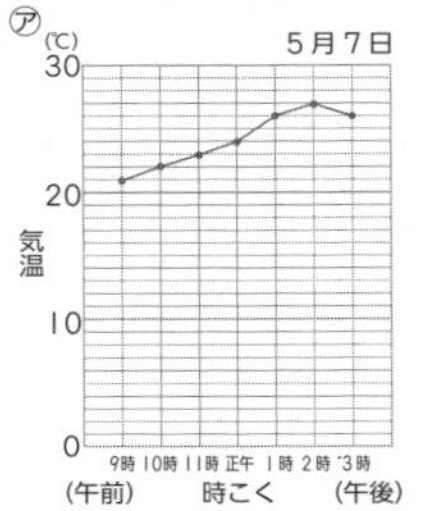

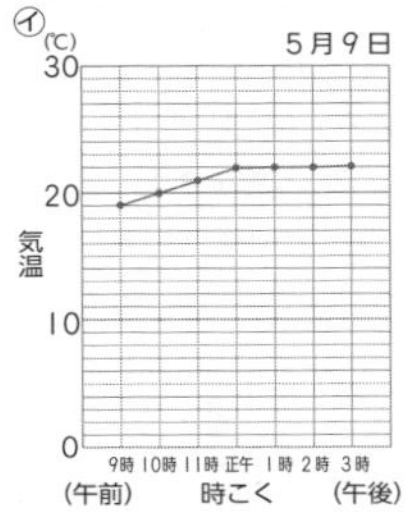

- 折れ線グラフで、㋐は(① (晴れ) ・ くもり)の日の気温の変化を、㋑は(② 晴れ ・ (くもり))の日の気温の変化を表している。

▶晴れの日のほうがくもりの日よりも気温の変化は(③ (大きい) ・ 小さい)。

▶また、雨の日は、ふつう、晴れの日やくもりの日よりも気温が低《ひく》くなることが多く、1日の気温の変化が(④ 大きく ・ (小さく))なる。

ここが だいじ!
①晴れの日の気温は、朝から昼にかけて上がり、午後になってしばらくたつと下がる。
②1日の気温の変化は、天気によってちがいがあり、ふつう、晴れの日のほうがくもりの日よりも気温の変化が大きい。

ぴたトリビア 晴れの日は、日光をさえぎる雲が少ないため、空気や地面はよくあたためられます。よくあたためられた地面が、さらに空気をあたためるため、晴れの日は気温の変化が大きくなります。

ぴったり2 練習

2. 天気による気温の変化《へんか》

①晴れの日の気温の変化
②天気による気温の変化のちがい

9ページ

教科書 21～30、225ページ　答え 5ページ

1 1日の気温の変化を調べました。

(1) 晴れの日の気温は、朝から午後にかけて、どのように変化しますか。正しいものに○をつけましょう。

ア(　)朝から昼にかけてあまり変《か》わらず、午後はずっと上がる。
イ(　)朝から昼にかけてあまり変わらず、午後になってしばらくたつと下がる。
ウ(○)朝から昼にかけて上がり、午後になってしばらくたつと下がる。
エ(　)朝から午後までずっと上がる。

(2) くもりの日は、晴れの日とくらべると、1日の気温の変化は大きいですか、小さいですか。

(小さい)

(3) 写真のような、温度計などを入れて、気温をはかるために作られた箱を何といいますか。

(百葉箱)

2 晴れの日と、雨の日の1日の気温の変化を調べました。

(1) 図㋐、㋑は、晴れの日、雨の日のどちらの気温の変化ですか。

㋐(晴れの日)
㋑(雨の日)

(2) 1日の気温の変化が大きいのは、晴れの日、雨の日のどちらですか。

(晴れの日)

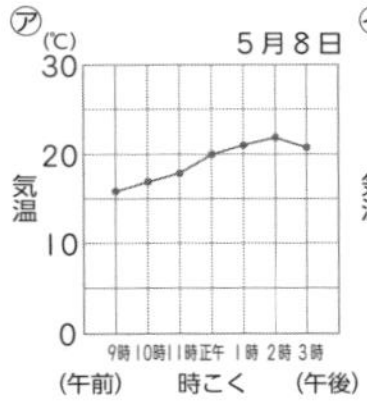

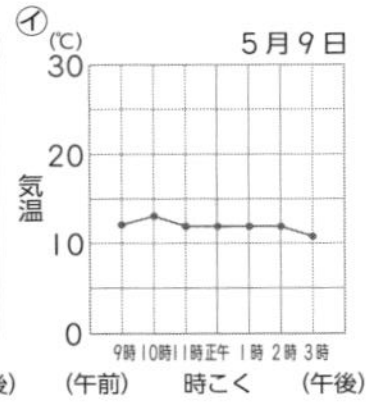

3 自記温度計で、5月11日から5月14日までの4日間の気温の変化を調べました。

(1) 4日間で最《もっと》も高かった気温は何℃ですか。

(28℃)

(2) 5月12日、13日、14日の天気は晴れ、くもり、雨のどれかでした。晴れの日は、何月何日ですか。

(5月14日)

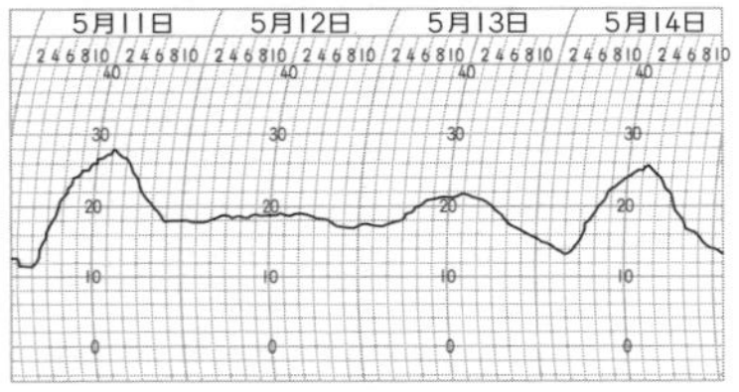

ヒント 3 (1)グラフのたてじくが気温で、1めもりは2℃を表しています。

9ページ てびき

1 (3)百葉箱《ひゃくようばこ》は気温をはかるじょうけんを満《み》たして作られています。

2 (1)㋐は、朝から気温が上がり、午後2時すぎから下がっているので、晴れの日と考えられます。㋑は、気温の変化《へんか》が小さいので、雨の日と考えられます。

3 (2)5月12日と13日は気温の変化が小さいので、雨かくもりと考えられます。14日は気温の変化が大きいので、晴れと考えられます。

おうちのかたへ
気温のはかり方は「1. 季節と生き物」で学習しています。また、天気による1日の気温の変化は4年で学習しますが、雲の量と天気の決め方や、天気の変化は5年で学習します。

おうちのかたへ　2. 天気による気温の変化
天気によって1日の気温の変化のしかたに違いがあることを学習します。
ここでは、天気や気温を調べることができるか、晴れの日とくもりや雨の日での気温の変化のしかたを理解しているか、などがポイントです。

ぴったり3 たしかめのテスト

2. 天気による気温の変化《へんか》

10ページ

100 合格70点

教科書 20～31、225ページ　答え 6ページ

よく出る

1 右の図は、晴れた日の気温の変化を折《お》れ線グラフに表したものです。　各5点(20点)

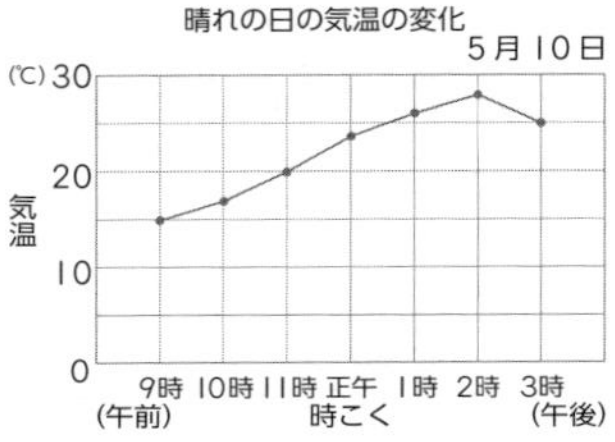

(1) 午前中、気温はどう変《か》わっていますか。
（(だんだん)上がっている。）

(2) 気温が最《もっと》も高かった時こくは、何時ですか。
（ 午後2時 ）

(3) 午後2時すぎからは、気温はどう変わっていますか。
（ 下がっている。 ）

(4) この気温を調べた次の日はくもりでした。
くもりの日は、晴れた日よりも気温の変化が大きいですか、小さいですか。
（ 小さい ）

よく出る

2 1日の気温の変化を調べました。　各10点(20点)

(1) 作図 右の表は、1日の気温を調べた結果《けっか》です。この結果を右に折れ線グラフで表しましょう。　技能

時こく	気温
午前9時	18℃
10時	20℃
11時	22℃
正午	24℃
午後1時	25℃
2時	26℃
3時	25℃

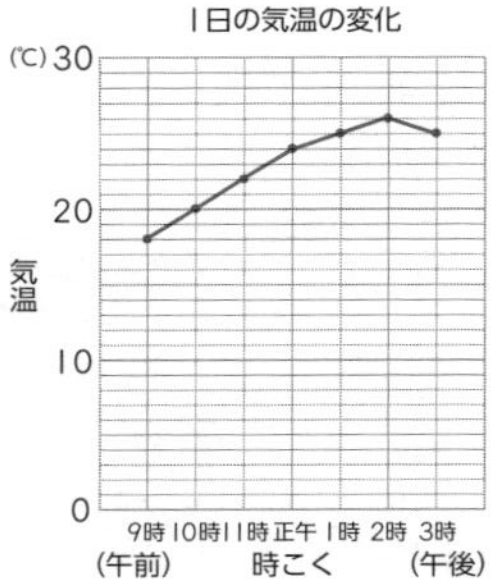

(2) この日の天気は晴れ、くもり、雨のどれと考えられますか。
（ 晴れ ）

学習 11ページ

3 右の図は、自記温度計による3日間の気温の変化の様子です。　各10点(30点)

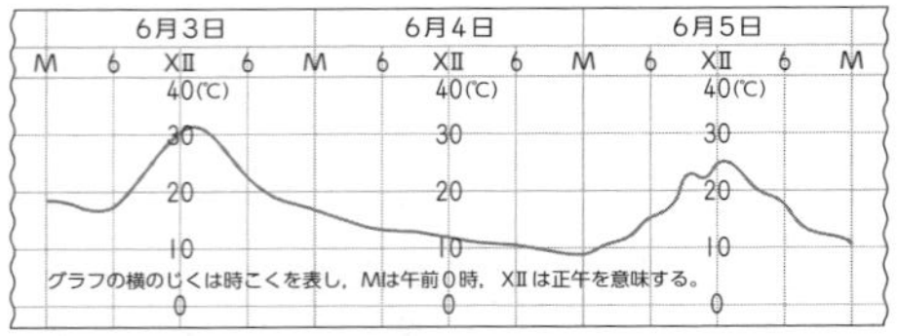

(1) 雨の日は何月何日ですか。気温の変化を見て答えましょう。
（ 6月4日 ）

(2) (1)は、どんな様子から見分けましたか。あてはまるものに○をつけましょう。
ア（　）昼間の気温が高く、1日の気温の変化が大きい。
イ（　）1日中、気温が低《ひく》く、変化が大きい。
ウ（　）昼間の気温が高く、1日の気温の変化が小さい。
エ（○）1日中、気温が低く、変化が小さい。

(3) 気温の変化と天気の関係《かんけい》について、正しいものに○をつけましょう。
ア（　）気温の変化は、天気と関係ない。
イ（○）天気が変わると、気温も変わる。
ウ（　）くもると、気温は変わらなくなる。

4 1日の気温の変化を調べました。ア、イの一方が晴れの日、もう一方がくもりの日のグラフです。　各10点(30点)

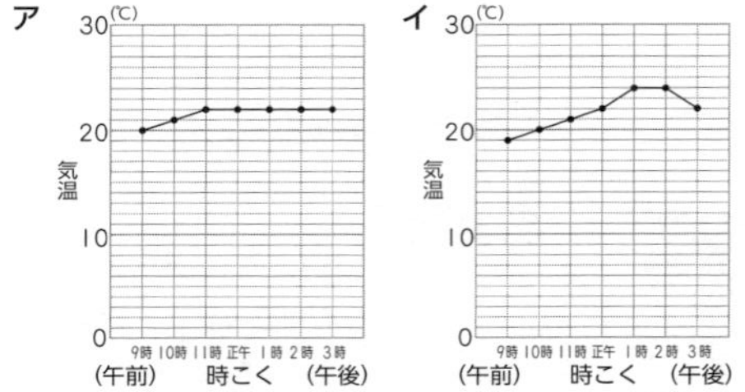

(1) くもりの日で、最も気温が高いときと、最も気温が低いときの差は何℃ですか。
（ 2℃ ）

(2) どちらのグラフがくもりの日と考えられますか。
（ ア ）

(3) 記述 (2)のように考えた理由を答えなさい。
（アのグラフはイのグラフより、1日の気温の変化が小さいから。）

ふりかえり
2がわからないときは、8ページの**2**にもどってかくにんしましょう。
4がわからないときは、8ページの**2**にもどってかくにんしましょう。

10～11ページ てびき

1 (1)(2)気温は、午前中から正午すぎまで上がり、午後2時にいちばん高くなっています。
(4)くもりの日は、晴れの日よりも気温の変化《へんか》は小さいです。

2 (1)それぞれの時こくではかった気温を表す点を打ち、点と点を順《じゅん》に直線で結びます。

3 (1)(2)雨の日は、晴れの日より、1日の気温の変化が小さく、気温も低《ひく》くなります。
(3)6月5日は、午前中に気温が下がったときがあり、午後の気温の変化の様子もなだらかではありません。

4 気温の変化が小さいアのグラフがくもりと考えられます。最《もっと》も気温が高いときは22℃、最も気温が低いときは20℃なので、22−20＝2より、差は2℃です。

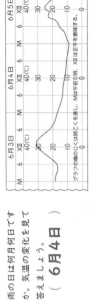

ぴったり1 じゅんび

3分でまとめ

3. 体のつくりと運動
①体のつくり

学習 12ページ

うでやあしの曲がるところと曲がらないところのつくりをかくにんしよう。

教科書 33～37ページ　答え 7ページ

下の(　)にあてはまる言葉を書こう。

1 うでやあしの曲がるところと曲がらないところは、どのようなつくりになっているのだろうか。　教科書 33～37ページ

▶うでやあしには、曲がるところと曲がらないところがある。
- 図１で、曲がるところは㋐と(① ㋒)、曲がらないところは(② ㋑)と㋓である。

▶うでやあしで、曲がらないところには、体の中に、かたい(③ **ほね**)がある。

図１

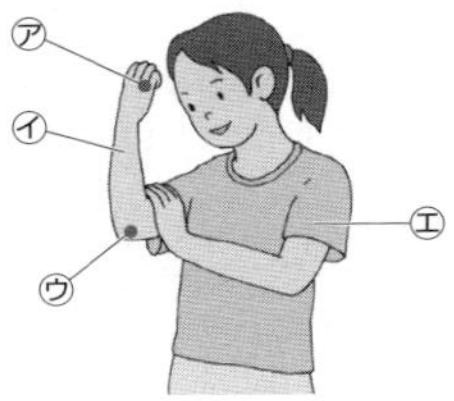

▶図２の、ほねのもけいの記号㋛～㋞で、うでのほねは㋛、(④ ㋜)、あしのほねは(⑤ ㋝)、㋞である。

▶図２の記号㋕～㋚で、
- うでの曲がるところは㋕、(⑥ ㋖ 、㋗)、あしの曲がるところは㋘、(⑦ ㋙ 、㋚)である。
- ㋖の「ひじ」や(⑧ ㋙)の「ひざ」は、ほねとほねのつなぎ目だから曲がる。

図２

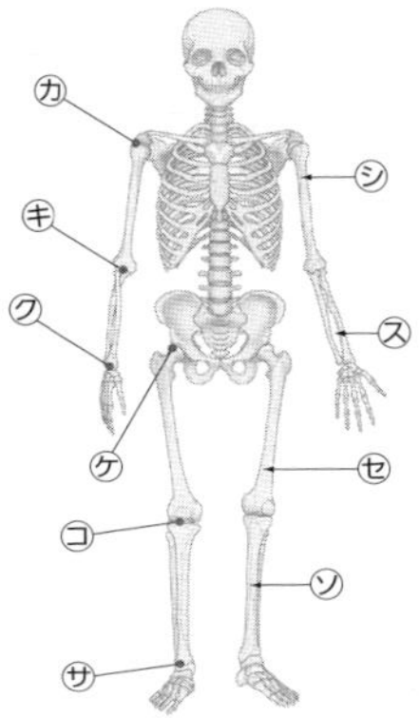

▶ほねとほねのつなぎ目で、体の曲がるところを(⑨ **関節**)という。

ここがだいじ！
①うでやあしの曲がるところは、ほねとほねのつなぎ目になっている。
②うでやあしの曲がらないところは、体の中にかたいほねがある。
③ほねとほねのつなぎ目で、体の曲がるところを関節《かんせつ》という。

ぴたトリビア　ほねにはカルシウムという成分《せいぶん》が多くふくまれます。カルシウムが多くふくまれている食品には牛にゅう、にゅうせい品、小魚などがあります。

ぴったり2 練習

3. 体のつくりと運動
①体のつくり

学習 13ページ

教科書 33～37ページ　答え 7ページ

1 人の体には、曲がるところと曲がらないところがあります。

(1) 図１はあしをさわっているところです。
① あしの中のかたいところを何といいますか。
(**ほね**)
② あしの曲がるところを何といいますか。
(**関節**)

図１

(2) 図２のほねのもけいで、曲がるところはどこですか。㋐～㋕からあてはまるものをすべて選《えら》び、記号で答えましょう。
(㋐、㋒、㋔、㋕)

(3) 次の①～⑤の部分を、図２の㋐～㋕から選び、記号で答えましょう。
① あしのほね　(㋓)
② うでのほね　(㋑)
③ ひじの関節《かんせつ》　(㋒)
④ かたの関節　(㋐)
⑤ ひざの関節　(㋔)

図２

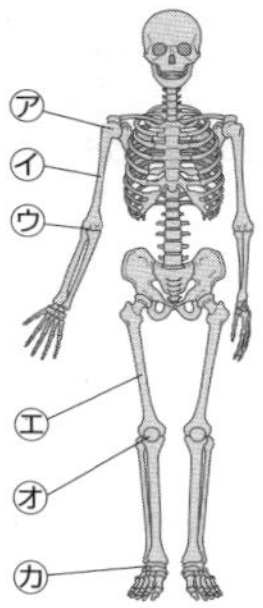

2 右の図は、人の手のほねのもけいです。

(1) 図の㋐～㋔で、曲がるところはどこですか。あてはまるものをすべて選び、記号で答えましょう。
(㋑、㋔)

(2) 手首の関節はどこですか。㋐～㋔の記号で答えましょう。
(㋔)

(3) 図の㋐～㋔で、ほねの部分はどこですか。あてはまるものをすべて選び、記号で答えましょう。
(㋐、㋒、㋓)

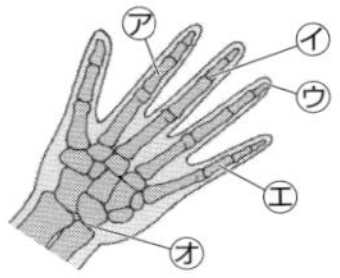

ヒント ❶ (2)うでやあしの曲がるところは、ほねとほねのつなぎ目になっています。

おうちのかたへ　3. 体のつくりと運動
人の体には骨と筋肉があり、これらのはたらきで体を動かすことができることを学習します。
かたい骨ややわらかい筋肉、曲げられる部分には関節があることを理解しているか、体を動かすしくみを考えることができるか、などがポイントです。

13ページ　てびき

❶ うでやあしの中には、かたいほねがあり、ほねとほねのつなぎ目になっている関節《かんせつ》で曲がります。関節のところで、体を曲げたりのばしたりします。

❷ 手首や指にもほねとほねのつなぎ目の関節があり、関節のところで曲がります。

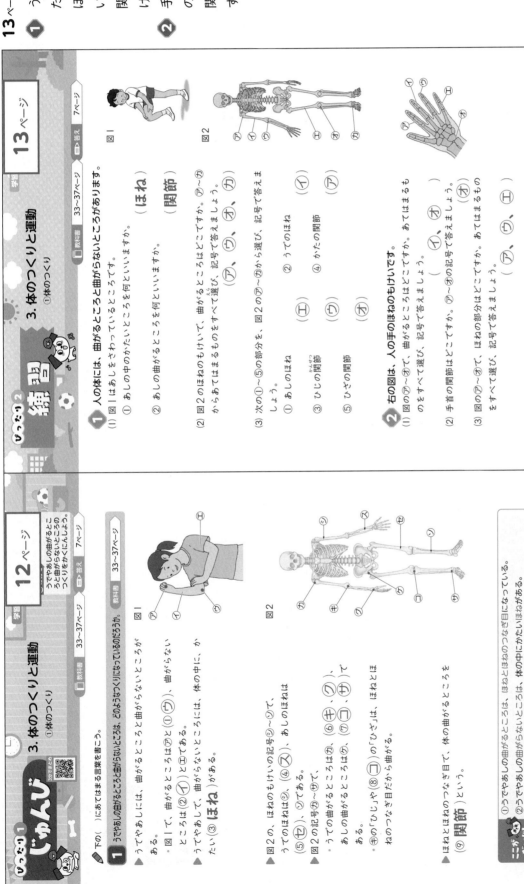

ぴったり1 じゅんび

3. 体のつくりと運動
②きん肉のはたらき

人や動物の体を動かすしくみをかくにんしよう。

教科書 38～41ページ　答え 8ページ

下の(　)にあてはまる言葉を書くか、あてはまるものを○でかこもう。

1 きん肉がどのように動いて、うでやあしが曲がったりのびたりするのだろうか。
教科書 38～41ページ

▶うでやあしなどのほねの周《まわ》りには(① きん肉)がついている。

▶うでを曲げるとき

内側《がわ》のきん肉は(②(ちぢむ)・ゆるむ)。

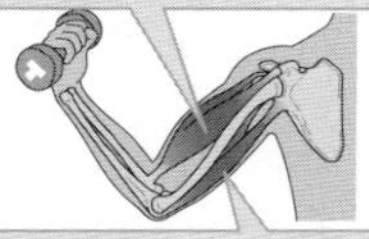

外側のきん肉は(③ ちぢむ・(ゆるむ))。

▶うでをのばすとき

内側のきん肉は(④ ちぢむ・(ゆるむ))。

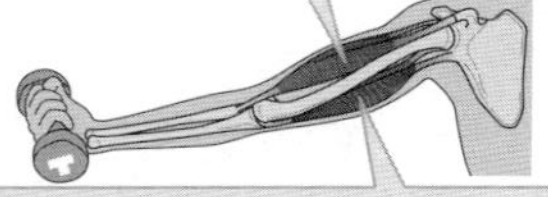

外側のきん肉は(⑤(ちぢむ)・ゆるむ)。

▶あしを曲げるとき

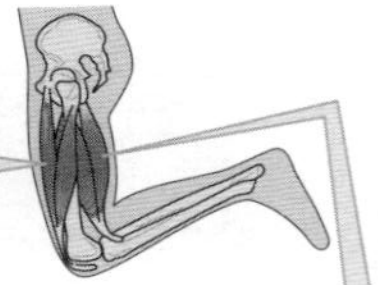

前側のきん肉はゆるむ。

後ろ側のきん肉は(⑥ ちぢむ)。

▶あしをのばすとき

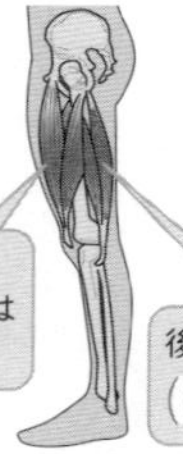

前側のきん肉はちぢむ。

後ろ側のきん肉は(⑦ ゆるむ)。

2 人以外《いがい》の動物も、人と同じしくみで体を動かしているのだろうか。
教科書 41ページ

▶人以外の動物にも、ほねのまわりに(① きん肉)がついている。

▶人以外の動物も、人と同じように、(② きん肉)をちぢめたりゆるめたりすることで、(③ 関節)のところで曲げたりのばしたりして、体を動かしている。

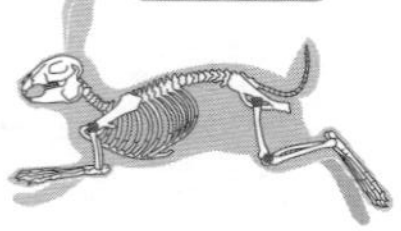

ここが だいじ!
①人は、きん肉をちぢめたりゆるめたりして、うでやあしを曲げたりのばしたりする。
②人以外の動物も、人と同じように、きん肉をちぢめたりゆるめたりすることで、関節《かんせつ》のところで体を曲げたりのばしたりして動かしている。

ぴたトリビア ふだん食べている肉や魚は、きん肉であることが多いです。

ぴったり2 練習

3. 体のつくりと運動
②きん肉のはたらき

教科書 38～41ページ　答え 8ページ

1 右の図のように、うでを曲げたりのばしたりしました。

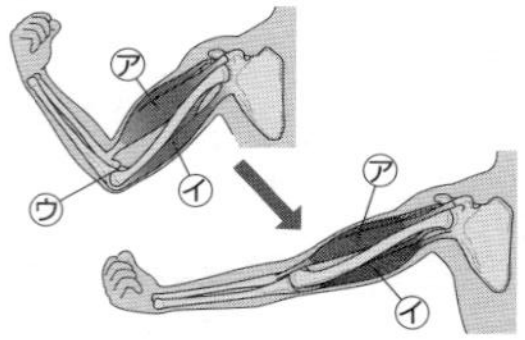

(1) うでを曲げたりのばしたりするときにはたらく、図の㋐や㋑を何といいますか。
(きん肉)

(2) うでを曲げるとき、㋒の部分で曲がります。この㋒のようなところを何といいますか。
(関節)

(3) うでを曲げたりのばしたりすると、㋐と㋑はそれぞれどうなりますか。正しいものを2つ選《えら》び、○をつけましょう。

ア(　)うでを曲げると、㋐はゆるみ、㋑はちぢむ。
イ(○)うでを曲げると、㋐はちぢみ、㋑はゆるむ。
ウ(○)うでをのばすと、㋐はゆるみ、㋑はちぢむ。
エ(　)うでをのばすと、㋐はちぢみ、㋑はゆるむ。

2 いすにすわってあしをのばして、ふとももの様子を調べました。

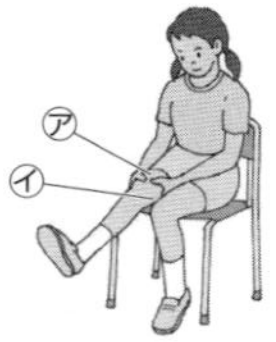

(1) あしをのばすとふとももがもり上がるのは、右の㋐、㋑のどちらの部分ですか。
(㋐)

(2) ふとももがもり上がったのは、何がちぢんだからですか。
(きん肉)

3 イヌが体を動かすしくみについて調べました。

(1) イヌは、4本のあしを動かして歩きます。このとき、ゆるんだりちぢんだりするのは、あしの何ですか。
(きん肉)

(2) イヌが歩くことができるのは、あしに曲がるところがあるからです。その曲がる部分を何といいますか。
(関節)

ヒント ③ 人以外の動物も、人と同じしくみで体を動かします。

15ページ てびき

❶ (1)(2)うでやあしなどを関《かん》節《せつ》で曲げたりのばしたりできるのは、ほねについているきん肉をちぢめたりゆるめたりしているからです。
(3)うでの㋐のきん肉と㋑のきん肉は、ほねをはさんで反対側《がわ》について、一方がちぢむともう一方はゆるむという動きをします。

❷ あしのほねの周《まわ》りには、きん肉がついています。いすにすわってあしをのばすと、ふとももの前側のきん肉がちぢんで、もり上がります。

❸ (1)人以外の動物も、ほねの周りにきん肉がついています。あしのきん肉をちぢめたりゆるめたりすることで、あしを動かします。
(2)人以外の動物も、関節のところで体を曲げたりのばしたりして動かしています。

ぴったり3 たしかめのテスト

3. 体のつくりと運動

16ページ

合格70点 / 100

教科書 32〜43ページ　答え 9ページ

よく出る

1 右の図は、人の体の各部分を表したものです。　各5点(20点)

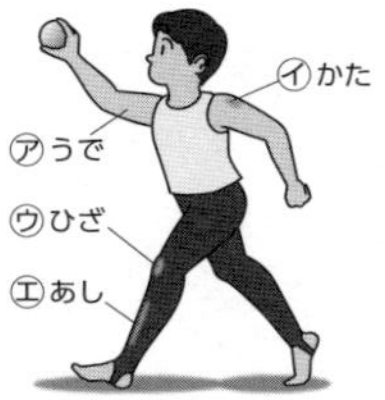

(1) ほねとほねのつなぎ目で、体の曲がるところを何といいますか。
（ 関節 ）

(2) ほねの周《まわ》りについている、やわらかい部分を何といいますか。
（ きん肉 ）

(3) 人の体で曲がる部分を、図の㋐〜㋓から2つ選《えら》び、記号で答えましょう。
（㋑）（㋒）

2 あしを曲げたときのきん肉の様子を調べました。あしのきん肉はどうなりましたか。それぞれ正しいものに○をつけましょう。　各5点(10点)

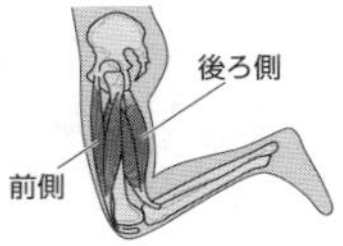

(1) あしの前側《がわ》のきん肉
ア（　）ちぢむ　イ（○）ゆるむ　ウ（　）変《か》わらない

(2) あしの後ろ側のきん肉
ア（○）ちぢむ　イ（　）ゆるむ　ウ（　）変わらない

3 ウサギの体のつくりを調べました。　各5点(20点)

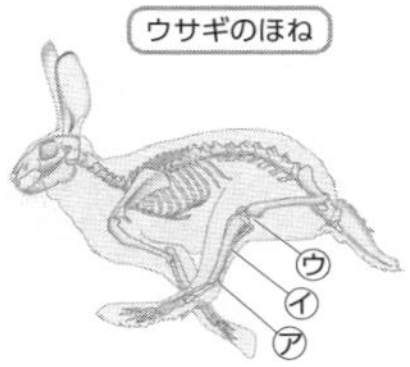

(1) ㋐〜㋒のうち、関節《かんせつ》はどこですか。2つ選んで答えましょう。
（㋐）（㋒）

(2) 次の文の①、②にあてはまる言葉を書きましょう。
　ウサギにも、人と同じように、ほね、関節、（ ① ）があります。人と同じように、これらのはたらきで、体を（ ② ）たり、のばしたりして、動かしています。
①（ きん肉 ）
②（ 曲げ ）

17ページ

よく出る

4 うでを曲げて、さわってみました。　各6点(18点)

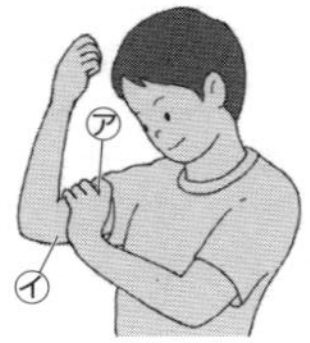

(1) うでをさわったとき、かたい部分には何がありますか。
（ ほね ）

(2) (1)の周りにあるやわらかい部分を何といいますか。
（ きん肉 ）

(3) 右の図で、力を入れると(2)がかたくなる部分は、㋐、㋑のどちらですか。
（㋐）

5 図1は、うでを曲げたときのきん肉の様子です。また、図2は、うでを曲げたりのばしたりするしくみを考えるもけいです。　思考・表現　各8点(24点)

図1

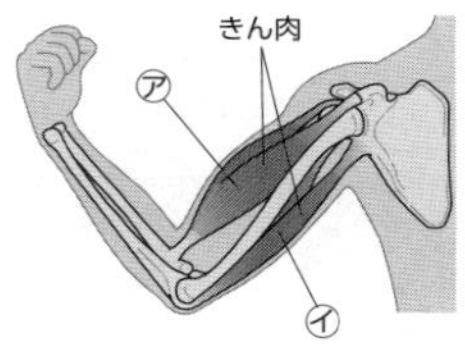

図2

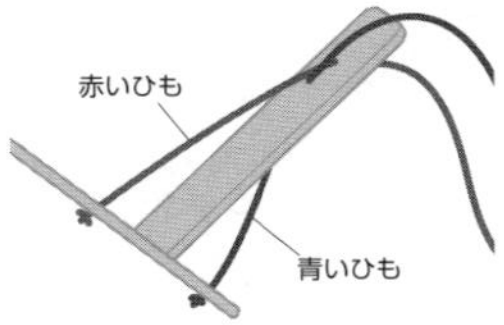

(1) 図1で、ばねがちぢんでいる様子とにているのは、㋐と㋑のどちらのきん肉ですか。
（㋐）

(2) 図2のもけいで、ひもは実さいの体の何を表していますか。
（ きん肉 ）

(3) 図2のもけいで、赤いひもと青いひものどちらのひもを引いて短くすると、うでを曲げたときの様子になりますか。
（ 赤いひも ）

できたらスゴイ！

6 記述 ウサギの後ろあしは、前あしよりほねやきん肉が発達《はったつ》しています。これはウサギのどんな動きをしやすくしているかを書きましょう。　思考・表現 (8点)

（後ろあしを使って、地面を強くけって、走ったりはねたりする。）

ふりかえり　**1**がわからないときは、12ページの**1**にもどってかくにんしましょう。
6がわからないときは、14ページの**2**にもどってかくにんしましょう。

16〜17ページ　てびき

1 (1)関節《かんせつ》のところで、うでやあしを曲げることができます。

2 あしを曲げたとき、あしの前側《がわ》のきん肉はゆるみ、後ろ側のきん肉はちぢみます。

3 (1)関節はほねとほねのつなぎ目です。
(2)人以外の動物も、ほね、関節、きん肉があり、体をささえたり、動かしたりしています。

4 (3)うでを曲げて力を入れると、うでの内側のきん肉㋐がちぢんでかたくなります。

5 (1)うでを曲げたときは、㋐のきん肉がちぢみ、㋑のきん肉はゆるんでいます。
(2)(3)うでは、きん肉をちぢめたり、ゆるめたりすることで曲がります。もけいのひもはきん肉を表しています。赤いひもを引いて短くする(ちぢむ)と、うでを曲げたときの様子になります。

6 ウサギはほかの動物から身を守るために、速く走ったり、とびはねたりできるように、後ろあしのほねやきん肉が発達《はったつ》して、大きくなっています。

ぴったり1 じゅんび　18ページ

4. 電流のはたらき
①かん電池とモーター

3分でまとめ

かん電池の向きと、回路に流れる電流の向きとの関係をかくにんしよう。

教科書 45〜48、219ページ　答え 10ページ

下の(　)にあてはまる言葉を書くか、あてはまるものを○でかこもう。

1 かん電池の向きを変《か》えると、回路に流れる電流の向きが変わるのだろうか。 教科書 45〜48、219ページ

▶電気の流れのことを(① 電流)という。

▶図１のように、検流計《けんりゅうけい》を使って、回路に流れる(② 電流)の向きや大きさを調べることができる。

図１

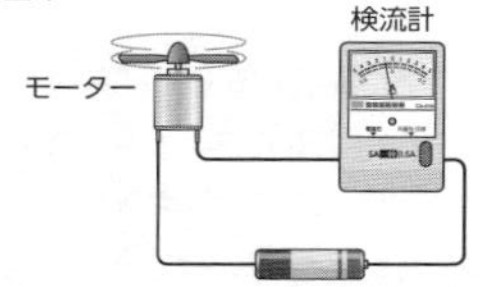

図２

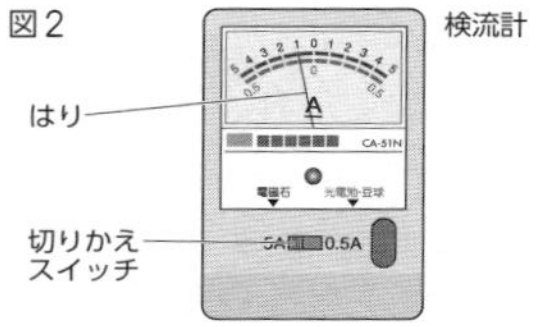

▶図２のように、検流計には切りかえスイッチがある。

・検流計の切りかえスイッチは、はじめは(③「光電池《こうでんち》・豆球」・「電磁石《でんじしゃく》」(○))のほうにしておく。

・はりのふれが小さいときは、切りかえスイッチを(④「光電池・豆球」(○)・「電磁石」)のほうにする。

▶検流計のはりの向きが、㋐と㋑では、回路を流れる電流の向きは(⑤ 同じ ・ 反対(○))である。

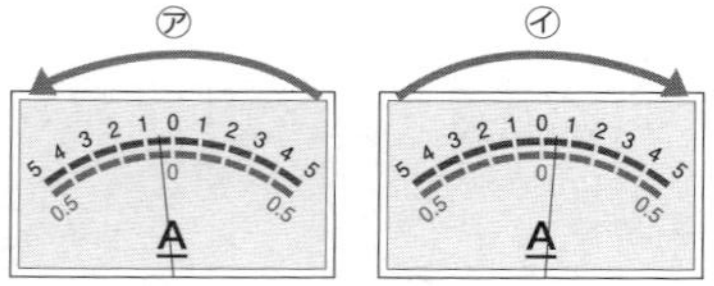

・図１の回路で、検流計のはりの向きが㋐のとき、かん電池の向きを変えると、検流計のはりの向きは(⑥ ㋐ ・ ㋑(○))になる。

・かん電池の向きを変えると、回路に流れる電流の向きが(⑦ 変わる)。

▶電流は、かん電池の(⑧ ＋極《プラスきょく》(○) ・ −極《マイナスきょく》)から出て、モーターを通り、かん電池の(⑨ ＋極 ・ −極(○))に入る向きに流れる。

ここがだいじ！
①電気の流れのことを電流という。
②かん電池の向きを変えると、回路に流れる電流の向きが変わる。
③電流は、かん電池の＋極から出て、モーターなどを通り、かん電池の−極に入る向きに流れる。

ぴたトリビア　検流計がこわれるので、検流計をかん電池だけにつないではいけません。

ぴったり2 練習　19ページ

4. 電流のはたらき
①かん電池とモーター

教科書 45〜48、219ページ　答え 10ページ

1 図のように、かん電池にモーターをつないで、モーターを回しました。

(1) かん電池の＋極《プラスきょく》は、㋐、㋑のどちらですか。　(㋑)

(2) 電気は、㋒、㋓のどちらの向きに流れますか。　(㋒)

(3) 電気の流れのことを何といいますか。　(電流)

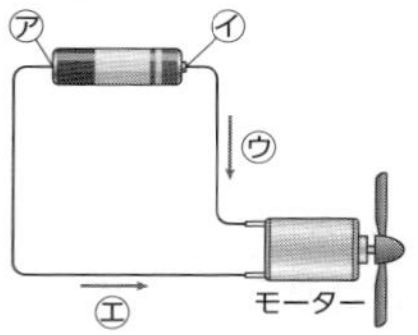

(4) 図のかん電池の向きを変《か》えると、モーターの回る向きはどうなりますか。
(反対になる。(変わる。))

2 図のような回路に、電流を流しました。

(1) 回路に流れる電流の、向きや大きさを調べる㋐の道具を何といいますか。　(検流計)

(2) 図のようにかん電池をつなぐと、㋐のはりは㋑の向きにふれました。かん電池の向きを変えると、はりは㋑、㋒のどちらの向きにふれますか。　(㋒)

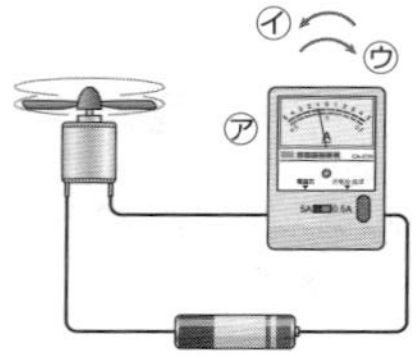

3 モーターで回るプロペラカーを作って走らせました。

(1) かん電池とプロペラのどう線をつなぐと、プロペラカーは前に進みました。かん電池の向きを変えると、プロペラカーの進み方はどうなりますか。正しいものに○をつけましょう。

ア(　)前に進む。　イ(○)後ろに進む。
ウ(　)進まない。

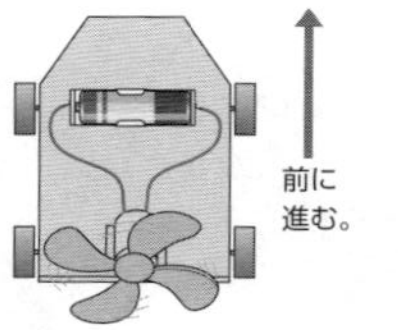

(2) かん電池の向きを変えると、モーターに流れる電流の向きと、モーターの回る向きはどうなりますか。正しいものに○をつけましょう。

① 電流の向き
ア(　)変わらない。　イ(○)反対になる。　ウ(　)電流は流れない。

② モーターの回る向き
ア(　)変わらない。　イ(○)反対になる。　ウ(　)モーターは回らない。

ヒント ❷ (2)検流計を使うと、回路に流れる電流の向きや大きさを調べることができます。

おうちのかたへ　4. 電流のはたらき
乾電池の数やつなぎ方と電流の大きさや向きについて学習します。
電流の大きさや向きを変えたときのモーターの回り方などを、直列つなぎや並列つなぎなどの用語(名称)を使って理解しているか、などがポイントです。

19ページ　てびき

❶ (1)かん電池のまん中がつき出ているほうが＋極《プラスきょく》、平らになっているほうが−極《マイナスきょく》です。
(2)(3)電流は、かん電池の＋極(㋑)から出て、モーターを通り、かん電池の−極(㋐)に入る向きに流れます。
(4)かん電池の向きを変《か》えると、電気が流れる向きは㋓の向きに変わり、モーターの回る向きも変わります。

❷ かん電池の向きを変えると、電流の向きも変わるので、検流計《けんりゅうけい》のはりがふれる向きも変わります。

❸ かん電池の向きを変えると、モーターに流れる電流の向きが反対になり、モーターの回る向きが反対になるので、前に進んでいたプロペラカーは、後ろに進みます。

おうちのかたへ
「回路」や明かりのつくとき・つかないときのつなぎ方は3年で学習しています。

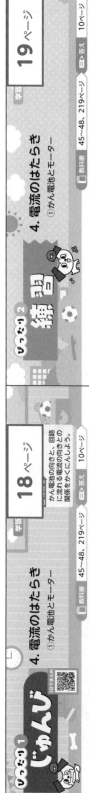

ぴったり1 じゅんび

4. 電流のはたらき

②かん電池のつなぎ方

学習日

20ページ

かん電池２このつなぎ方と、電流の大きさとの関係をかくにんしよう。

教科書 49～55ページ　答え 11ページ

下の(　　)にあてはまる言葉を書こう。

1 かん電池2このつなぎ方によって、電流の大きさはどのようにちがうのだろうか。　教科書 49～55ページ

▶かん電池２このつなぎ方とモーターに流れる電流の大きさ

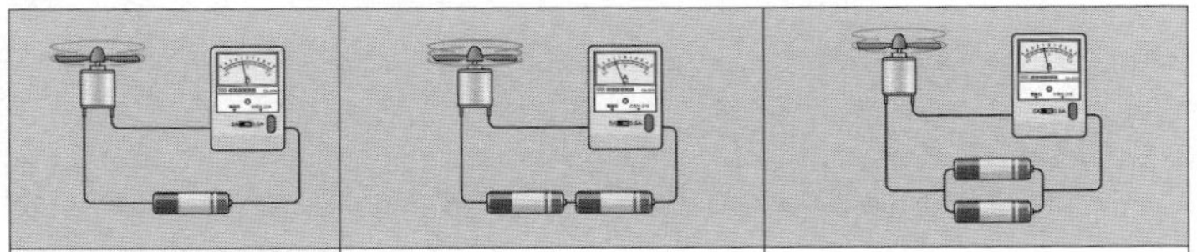

かん電池のつなぎ方	かん電池の (① **直列**)つなぎ	かん電池の (② **へい列**)つなぎ
モーターの回る速さ	かん電池１このときよりも (③ **速い**)。	かん電池１このときと (④ **あまり変わらない**)。 **(変わらない) (同じ)**
モーターに流れる電流の大きさ	かん電池１このときよりも (⑤ **大きい**)。	かん電池１このときと (⑥ **あまり変わらない**)。 **(変わらない) (同じ)**

▶電気用図記号

・回路を図で表すとき、次のような電気用図記号を使うと、かんたんにわかりやすく表すことができる。

電球	─⊗─	どう線	──
電池	(一極《マイナスきょく》)─┤├─(＋極《プラスきょく》)	せつぞく点	─┴─
モーター	─Ⓜ─	切りかえスイッチ	
検《けん》流《りゅう》計《けい》	─①─		

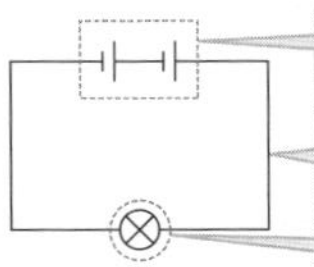

２このかん電池の (⑦ **直列**)つなぎ

(⑧ **どう線**)

(⑨ **電球**)

ここがだいじ！

①かん電池２この直列つなぎでは、かん電池１このときよりも、モーターに大きい電流が流れる。

②かん電池２このへい列つなぎでは、かん電池１このときと、モーターに流れる電流の大きさがあまり変《か》わらない。

ぴたトリビア　直列つなぎでは、かん電池を１つはずすと回路は切れてしまいますが、へい列つなぎだと、かん電池を１つはずしても回路はつながっています。

ぴったり2 練習

4. 電流のはたらき

②かん電池のつなぎ方

学習日

21ページ

教科書 49～55ページ　答え 11ページ

1 かん電池２こをモーターにつなぎ、モーターに流れる電流の大きさを調べました。

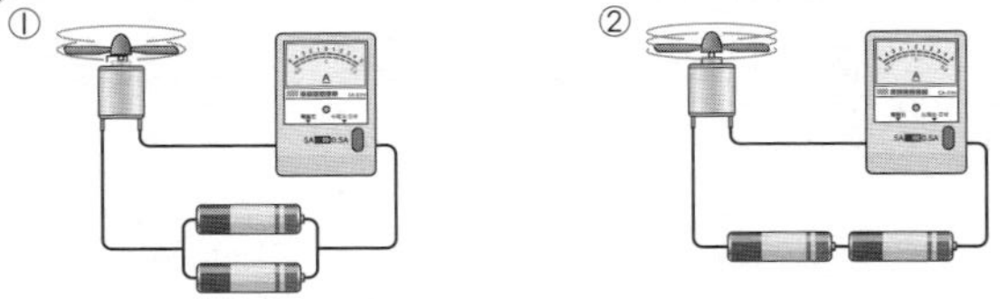

(1) ①、②のようなかん電池のつなぎ方を、それぞれ何といいますか。

①(**へい列**)つなぎ　②(**直列**)つなぎ

(2) モーターに流れる電流の大きさはどうでしたか。正しいものに○をつけましょう。

ア(　　)①のほうが②よりも大きい。　イ(　　)①と②はあまり変《か》わらない。

ウ(◯)②のほうが①よりも大きい。

(3) モーターの回る速さはどうでしたか。正しいものに○をつけましょう。

ア(　　)①のほうが②よりも速い。　イ(　　)①と②はあまり変わらない。

ウ(◯)②のほうが①よりも速い。

2 図１のプロペラカーの回路を、図２のように電気用図記号を使って表しました。

(1) 図２の①、②、③の電気用図記号は、それぞれ何を表していますか。

①(**切りかえスイッチ** **(スイッチ)**)　②(**モーター**)

③(**電池(かん電池)**)

(2) 図２のかん電池２このつなぎ方を何といいますか。

(**直列**)つなぎ

(3) 図１のプロペラカーの回路のかん電池を１こにすると、図１のときにくらべて、プロペラカーの走る速さはどうなりますか。正しいものに○をつけましょう。

ア(　　)速くなる。　イ(　　)あまり変わらない。　ウ(◯)おそくなる。

ヒント ❶ (1)①は２このかん電池の＋極《プラスきょく》どうし、一極《マイナスきょく》どうしをまとめてつないでいます。
②は１このかん電池の＋極ともう１このかん電池の一極をつないでいます。

21ページ　**てびき**

❶ (1)２このかん電池の＋極《プラスきょく》どうし、一極《マイナスきょく》どうしをまとめてつなぐつなぎ方をへい列つなぎ、１このかん電池の＋極ともう１このかん電池の一極をつなぐつなぎ方を直列つなぎといいます。

(2)(3)２このかん電池の直列つなぎのほうが、２このかん電池のへい列つなぎよりもモーターに大きい電流が流れ、モーターは速く回ります。

❷ (1)回路を図で表すとき、電気用図記号を使うと、かんたんにわかりやすく表すことができます。

(2)１このかん電池の＋極ともう１このかん電池の一極をつないでいるので、直列つなぎです。

(3)かん電池１このときは、かん電池２この直列つなぎよりも、モーターには小さい電流が流れるから、走る速さはおそくなります。

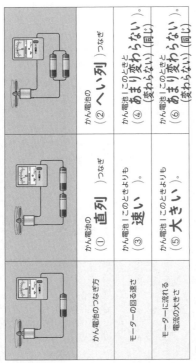

ぴったり3 たしかめのテスト

4. 電流のはたらき

22ページ

/100 合格70点

教科書 44〜59、219ページ　答え 12ページ

よく出る

1 かん電池、モーター、検流計《けんりゅうけい》をどう線でつなぎ、回路を作りました。　各5点(30点)

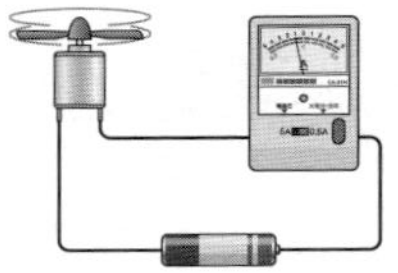

(1) 検流計を使うと、何を調べることができますか。2つ書きましょう。　技能

（ 電流の向き ）
（ 電流の大きさ ）

(2) かん電池の向きを変《か》えて、モーターを回しました。

① 検流計のはりのふれる向きはどうなりますか。

（反対になる。）

② 検流計のはりのふれぐあいはどうなりますか。

（変わる。）
（変わらない。）

③ モーターの回る向きはどうなりますか。

（反対になる。）

④ モーターの回る速さはどうなりますか。

（変わる。）
（変わらない。）

2 図は、電気用図記号を使って、ある回路を表したものです。　各5点(20点)

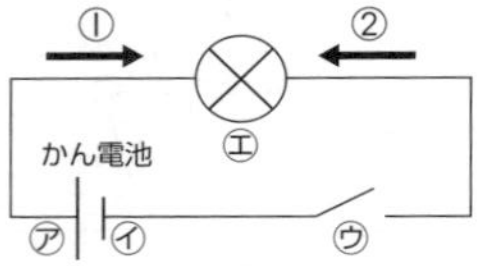

(1) かん電池の＋極《プラスきょく》は、㋐と㋑のどちらですか。

（㋐）

(2) ㋒が表しているものは何ですか。

（切りかえスイッチ(スイッチ)）

(3) この回路に電流を流したとき、㋓に流れる電流の向きは、①と②のどちらですか。

（①）

(4) この回路のかん電池の向きを変えると、回路に流れる何が変わりますか。

（ 電流の向き ）

23ページ

よく出る

3 かん電池2こととモーターをどう線でつなぎ、モーターの回る速さを調べました。

(1)〜(3)は各5点、(4)は全部できて15点(30点)

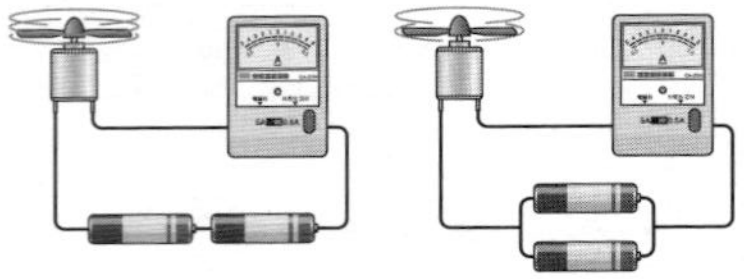

(1) ①のようなかん電池のつなぎ方を何といいますか。

（ 直列 ）つなぎ

(2) ①の回路について、かん電池1こを使ってモーターを回したときとくらべると、モーターの回る速さはどうなりますか。

（速くなる。）

(3) ②の回路について、かん電池1こを使ってモーターを回したときとくらべると、モーターの回る速さはどうなりますか。

（あまり変わらない。
(変わらない。)(同じ。)）

(4) 記述 検流計を使って、①と②のモーターに流れる電流を調べました。ア、イのうち、どちらが①について調べた結果《けっか》ですか。選《えら》んだ理由も書きましょう。　思考・表現

ア

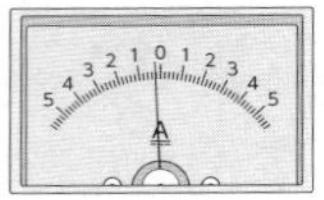

イ

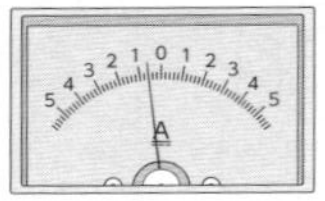

結果（ イ ）

理由（直列つなぎでは、かん電池1このときより、モーターに大きな電流が流れるから。）

できたらスゴイ!

4 かん電池2こにプロペラをつけたモーターをつないで、図1のようなプロペラカーを作ります。　思考・表現　各10点(20点)

(1) 図1のかん電池のつなぎ方を何といいますか。

（ へい列 ）つなぎ

図1

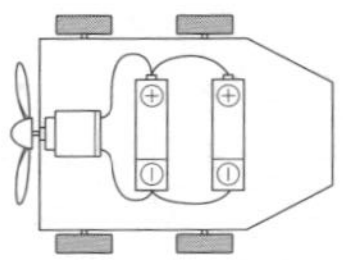

図2

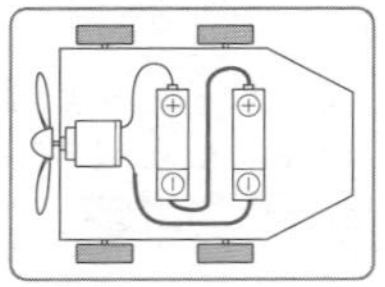

(2) 作図 2このかん電池のつなぎ方を変えて、もっと速く走るプロペラカーを作ります。どう線はどのようにつなげばよいですか。図2の　にかきましょう。

ふりかえり 1がわからないときは、18ページの1にもどってかくにんしましょう。
4がわからないときは、20ページの1にもどってかくにんしましょう。

4 (2)2このかん電池を直列つなぎにすると、へい列つなぎより速く走ります。

22〜23ページ　てびき

1 (1)検流計《けんりゅうけい》のはりのふれる向きで電流の向きを、ふれぐあいで電流の大きさを知ることができます。
(2)かん電池の向きを変《か》えると、電流の向きが反対になりますが、電流の大きさは変わりません。そのため、はりのふれる向きやモーターの回る向きは反対になりますが、はりのふれぐあいやモーターの回る速さは変わりません。

2 (3)㋓は(豆)電球です。スイッチ(㋒)を入れると、かん電池の＋極《プラスきょく》から−極《マイナスきょく》へ電流が流れます。

3 (4)かん電池1このときとくらべると、直列つなぎでは1このときよりモーターに大きな電流が流れ、へい列つなぎでは同じぐらいの大きさの電流が流れます。そのため、ふれぐあいが大きいイが直列つなぎの電流を調べた結《けっ》果《か》と考えられます。

ぴったり1 じゅんび ★ 夏と生き物

3分でまとめ

学習 **24ページ**

夏に見られる植物や動物の様子をかくにんしよう。

教科書 61〜69ページ　答え 13ページ

下の(　)にあてはまる言葉を書くか、あてはまるものを○でかこもう。

1 夏になって、ヘチマは、春のころからどのように変《か》わっているのだろうか。 教科書 62〜65ページ

▶ヘチマの様子が、春のころからどのように変わっているかを調べると、

・くきの長さ…(① のびていない ・ **のびている**)
・葉…数は、(② ふえていない ・ **ふえている**)
　大きさは、(③ 変わらない ・ **大きくなっている**)

▶春のころにくらべると、気温は(④ **上がって(高くなって)**)いる。

夏になって暑い日が続《つづ》くようになり、植物は葉がしげり、緑が多くなるよ。

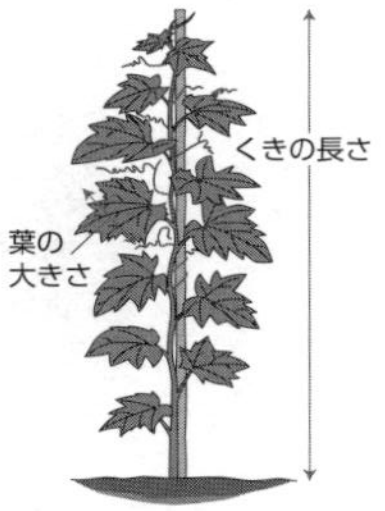

2 夏になって、こん虫や鳥などは、春のころからどのように変わっているのだろうか。 教科書 66〜69ページ

▶夏のころのこん虫や鳥などの様子

ショウリョウバッタ

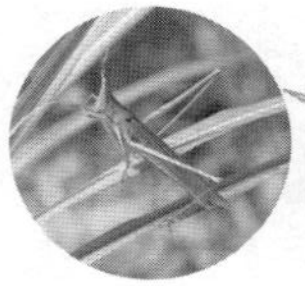

葉を(① **食べ**)ている。

アブラゼミ

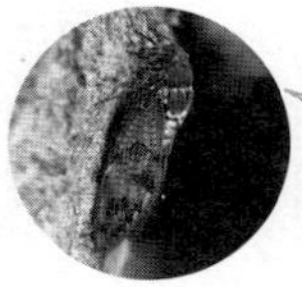

(② **木**)のしるをすっている。

オオカマキリ

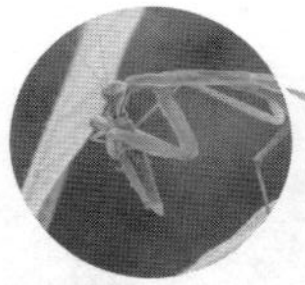

虫を(③ **食べ**)ている。

ツバメ

子に(④ **食べ物(えさ)**)をあたえている。

ここがだいじ!
夏になって、気温が上がると、春のころよりも
①ヘチマは、くきがのび、葉の数がふえている。
②トンボやセミなど、たくさんの種類《しゅるい》のこん虫などが見られ、活発に活動している。
　また、ツバメは、子が巣《す》立ち、見られる数がふえている。

ぴたトリビア　アブラゼミやミンミンゼミなど、日本には約30種、世界には約1600種のセミが知られています。

ぴったり2 練習 ★ 夏と生き物

学習 **25ページ**

教科書 61〜69ページ　答え 13ページ

1 ヘチマの成長《せいちょう》の様子を調べました。

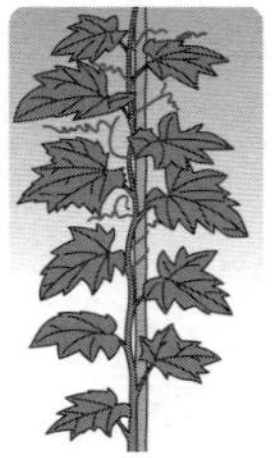

(1) 夏になると、気温は、春のころにくらべてどうなっていますか。
(**上がっている。(高くなっている。)**)

(2) ヘチマの成長の様子を調べるには、何の長さをはかればよいですか。
(**くき**)

(3) 次の文はヘチマの観察記録《かんさつきろく》をまとめたものです。(　)にあてはまる言葉を書きましょう。

観察記録には、はじめに日時と天気、(① **気温**)を書いておく。
ヘチマは、春のころにくらべて、(② **くき**)がのびていた。
また、(③ **葉**)の数はふえ、大きさも大きくなっていた。

2 夏のころの動物の様子について調べました。

(1) 木のしるをすいに集まるこん虫はどれですか。すべて選《えら》び、○をつけましょう。

ア(　)アキアカネ　イ(○)アブラゼミ
ウ(○)カブトムシ　エ(　)ナナホシテントウ

(2) 次の文の中で、夏のころの様子について書いてあるものを3つ選び、○をつけましょう。

ア(○)木にとまっているアブラゼミが多く見られる。
イ(　)池の中には、ヒキガエルのおたまじゃくしが多く見られる。
ウ(　)オオカマキリのたまごからよう虫がかえる。
エ(○)えだにとまっているツバメの子に、親が食べ物をあたえている。
オ(○)ナナホシテントウのさなぎが成虫《せいちゅう》になる。
カ(　)巣《す》を作っているシジュウカラが見られる。

ヒント ❷ (2)春のころの動物の様子を思い出しながら考えます。

おうちのかたへ　★ 夏と生き物
「1. 季節と生き物」に続いて、身の回りの生き物を観察して、植物の成長や動物の活動が季節によって違うことを学習します。
ここでは夏の生き物を扱います。

25ページ　てびき

❶ (2)(3)ヘチマは、夏になると、春のころよりくきをのばし、葉の数をふやしています。また、葉の大きさも大きくなっています。

❷ (1)アキアカネはハエやカなどの小さい虫を、ナナホシテントウはアブラムシを食べます。
(2)イとウとカは春のころの様子です。

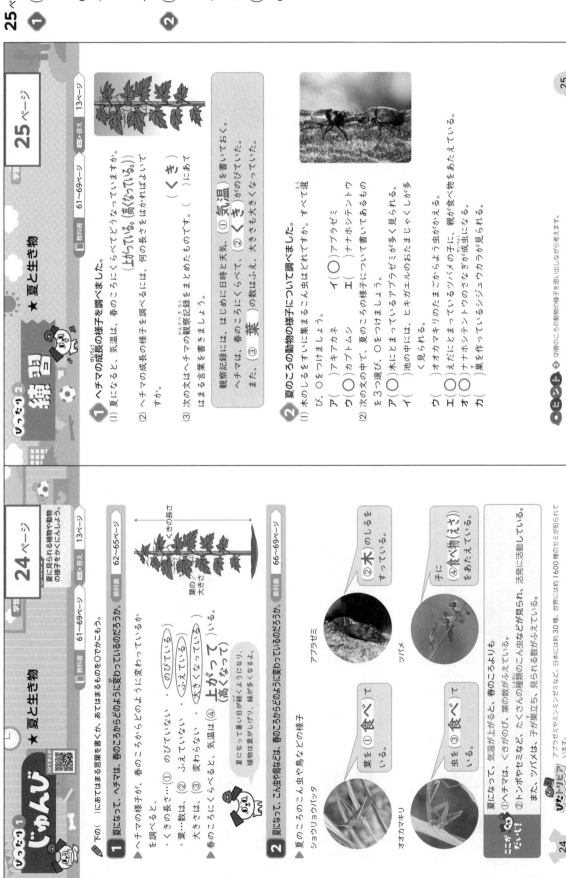

26ページ

ぴったり3 たしかめのテスト ★ 夏と生き物

/100 合格70点

教科書 60〜69ページ 答え 14ページ

よく出る

1 いろいろな生き物の夏のころの様子を調べました。 各6点(24点)

(1) 夏のころの植物の様子2つに○をつけましょう。

ア(○) イ( ) ウ( ) エ(○)

ハス

花がさいた。

サクラ

葉の色が変《か》わった。

ヘチマ

子葉が出た。

アジサイ

花がさいた。

(2) 夏のころの動物の様子2つに○をつけましょう。

ア(○) イ( ) ウ(○) エ( )

アブラゼミ
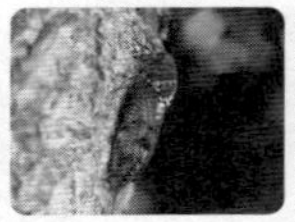
木にとまっている成虫《せいちゅう》

ヒキガエル

水の中のおたまじゃくし

オオカマキリ
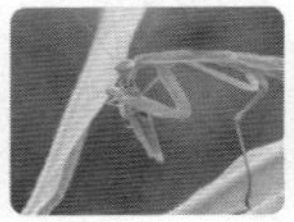
虫をつかまえたよう虫

エンマコオロギ

はねをふるわせて鳴いている成虫

2 サクラの成長《せいちょう》の様子です。春から夏までの成長の順《じゅん》にならべるとどうなりますか。㋐〜㋒の記号で書きましょう。 (10点)

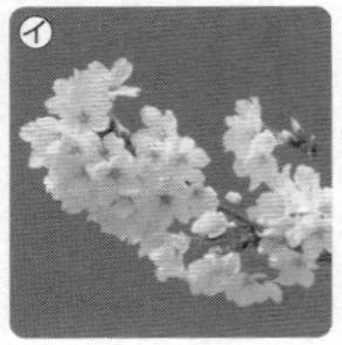

(㋑→㋐→㋒)

27ページ

学習

よく出る

3 夏のころの、動物の活動の様子を調べました。 各6点(36点)

(1) 右の㋐、㋑の、こん虫の名前をそれぞれ書きましょう。

㋐(カブトムシ)
㋑(アブラゼミ(セミ))

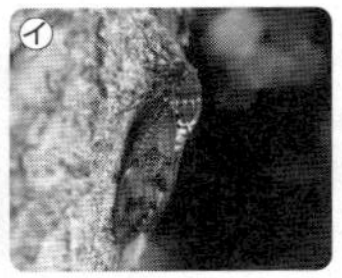

(2) 見られるこん虫の種類《しゅるい》と活動の様子は、春のころにくらべてどうなりましたか。正しいものに○をつけましょう。

ア( )たくさんの種類のこん虫が見られるが、活動の様子は変わらない。
イ( )見られるこん虫の種類は変わらないが、活発に活動するようになった。
ウ(○)たくさんの種類のこん虫が見られ、活発に活動するようになった。

(3) 次の文の中で、夏のころのツバメやヒキガエルの様子について書いてあるものを3つ選《えら》び、○をつけましょう。

ア(○)ツバメの子が巣《す》立ち、親の近くに見られる。
イ(○)陸《りく》に上がったヒキガエルが見られる。
ウ( )ツバメが巣を作っている。
エ( )水の中にヒキガエルのおたまじゃくしが見られる。
オ(○)ツバメの見られる数が、春のころとくらべてふえている。

できたらスゴイ!

4 ヘチマのくきがのびた長さを、2週間ごとに午前10時に調べて、そのときの気温といっしょに記録《きろく》しています。 思考・表現 各15点(30点)

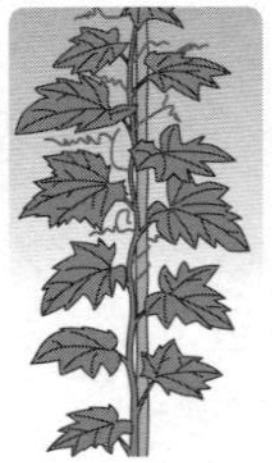

(1) 6月19日の気温は24℃で、2週間でくきがのびた長さは52cmでした。2週間後の7月3日の気温は28℃でした。2週間でくきがのびた長さは52cmよりのびていると考えられますか、それとも、のびていないと考えられますか。

52cmより(**のびている。**)

(2) 記述 (1)で、そう答えた理由を書きましょう。

(**2週間前(の6月19日)より気温が上がったから。**)

ふりかえり 1がわからないときは、24ページの2にもどってかくにんしましょう。4がわからないときは、24ページの1にもどってかくにんしましょう。

26〜27ページ てびき

1 (1)サクラの葉の色は秋に変《か》わり、ヘチマの子葉は春に出ます。
(2)アブラゼミは、夏になると成虫《せいちゅう》になり、木などにとまってさかんに鳴きます。オオカマキリは、春にたまごからかえり、夏にはよう虫に成長《せいちょう》して、さかんに虫をつかまえて食べます。

2 サクラは、春に花がさいてから葉が出ます。夏になるとえだをのばし、葉をしげらせます。

3 (2)夏になると、春のころよりもたくさんの種類《しゅるい》のこん虫が見られます。また、こん虫の食べ物がふえ、活動が活発になります。
(3)夏になると、ツバメは子が巣《す》立ち、春のころとくらべて、見られる数がふえてきます。また、水の中にいたヒキガエルが成長して、陸《りく》に上がっているのが見られます。

4 (1)(2)気温が上がると、植物がよく育つので、6月19日までの2週間より、7月3日までの2週間のほうが、くきののび方は速いと考えられます。

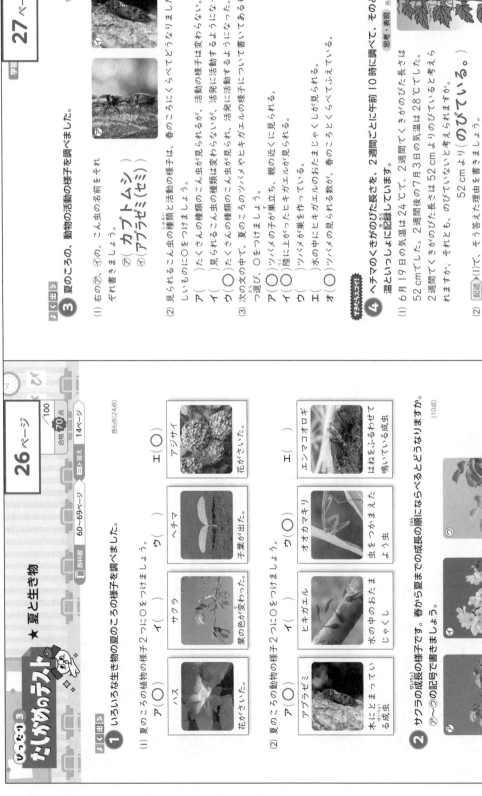

ぴったり1 じゅんび ★ 夏の星

学習 28ページ

3分でまとめ

夏の夜空に見られる星の色や明るさ、星ざをかくにんしよう。

教科書 70～75、220ページ　答え 15ページ

下の(　)にあてはまる言葉を書くか、あてはまるものを○でかこもう。

1 星の明るさや色は、星によってちがうのだろうか。　教科書 70～75、220ページ

▶ことざ、わしざ、はくちょうざのように、星のまとまりを、いろいろな動物や道具などに見立てて名前をつけたものを(① **星ざ**)という。

▶星《せい》ざ早見…星や(　①　)をさがすときに使う。

▶星ざ早見の使い方

- 右の図のように、観察《かんさつ》するときの、外側《がわ》の「月日」の目もりと内側の「(② **時こく**)」の目もりを合わせる。
- 方位《ほうい》じしんを使って、観察する(③ **方位**)を調べ、その向きに立つ。
- 観察する方位が(④　上　・　(下))になるように星ざ早見を持ち、星をさがす。

星ざ早見…7月7日午後9時(21時)の場合

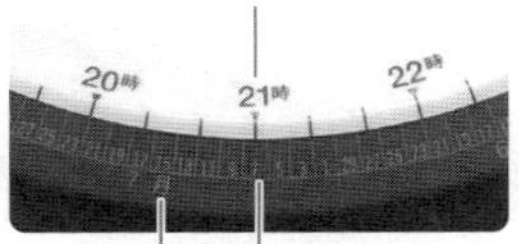

▶夏の夜、東の空や南の空に見られる星ざ

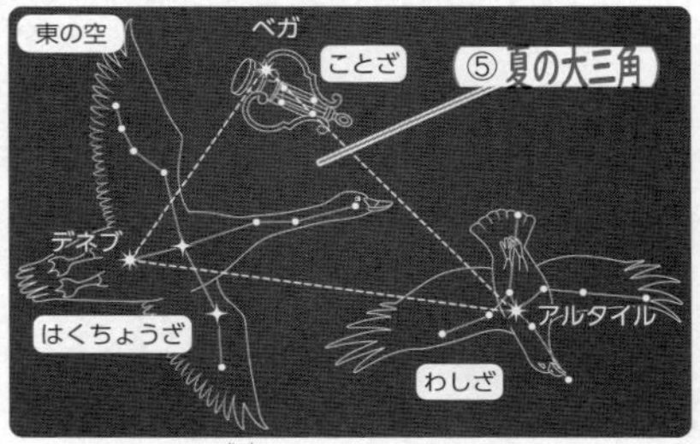

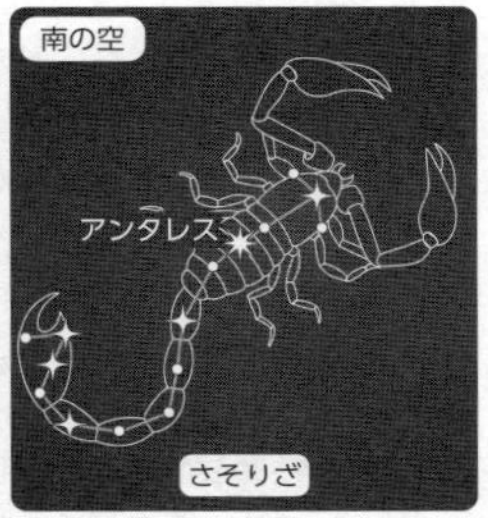

- 星は、明るい順《じゅん》に、(⑥ **1**)等星、2等星、(⑦ **3**)等星、……とよばれている。
- 東の空に見えるデネブ、ベガ、アルタイルは(⑧ (白っぽい)・　赤っぽい　)色をした(⑨ **1**)等星で、この3つの星を結《むす》んでできる形は(⑤)とよばれている。
- 南の空に見えるアンタレスは、(⑩ **1**)等星で(⑪　白っぽい　・　(赤っぽい))色をしている。

▶星の(⑫ **明るさ**)や(⑬　**色**　)は、星によってちがう。

ここが だいじ! ①星の明るさや色は、星によってちがう。

ぴたトリビア 「デネブ」はアラビア語で「(めんどりの)尾」という意味で、はくちょうざのちょうど尾の位置にあります。

ぴったり2 練習 ★ 夏の星

学習 29ページ

教科書 70～75、220ページ　答え 15ページ

1 次の文は、夏の夜空の星について書いたものです。正しいものには○、まちがっているものには×をつけましょう。

ア(×)星は、明るさのちがいで色もちがってくる。
イ(×)暗い星から順《じゅん》に、1等星、2等星、3等星、……とよばれている。
ウ(○)夏の大三角をつくる3つの星は、1等星である。
エ(×)星は、明るさはちがうが、色はみんな同じである。

2 星や星《せい》ざの名前や位置《いち》を調べるため、写真のようなものを用意しました。

(1) 星や星ざを調べるときに使う、写真のようなものを何といいますか。

(**星ざ早見**)

(2) 星ざを調べるには、(1)をどのように使えばよいですか。正しいものに○をつけましょう。

ア(　)回転ばんを回して方位《ほうい》を合わせ、空からにた星ざをさがす。
イ(○)回転ばんを回して観察《かんさつ》する月日と時こくを合わせ、観察する方位を下にして、星ざをさがす。
ウ(　)空にある星ざとにた星ざを、回転ばんを回して名前を調べる。

3 7月の午後8時ごろ、夏の大三角を見つけました。

(1) 右の図の㋐～㋒の星の名前をそれぞれ書きましょう。

㋐(**ベガ**)
㋑(**アルタイル**)
㋒(**デネブ**)

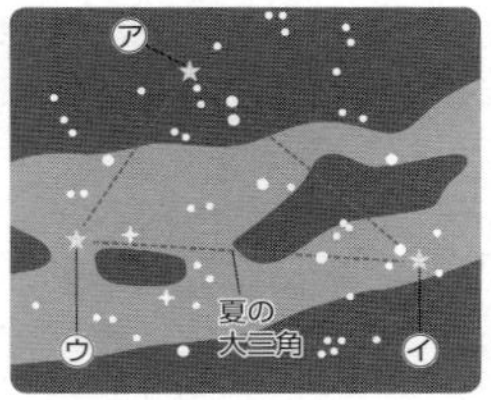

(2) この夏の大三角は、東、西、南、北のどの方位の空に見えますか。

(**東**)

ヒント 3 ㋐はことざの星、㋑はわしざの星、㋒ははくちょうざの星です。

29ページ　てびき

1 ア、エ…星には、白っぽい色や、赤っぽい色などがあります。星の色は、明るさによって決まるわけではありません。
イ…星は、明るい順《じゅん》に、1等星、2等星、3等星、……とよばれています。

2 (2)星《せい》ざ早見は、月日と時こくを合わせ、観察《かんさつ》する方位《ほうい》の文字が下になるように持ち、観察する方位に向いて、頭の上にかざして見ます。

3 (1)ベガはことざ、アルタイルはわしざ、デネブははくちょうざにあります。これら3つの星を結《むす》んでできる形は夏の大三角とよばれています。
(2)夏の大三角は、夏の夜、東の空に見られます。

おうちのかたへ ★ 夏の星

星座と星の色や明るさについて学習します。ここでは、夏休み前に見られる星を扱います。
夜空には星座が見られること、いろいろな明るさや色の星があることを理解しているか、などがポイントです。

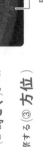

ぴったり3 たしかめのテスト ★ 夏の星

30ページ

/100 合格70点

教科書 70〜75、220ページ　答え 16ページ

よく出る

1 **7月のある日の夜9時ごろに夜空を見上げると、図のように、明るい3つの星㋐〜㋒が見えました。** 各5点(35点)

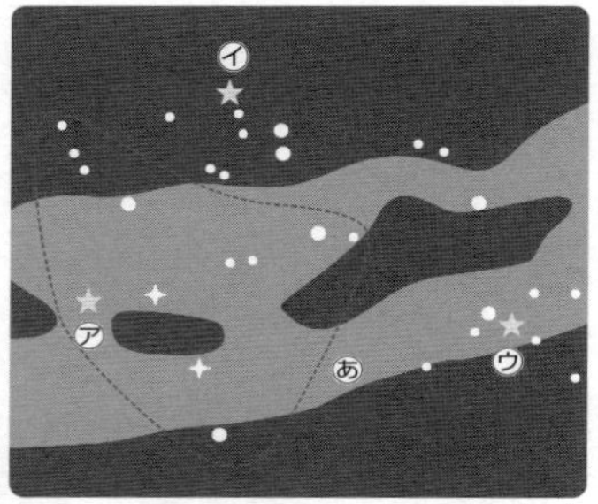

(1) 右の図のような星が見えたのは、東、西、南、北のうち、どの方位《ほうい》の空を見上げたときですか。
（東）

(2) ㋐、㋑、㋒の3つの星を結《むす》んでできる三角形を、何といいますか。
（夏の大三角）

(3) ㋐、㋑、㋒の星は、何等星ですか。
（1等星）

(4) ㋐、㋑、㋒の星の名前をそれぞれ書きましょう。
㋐（デネブ）
㋑（ベガ）
㋒（アルタイル）

(5) ㋐の星がふくまれている……でかこんだ星《せい》ざあの名前を書きましょう。
（はくちょうざ）

2 **次の文は、星を観察《かんさつ》してわかったことを書いたものです。正しいものを3つ選《えら》んで○をつけましょう。** 各5点(15点)

ア（○）星は、明るい順《じゅん》に、1等星、2等星、3等星、……とよばれている。
イ（○）星には、白っぽい色の星や赤っぽい色の星などいろいろな色のものがある。
ウ（　）星は、ずっと同じところに止まっていて動かない。
エ（　）1等星は白っぽい色にかがやく星で、2等星、3等星、……となるにしたがい赤っぽい色にかがやいて見える。
オ（○）さそりざの赤っぽい色にかがやく星は、1等星である。
カ（　）星は、空の低《ひく》いところでは赤っぽい色にかがやき、空の高いところでは白っぽい色にかがやいて見える。

31ページ

よく出る

3 **夏の空を観察すると、図1のような星ざが見つかりました。** 各5点(30点)

図1
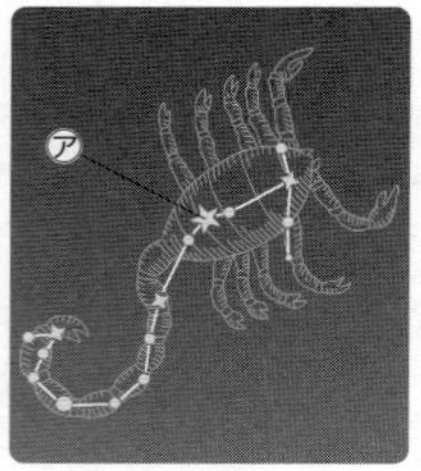

図2

図3
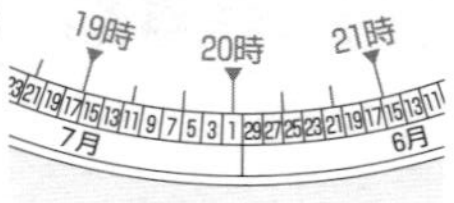

(1) 図1の星ざは、何とよばれていますか。
（さそりざ）

(2) この星ざは、午後8時ごろ、東、西、南、北のうち、どの方位の空に見えますか。
（南）

(3) 図の㋐は、何という星ですか。また、どんな色に見えますか。
名前（アンタレス）
色（赤っぽい色(赤色)）

(4) 図1の星ざの位置《いち》をさがすために、図2のような星ざ早見を使い、図3のように目もりを合わせました。何月何日の20時(午後8時)を表していますか。 技能
（7月1日）

(5) 図1の星ざをさがすとき、星ざ早見の東、西、南、北のどの方位が下になるように持ちますか。 技能
（南）

できたらスゴイ！

4 **星ざ早見を使って、夜空の星ざの位置をさがします。** 各10点(20点)

(1) 夏の夜、午後8時ごろ、はくちょうざをさがすときの、星ざ早見の持ち方は㋐〜㋒のどれですか。 技能
（㋒）

㋐ 南を下に持つ　㋑ 北を下に持つ　㋒ 東を下に持つ

(2) 記述 夜空の星ざをさがすとき、星ざ早見の方位をどのように持てばよいか書きましょう。 思考・表現
（観察する方位が下になるように持てばよい。）

ふりかえり 3がわからないときは、28ページの1にもどってかくにんしましょう。

この本の終わりにある「夏のチャレンジテスト」をやってみよう！

4 (2)星ざ早見は、観察《かんさつ》する方位に向いて、頭の上にかざして見るので、観察する方位を下にします。

30〜31ページ てびき

1 (1)(2)(3)夏の夜、東の空に見られる、白っぽい色をした3つの明るい星は1等星で、この3つの星を結《むす》んでできる形を夏の大三角といいます。
(4)(5)㋐のデネブははくちょうざ、㋑のベガはことざ、㋒のアルタイルはわしざにあります。

2 星の明るさや色はいろいろありますが、星の明るさは色とは関係《かんけい》ありません。星の明るさや色は、星によってちがいます。星は、明るい順《じゅん》に、1等星、2等星、3等星、……とよばれています。

3 (4)20時の目もりと合っているのは、7月1日の目もりです。
(5)さそりざが見られる方《ほう》位《い》「南」を下になるように持ちます。

4 (1)はくちょうざは、夏の夜、午後8時ごろ、東の空に見えるので、星《せい》ざ早見の「東」を下に持ちます。

ぴったり1 じゅんび

5. 雨水と地面

①地面にしみこむ雨水
②地面を流れる雨水

3分でまとめ

学習 32ページ

雨水のしみこみ方や流れ方についてかくにんしよう。

教科書 79～87ページ　答え 17ページ

下の(　)にあてはまる言葉を書くか、あてはまるものを○でかこもう。

1 土のつぶの大きさによって、水のしみこむ速さは、どのように変《か》わるのだろうか。 教科書 79～83ページ

▶㋐～㋒のつぶの大きさをくらべる。

㋐ 運動場の土	㋑ すな場のすな	㋒ じゃり
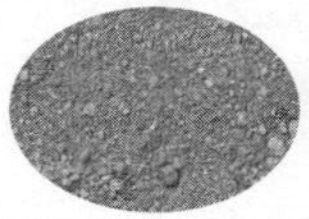		
(① 大きい・(小さい))	←→	(②(大きい)・小さい)

つぶの大きさ

▶右の図のようなそうちに、上の㋐～㋒を同じ量《りょう》ずつ入れて、同じ量の水を注ぎ、水のしみこむ速さをくらべる。

㋐ 運動場の土　㋑ すな場のすな　㋒ じゃり

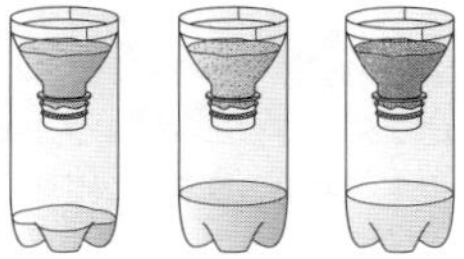

・水がしみこむのがいちばん速いのは(③ ㋐・㋑・(㋒))で、いちばんおそいのは(④(㋐)・㋑・㋒)である。

▶つぶが(⑤ 小さい ・ (大きい))と、水は速くしみこみ、つぶが(⑥ (小さい) ・ 大きい)と水はゆっくりしみこむ。

2 雨水は、地面の高い場所から低《ひく》い場所へ流れているのだろうか。 教科書 84～87ページ

▶雨がふった次の日などに、雨水の流れたあとにそって、といを置《お》き、ビー玉の動きを見る。

・ビー玉は(① (高い) ・ 低い)場所から(② 高い ・ (低い))場所へ転がる。

▶ビー玉は雨水の流れた方向に動くから、雨水も地面の(③ **高い**)場所から(④ **低い**)場所へ流れている。

ここがだいじ!
①土のつぶが大きいと、水は速くしみこみ、土のつぶが小さいと、水はゆっくりしみこむ。
②雨水は、地面の高い場所から低い場所へ流れている。

ぴたトリビア　高い場所から低い場所へ川の水は流れていきます。山の上流を流れる小さな川は、ほかの川といっしょになって大きな川となり、海へ流れていきます。

ぴったり2 練習

5. 雨水と地面

①地面にしみこむ雨水
②地面を流れる雨水

学習 33ページ

教科書 79～87ページ　答え 17ページ

1 じゃり、すな場のすな、運動場の土を使って、水のしみこみ方を調べました。

(1) つぶがいちばん小さいのは運動場の土でした。運動場の土に○をつけましょう。

ア(○)　イ(　)　ウ(　)

(2) 右の図のようなそうちに、(1)のア～ウを同じ量《りょう》ずつ入れて、同じ量の水を注ぎ、水のしみこみ方をくらべました。すると、つぶの大きさが大きいほど、水が速くしみこみました。ア～ウを、水が速くしみこむ順《じゅん》にならべましょう。

(ウ→イ→ア)

ア　イ　ウ

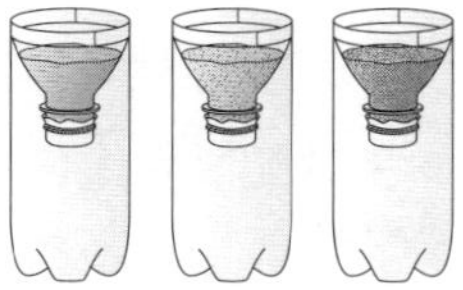

2 雨がふった次の日に、雨水の流れたあとが見られるところで、地面の高さを調べました。

(1) 雨水の流れたあとが見られるところはどのようなところですか。あてはまるほうに○をかきましょう。

①(○)地面に高さのちがいがあるところ。
②(　)地面が平らなところ。

(2) 右のようにして、雨水の流れたあとにそって、といを置《お》き、といの上にビー玉を置くと、ビー玉は矢印《やじるし》の向きに動きました。このとき、雨水はどのように流れたと考えられますか。あてはまるものに○をつけましょう。

①(　)ア→イの向きに流れた。
②(○)イ→アの向きに流れた。

(3) 何のために、といの上にビー玉を置いたのか説明《せつめい》しましょう。

(**地面が低くなっている方向を調べるため。**)

ヒント ❶ (1)ア～ウの写真のつぶの大きさをくらべて、答えましょう。

33ページ　てびき

❶ (1)場所によって、土のつぶの大きさにちがいが見られます。
(2)つぶの大きさによって、水のしみこみ方がちがいます。つぶが大きいほど、水は速くしみこみ、水が速くたまります。

❷ (1)(2)雨水は、高い場所から低《ひく》い場所へ流れます。
(3)ビー玉は高いところから低いところへ転がるので、地面が低くなっている方向がわかります。

おうちのかたへ
水たまりがなくなるのは、水が地面にしみこむほか、水が蒸発することもあります。なお、水が蒸発することは、「11. 水のゆくえ」で学習します。

おうちのかたへ　5. 雨水と地面
地面に降った雨水の行方やその流れについて学習します。
水のしみこみ方は土の粒の大きさによって違うこと、水は高いところから低いところに流れることを理解しているか、などがポイントです。

ぴったり3 たしかめのテスト

5. 雨水と地面

/100 合格70点

教科書 78～89ページ　答え 18ページ

よく出る

1 運動場の土、すな場のすな、じゃりを使って、水のしみこみ方を調べました。

各8点(24点)

ア	イ	ウ

大きいつぶが多い。	いろいろな大きさのつぶがまざっている。	小さいつぶが多い。

(1) 右の図のようなそうちに、ア～ウを同じ量《りょう》ずつ入れて、同じ量の水を同時に注ぎ、水が速くしみこむのはどれか調べました。ア～ウのどれについての結果《けっか》か、記号で答えましょう。

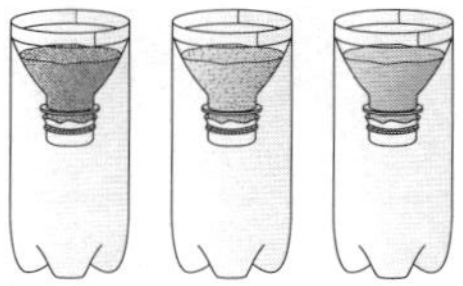

①(ア)いちばん速く水がしみこんだ。

②(ウ)水がしみこむのにいちばん時間がかかった。

(2) じゃりはア～ウのどれですか。　(ア)

2 雨の日に公園で地面のようすを観察《かんさつ》しました。写真のように、地面には、雨水が流れているところと、雨水が矢印《やじるし》のように流れて集まって、水たまりができているところがありました。

(1)、(2)は各8点、(3)は10点(26点)

(1) 水たまりはどんなところにできますか。あてはまるものに○をつけましょう。

①(　)周《まわ》りより高い場所

②(○)周りより低《ひく》い場所

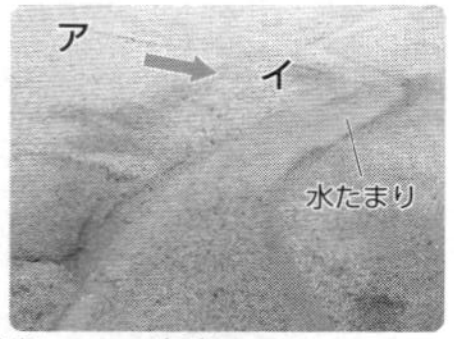

(2) アとイでは、どちらが高い場所ですか。　(ア)

(3) 記述 雨水は、地面をどのように流れますか。高さと関係《かんけい》づけて説明《せつめい》しましょう。　思考・表現

(雨水は、地面の高い場所から低い場所へ流れる。)

3 運動場の土とすな場のすなで、水のしみこみ方をくらべました。

(1)、(2)は各7点、(3)は10点(24点)

(1) 運動場の土の山と、すな場のすなの山に、同じ量の水を注いだところ、運動場の土の山からは水があふれてきました。運動場の土と、すな場のすなでは、水のしみこむ速さはどちらが速いといえますか。　思考・表現

(すな場のすな)

(2) 運動場の土と、すな場のすなで、つぶの大きさが小さいのはどちらと考えられますか。

(運動場の土)

(3) 記述 土の種類《しゅるい》による水のしみこむ速さについて、土のつぶの大きさと関係づけて説明しましょう。　思考・表現

(土のつぶが大きいと、水は速くしみこみ、土のつぶが小さいと、水はゆっくりしみこむ。)

できたらスゴイ！

4 学校の周《まわ》りや道路の近くで、雨水を集めるみぞ(側《そっ》こう)を見かけました。

(1)は8点、(2)は10点、(3)は両方できて8点(26点)

(1) 雨水を集めるみぞ(側こう)は、高い場所につくったほうがよいでしょうか。それとも、低い場所につくったほうがよいでしょうか。　思考・表現

(低い場所)

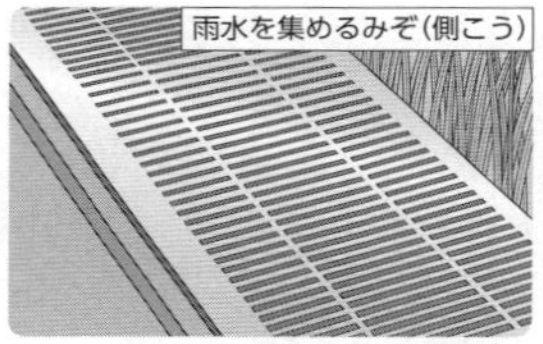

(2) 記述 (1)で、そう考えた理由を説明しましょう。　思考・表現

(雨水は、地面の高い場所から低い場所へ流れるから。)

(3) みぞに集められた雨水は、川などに流れこみます。では、川の水はどのように流れていますか。次の文の(　)にあてはまる言葉を書きましょう。

川の水は、雨水と同じように、土地の(① 高)い場所から(② 低)い場所に流れている。

ふりかえり

1がわからないときは、32ページの1にもどってかくにんしましょう。
4がわからないときは、32ページの2にもどってかくにんしましょう。

34～35ページ　てびき

1 (1)土のつぶが大きいほど、土に水が速くしみこみます。

(2)いちばん速く水がしみこんだアが、じゃりとわかります。

2 (1)(3)地面を流れる雨水は、高い場所から低《ひく》い場所に向かって流れ、周《まわ》りより低い場所に水がたまります。

(2)雨水がアからイに向かって流れているから、アが高い場所です。

3 (1)水のしみこみ方がゆっくりなほうが、あふれてきます。

(2)土のつぶが大きいほど、水のしみこみ方が速いので、しみこみ方がゆっくりな運動場の土のほうが、土のつぶが小さいと考えられます。

4 (1)(2)雨水は、地面の高い場所から低い場所へ流れるので、雨水を集めるみぞ(側《そっ》こう)は、低い場所につくられています。

ぴったり1 じゅんび　6. 月の位置《いち》の変化《へんか》

36ページ

3分でまとめ

月の形や見られる方位、動きをかくにんしよう。

教科書 91〜101、220ページ　答え 19ページ

下の(　)にあてはまる言葉を書くか、あてはまるものを○でかこもう。

1 東の空に見える、午後の半月《はんげつ》や、夕方の満月《まんげつ》は、どのように位置が変《か》わるのだろうか。　教科書 91〜99、220ページ

▶月の方位《ほうい》の調べ方

- 方位じしんを水平になるように持って、右の図のように、指先を(① **月**)の方向に向ける。
- 文字ばんを回して、はりの色をぬってあるほうと、文字ばんの「(②　南　・　(北))」を合わせる。
- 指先の向いている文字ばんの方位を読む。この図では、(③　南西　・　(南東))である。

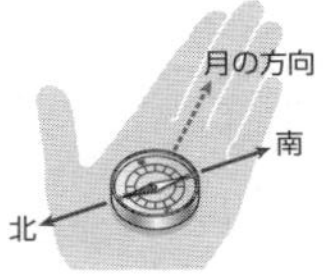

▶半月の位置の変化

- 午後、東の空に見える半月は、太陽と同じように、高くなりながら(④ (南)　・　西)の方へ位置が変わる。

半月の位置の変化

▶満月の位置の変化

- 夕方、東の空に見える満月は、(⑤ **太陽**)と同じように、高くなりながら(⑥ (南)　・　西)の方へ位置が変わる。

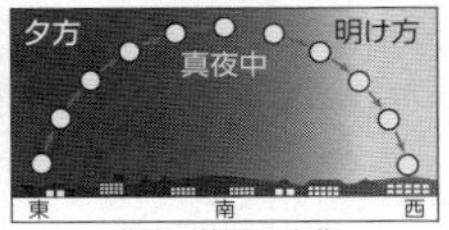

満月の位置の変化

2 月は、どのように位置が変わるのだろうか。　教科書 100〜101ページ

▶月の位置の変化

- 月は、半月や満月など、日によって見える(① **形**)はちがうが、どの月も、太陽と同じように、(② **東**)の方からのぼり、南を通って、(③ **西**)の方へしずむ。

午後の半月の位置の変化

ここがだいじ!
①午後、東の空に見える半月や、夕方、東の空に見える満月は、太陽と同じように、高くなりながら南の方に位置が変わる。
②月は、半月や満月など、日によって見える形はちがうが、どの月も、太陽と同じように、東の方からのぼり、南を通って、西の方へしずむ。

ぴたトリビア　月の形は毎日少しずつ変わり、およそ１か月でもとの形にもどります。

ぴったり2 練習　6. 月の位置《いち》の変化《へんか》

37ページ

教科書 91〜101ページ　答え 19ページ

1 ある日の午後３時ごろ月を観察《かんさつ》すると、右の図のような位置に見えました。

(1) ㋐の方位《ほうい》はどれですか。正しいものに○をつけましょう。

ア(　)東　イ(○)南
ウ(　)西　エ(　)北

(2) このあと、この月は㋐〜㋓のどの方向へ動きますか。　(㋑)

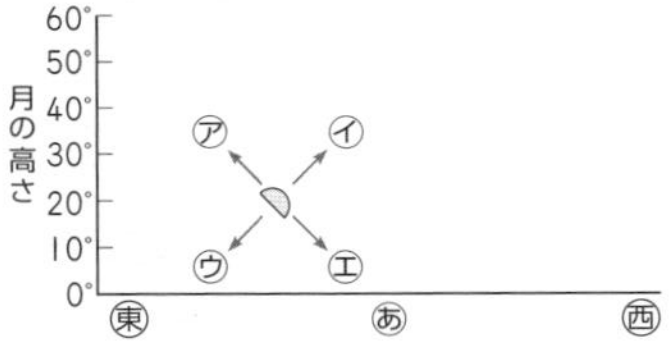

(3) この月が㋐の真上にくるとき、月のかたむきは、ア〜ウのどれになりますか。正しいものに○をつけましょう。

ア(　)　イ(○)　ウ(　)

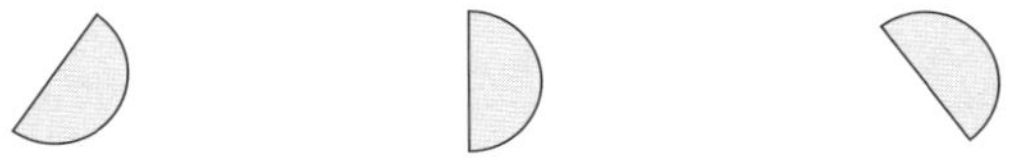

(4) この月が㋐の真上にくるのはいつですか。あてはまるものに○をつけましょう。

ア(　)朝　イ(　)昼　ウ(○)夕方　エ(　)真夜中

2 右の図は、月の高さを調べている様子です。目の高さをきじゅんにして、うでをのばしたとき、月の高さがにぎりこぶし何こ分かで角度を調べます。

(1) うでをのばしたとき、にぎりこぶし１こ分の角度は約《やく》何度になりますか。　約(**10°**)

(2) 月の高さがにぎりこぶし３こ分の角度のとき、月の高さは約何度ですか。　約(**30°**)

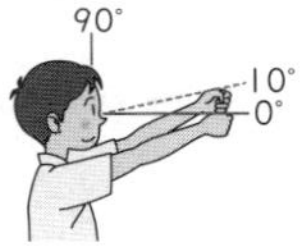

3 月の位置の変化や見え方について、正しいものには○、まちがっているものには×をつけましょう。

ア(○)月は、昼間でも見えることがある。
イ(×)月は、夜にしか見えない。
ウ(×)満月《まんげつ》は東の方からのぼるが、半月《はんげつ》は西の方からのぼる。
エ(○)月は、東の方からのぼり、南を通って、西の方へしずむ。

ヒント ❶ (3)半月がのぼってからしずむまで、月のかたむきは少しずつ変わります。

おうちのかたへ　**6. 月の位置の変化**
月の位置の変化について学習します。
１日のうちの月の位置の変化の仕方を理解しているか、などがポイントです。

37ページ　てびき

❶ (1)(2)月は東の方からのぼり、高くなりながら南の方へ動きます。図の位置《いち》から㋑の方向へ動きます。
(3)(4)午後に見える半月《はんげつ》は、東の方からのぼり、夕方には南の空にイのようなかたむきで見えます。

❷ うでをのばしたとき、にぎりこぶし１こ分の角度が約《やく》10°なので、にぎりこぶし３こ分の角度は約30°です。

❸ ア、イ…午後に見える半月など、昼間でも見える月があります。午後の半月は、昼間から夜まで見られます。
ウ、エ…どんな形の月も、東の方からのぼり、南を通って、西の方にしずみます。

おうちのかたへ
地球の自転や、月が地球のまわりを公転していることは、中学校で学習します。ここでは月が日によって形を変えることを観察した事実として捉えます。また、月の動きは３年で学習した太陽の動きと関係づけながら、東からのぼり、南の空の高いところを通って西へと動くものとして学習します。

ぴったり3 たしかめのテスト

6. 月の位置《いち》の変化《へんか》

38ページ

合格 70点 /100

教科書 90～103、220ページ　答え 20ページ

1 月の位置を調べました。 技能 各6点(24点)

(1) 月が見える方位《ほうい》を右のように調べました。

① 方位を調べるときに使った道具は何ですか。

（ 方位じしん ）

② このとき、月が見えた方位は何ですか。

（ 南東 ）

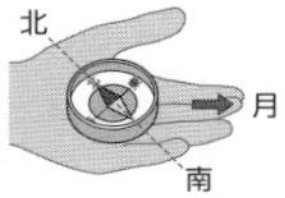

(2) うでをのばしたとき、にぎりこぶし１こ分の角度は何度になりますか。正しいものに○をつけましょう。

ア（ ）約《やく》1°

イ（ ）約5°

ウ（○）約10°

(3) 月の位置を調べるとき、立つ位置に印《しるし》をつけておくのはなぜですか。正しいほうに○をつけましょう。

ア（ ）すべってころばないようにするため。

イ（○）同じ位置から月を観察《かんさつ》するため。

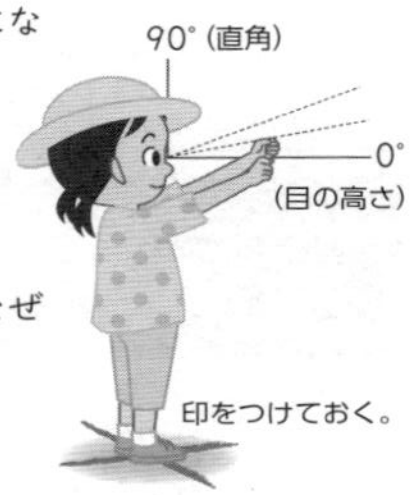

よく出る

2 月の形と位置の変化を調べました。 各6点(24点)

(1) ①と②の形の月を何といいますか。それぞれ名前を書きましょう。

①（半月(上げんの月)）

②（ 満月 ）

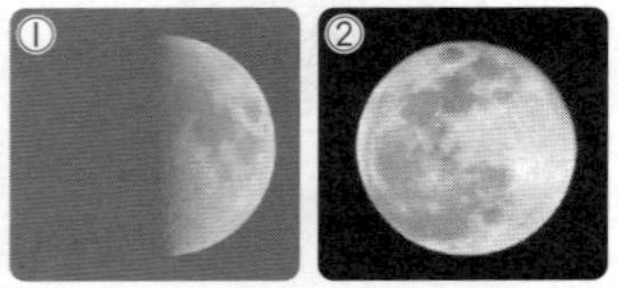

(2) 月の位置の変化について、正しいものを２つ選《えら》び、○をつけましょう。

ア（○）満月《まんげつ》も午後に見える半月《はんげつ》も、南を通るとき、最《もっと》も高くなっている。

イ（ ）満月も午後に見える半月も、しずむ時こくはあまり変《か》わらない。

ウ（ ）満月は、東の方からのぼり、午後に見える半月は西の方からのぼる。

エ（○）どのような形の月も、東の方からのぼり、南を通って、西の方にしずむ。

39ページ

学習

3 次の図は、どちらも午後６時ごろ観察した月のスケッチです。 各6点(24点)

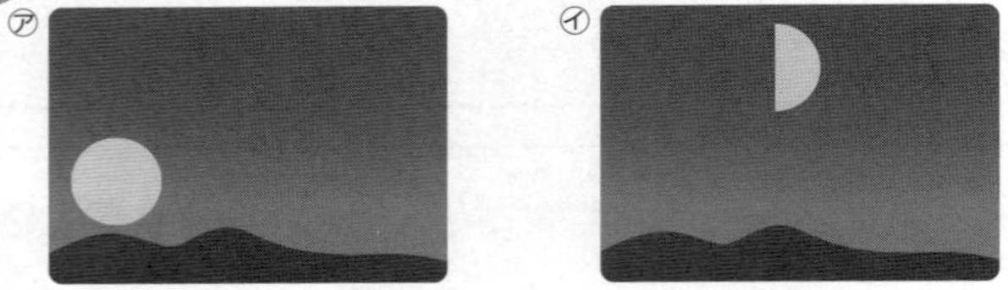

(1) ㋐、㋑の月は、このときどの方位に見えますか。

㋐（ 東 ）　㋑（ 南 ）

(2) ㋐の月は、これから１時間後には、どちらに動いていますか。正しいものを１つ選び、○をつけましょう。

ア（ ）真上　イ（ ）真横　ウ（ ）真下

エ（○）右ななめ上　オ（ ）右ななめ下

(3) 昼に、東の方からのぼってくる月は、㋐と㋑のどちらですか。

（㋑）

できたらスゴイ！

4 次の図は、満月の位置の変化を表したものです。 思考・表現 (1)～(3)は各6点、(4)は10点(28点)

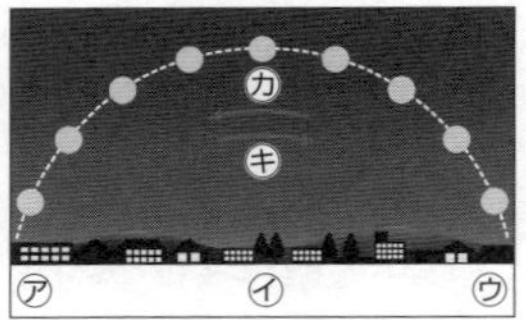

(1) 図の㋐～㋒の方位で、東はどれですか。

（㋐）

(2) 満月は、図の㋕と㋖のどちらの向きに動きますか。

（㋖）

(3) 満月が最も高い位置に見えるのは、何時ごろで、その時の方位は何ですか。正しいものに○をつけましょう。

ア（ ）午前０時ごろで、方位は東　イ（○）午前０時ごろで、方位は南

ウ（ ）午後９時ごろで、方位は東　エ（ ）午後９時ごろで、方位は南

(4) 記述 月はどのように位置が変わるかを、「東」、「南」、「西」という言葉を使って、書きましょう。

（東の方からのぼり、南を通って、西の方にしずむ。）

ふりかえり ❷がわからないときは、36ページの❶にもどってかくにんしましょう。
❹がわからないときは、36ページの❷にもどってかくにんしましょう。

38～39ページ　てびき

❶ (1)月が見える方向は、方《ほう》位《い》じしんの東と南の間にあります。

(3)月の位置《いち》の変化《へんか》を観察《かんさつ》するときは、調べる場所を決めておくことが大切です。

❷ (2)月は、日によって見える形はちがいますが、どの月も東の方からのぼり、南を通って、西の方へしずみます。南を通るとき、最《もっと》も高くなります。

❸ (2)夕方に東の方からのぼった満月《まんげつ》は、高くなりながら南の方に位置が変《か》わるので、１時間後は右ななめ上に動いています。

(3)昼に、東の方からのぼるのは半月です。満月は、夕方に東の方からのぼります。

❹ (1)㋑は南、㋒は西です。

(3)午前０時ごろに南を通るときが、最も高い位置です。

(4)月はどのような形であっても、「東」の方からのぼり、「南」を通って、「西」の方へしずみます。

ぴったり1 じゅんび

7. とじこめた空気や水

学習 40ページ

とじこめた空気や水をおしたときの体積や手ごたえをかくにんしよう。

教科書 105~113ページ　答え 21ページ

下の(　)にあてはまる言葉を書くか、あてはまるものを○でかこもう。

1 とじこめた空気や水に力を加《くわ》えたとき、どのようなちがいがあるのだろうか。 教科書 105~109ページ

▶とじこめた空気や水に力を加えると、
(① 空気)はおしちぢめられる。また、
(② 水)はおしちぢめられない。
▶とじこめた空気は、力を加えると体積《たいせき》は
(③ 大きく ・ 小さく)なる。
▶とじこめた水は、力を加えても(④ 体積)は変《か》わらない。

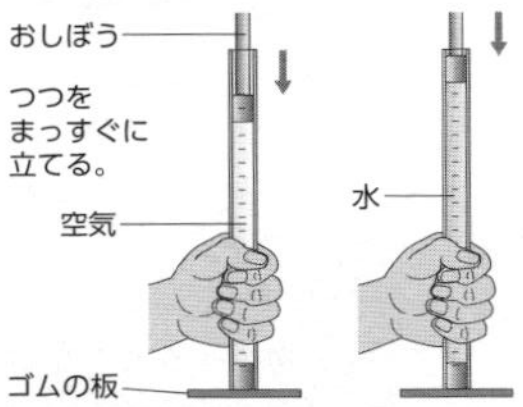

2 とじこめた空気をおしていくと、体積や手ごたえは、どのように変わるのだろうか。 教科書 110~113ページ

▶とじこめた空気の体積とおし返す手ごたえ
・とじこめた空気に力を加えて、図の㋐のように、空気をおしちぢめると、空気の体積は(① 大きく ・ 小さく)なる。このとき、おし返す手ごたえを感じる。
・㋑のように、さらにおしちぢめると、手ごたえが(② 大きく ・ 小さく)なる。

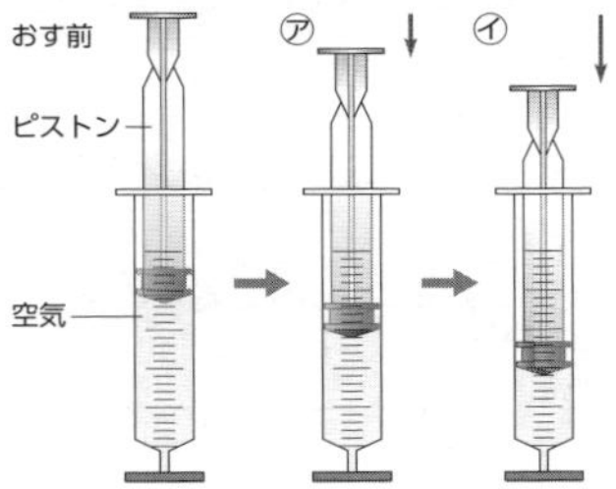

・おしている手をはなすと、ピストンは(③ 元の位置《いち》にもどる ・ そのまま止まる)。
▶とじこめた空気をおしちぢめていくと、体積は(④ 大きく ・ 小さく)なり、おし返す手ごたえは(⑤ 大きく ・ 小さく)なる。おし返す手ごたえは、元にもどろうとする(⑥ 力)である。

おしちぢめられて空気の体積が小さくなるほど、元にもどろうとする力が大きくなるよ。

ここがだいじ!
①とじこめた空気や水に力を加えると、空気はおしちぢめられるが、水はおしちぢめられない。
②とじこめた空気をおして、体積が小さくなるほど、おし返す力(手ごたえ)は大きくなる。

ぴたトリビア　とじこめた水をおしちぢめることはできませんが、おした力は水のあらゆる方向に伝わります。

ぴったり2 練習

7. とじこめた空気や水

学習 41ページ

教科書 105~113ページ　答え 21ページ

1 空気や水をとじこめたちゅうしゃ器《き》を立てて、指でピストンをおしました。

(1) ㋐のように、空気を入れてピストンをおすと、空気はおしちぢめられますか。正しいものに○をつけましょう。
ア(◯)おしちぢめられる。
イ(　)おしちぢめられない。
(2) (1)のとき、空気の体積《たいせき》はどうなりますか。正しいものに○をつけましょう。
ア(◯)小さくなる。　イ(　)変《か》わらない。
(3) ㋑のように、水を入れてピストンをおすと、水はおしちぢめられますか。正しいものに○をつけましょう。
ア(　)おしちぢめられる。　イ(◯)おしちぢめられない。
(4) (3)のとき、水の体積はどうなりますか。正しいものに○をつけましょう。
ア(　)小さくなる。　イ(◯)変わらない。
(5) この実験《じっけん》の結果《けっか》をまとめました。正しいものに○をつけましょう。
ア(　)空気はおしちぢめられないが、水はおしちぢめられて体積が小さくなる。
イ(◯)水はおしちぢめられないが、空気はおしちぢめられて体積が小さくなる。
ウ(　)空気も水も、おしちぢめられて体積が小さくなる。

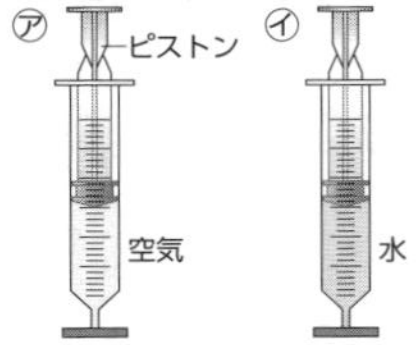

2 空気をちゅうしゃ器にとじこめて、ピストンを手でおしました。

(1) ㋐と㋑では、ピストンをおした力が大きいのはどちらですか。　(㋑)
(2) ㋐と㋑では、おし返す手ごたえが大きいのはどちらですか。　(㋑)
(3) ピストンから手をはなすと、ピストンはどうなりますか。正しいものに○をつけましょう。
ア(　)その位置《いち》のまま動かない。　イ(　)さらに下まで動く。
ウ(◯)元の位置にもどる。
(4) とじこめた空気をおしちぢめたとき、どんなことがわかりますか。次の文の(　)にあてはまる言葉を書きましょう。

空気の体積が小さくなるほど、元にもどろうとする力は(大きく)なる。

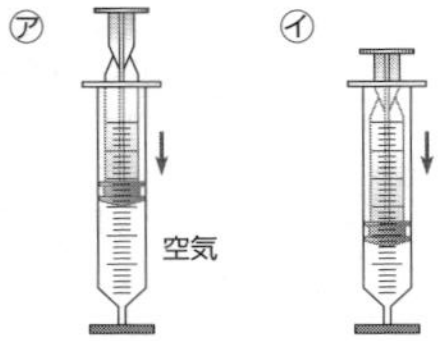

ヒント ② (2)おしちぢめられた空気がおし返す力を、手ごたえとして感じます。

41ページ てびき

❶ (1)(2)とじこめた空気に力を加《くわ》えると、空気はおしちぢめられるので、体積《たいせき》が小さくなります。
(3)(4)とじこめた水に力を加えても、水はおしちぢめられないので、体積は変《か》わりません。

❷ (1)とじこめた空気に力を加えると、空気はおしちぢめられます。㋐より㋑のほうが空気はおしちぢめられているので、ピストンをおした力が大きいのは㋑です。
(2)(4)とじこめた空気は、おしちぢめられて体積が小さくなるほど、元にもどろうとする力が大きくなり、おし返す手ごたえが大きくなります。
(3)ピストンから手をはなすと、おしちぢめられていた空気が元にもどろうとする力で、ピストンをおし返します。

おうちのかたへ　7. とじこめた空気や水
空気や水を押したときの現象について学習します。
閉じこめた空気や水に力を加えると、空気は押し縮められるが水は押し縮められないこと、閉じこめた空気を押すと体積が小さくなって押し返す力が大きくなることを理解しているか、などがポイントです。

ぴったり3 たしかめのテスト

7. とじこめた空気や水

42ページ

/100 合格70点

教科書 104～115ページ　答え 22ページ

よく出る

1 空気をちゅうしゃ器《き》にとじこめました。次のそれぞれの問いの答えとして、正しいものに〇をつけましょう。 各6点(36点)

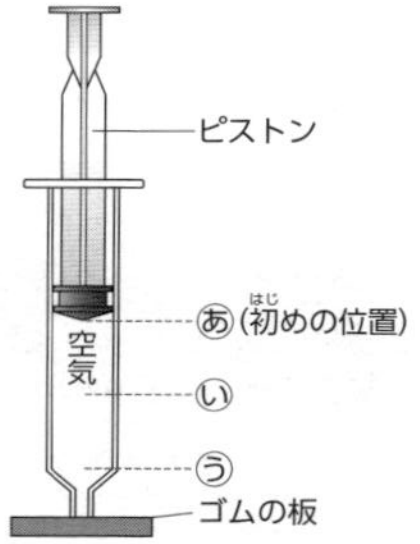

(1) ピストンを手でおすと、ピストンはどうなりますか。

ア(　)あの位置《いち》から動かない。

イ(〇)いの位置ぐらいまで下がる。

ウ(　)うの位置まで下がる。

(2) (1)のとき、おし返す手ごたえはどうなりますか。

ア(　)ほとんど手ごたえを感じない。

イ(〇)強くおすほど、手ごたえは大きくなっていく。

ウ(　)おしかたに関係《かんけい》なく、同じ手ごたえがある。

(3) ピストンをおしていた手をはなすと、ピストンはどうなりますか。

ア(　)動かない。　イ(　)もっと下がる。

ウ(〇)元の位置にもどる。

(4) 空気のかわりに、ちゅうしゃ器に水をとじこめて、ピストンを手でおすと、どうなりますか。

ア(〇)あの位置から動かない。　イ(　)いの位置ぐらいまで下がる。

ウ(　)うの位置まで下がる。

(5) (1)～(4)から、とじこめた空気と水のせいしつについてわかったことをまとめました。正しい文はどれですか。

ア(　)空気も水も、おしちぢめられない。

イ(　)空気も水も、おしちぢめられる。

ウ(〇)空気はおしちぢめられるが、水はおしちぢめられない。

エ(　)水はおしちぢめられるが、空気はおしちぢめられない。

(6) とじこめた空気や水に力を加《くわ》えると、それぞれ体積《たいせき》はどうなりますか。

ア(　)空気も水も、体積は変《か》わらない。

イ(　)空気も水も、体積は小さくなる。

ウ(　)空気の体積は変わらないが、水の体積は小さくなる。

エ(〇)水の体積は変わらないが、空気の体積は小さくなる。

学習 43ページ

よく出る

2 ちゅうしゃ器に空気をとじこめて、ピストンをおしたときの手ごたえや体積の変《へん》化《か》を調べました。 (1)～(3)は各7点、(4)は全部できて6点(34点)

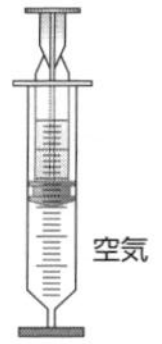

(1) ちゅうしゃ器のピストンを手でおすと、中の空気の体積はどうなりますか。

(**小さくなる。**)

(2) おしていたピストンから手をはなすと、ピストンはどうなりますか。

(**元の位置にもどる。**)

(3) 1回目にピストンをおしたときより、2回目におしたときのほうが、中の空気の体積が小さくなりました。

① ピストンを強くおしたのは、1回目と2回目のどちらですか。

(**2回目**)

② おし返される手ごたえが大きいのは、1回目と2回目のどちらですか。

(**2回目**)

(4) とじこめた空気の体積と手ごたえについて、(　)にあてはまる言葉を書きましょう。

空気の体積が(① **小さく**)なるほど、空気におし返される手ごたえが(② **大きく**)なる。

できたらスゴイ!

3 つつの中に、空気や水の入った風船を入れて、おしぼうでつつの空気をおしました。 思考・表現 (1)は各5点、(2)は各10点(30点)

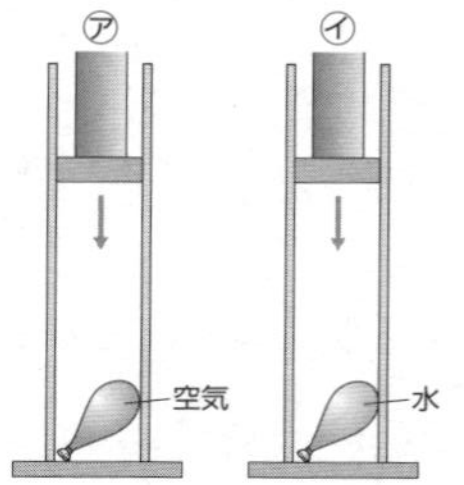

(1) おしぼうをおしていくと、ア、イの風船の体積はどうなりますか。

ア(**小さくなる。**)　イ(**変わらない。**)

(2) 記述 それぞれ、(1)で答えたようになる理由を書きましょう。

ア(**空気はおしちぢめられて、体積が小さくなるから。**)

イ(**水はおしちぢめられないので、体積が変わらないから。**)

ふりかえり 1がわからないときは、40ページの1にもどってかくにんしましょう。2がわからないときは、40ページの2にもどってかくにんしましょう。

42～43ページ　てびき

1 (1)とじこめた空気に力を加《くわ》えると、空気の体積《たいせき》は小さくなり、いの位置《いち》ぐらいまで下がります。

(2)強くおすほど空気の体積は小さくなり、おし返す手ごたえは大きくなります。

(4)とじこめた水は、力を加えてもおしちぢめられないので、あの位置から動きません。

2 (3)強くおすほど、空気の体積は小さくなるので、強くおしたのは2回目です。また、空気の体積が小さくなるほど、空気におし返される手ごたえが大きくなるので、手ごたえが大きいのは2回目です。

3 (2)アのつつの中の空気は、おしぼうにおされて、おしちぢめられます。風船の中の空気も同じようにおしちぢめられて体積が小さくなります。イのつつの中の空気も、アと同じようにおしちぢめられます。しかし、風船の中には水が入っているので、空気のようにおしちぢめることはできません。

ぴったり1 じゅんび ★ 秋と生き物

3分でまとめ

44ページ

学習 秋に見られる植物や動物の様子をかくにんしよう。

教科書 117～127ページ　答え 23ページ

下の(　)にあてはまる言葉を書くか、あてはまるものを〇でかこもう。

1 秋になって、ヘチマは、夏のころからどのように変《か》わっているのだろうか。 教科書 118～121ページ

▶秋の気温
- 気温は、夏のころよりも(① 上がって ・ (下がって))いる。

▶ヘチマの様子
- くきは、(② よくのびる ・ (のびなくなった))。
- 実の大きさは、(③ **大きく**)なった。

2 秋になって、こん虫や鳥などは、夏のころからどのように変わっているのだろうか。 教科書 122～127ページ

▶秋のころのこん虫や鳥などの様子

ショウリョウバッタ

野原に(① よう虫 ・ (成虫《せいちゅう》))がいる。

エンマコオロギ

はねをこすり合わせて(② **鳴い**)ている。

ナナホシテントウ

(③ (葉)・ 水)の上などにいる。

オナガガモ

(④ 夏 ・ (秋))になると見られる。

- 夏のころに見られたツバメが見られなくなり、上の写真のような(⑤ **カモ**)の仲《なか》間《ま》が見られるようになる。

▶秋が深まると、サクラは色づいた葉を落とし、ヘチマはじゅくした実の中に黒色の(⑥ **たね**)を残《のこ》して、かれていく。

▶秋が深まると、こん虫などは、活動がにぶくなったり、(⑦ **たまご**)を産《う》み残して死んでしまったりする。

> ここが だいじ!
> 秋になって、気温が下がると、
> ①ヘチマは、夏のころよりもくきがのびなくなるが、実が大きくなる。
> ②夏のころとはちがうこん虫が目立つようになり、たまごを産む活動などが見られる。また、ツバメは見られなくなり、カモなどが見られるようになる。

ぴたトリビア エンマコオロギのオスは、成虫になってから死んでしまうまで、およそ3か月の間、はねをこすり合わせて鳴きます。

ぴったり2 練習 ★ 秋と生き物

45ページ

教科書 117～127ページ　答え 23ページ

1 育てているヘチマのようすを観察《かんさつ》しました。

(1) 夏のころとくらべて、くきののびはどうなりましたか。正しいほうに〇をつけましょう。

ア(〇)のびなくなった。
イ(　)よくのびた。

(2) 夏のころとくらべて、実の大きさはどうなりましたか。正しいほうに〇をつけましょう。

ア(　)小さくなった。
イ(〇)大きくなった。

(3) 秋が深まると、ヘチマは、実がじゅくしたあと、全体がかれていきます。ヘチマがかれていくとき、実の中に何を残《のこ》しますか。

(**たね**)

2 秋のころに見られる動物はどれですか。正しいもの2つに〇をつけましょう。

ア(〇)　イ(　)　ウ(〇)　エ(　)

3 秋が深まるころの生き物の様子を表した次の文の、(　)にあてはまる言葉を書きましょう。

(1) サクラは、色づいた(**葉**)を落とします。

サクラ

(2) エンマコオロギは、土の中に(**たまご**)を産《う》み、そのあと死んでしまいます。

エンマコオロギ

ヒント ❷ 春のころや夏のころの動物の様子を思い出しながら考えます。

おうちのかたへ　★ 秋と生き物

「1. 季節と生き物」「★ 夏と生き物」に続いて、身の回りの生き物を観察して、植物の成長や動物の活動が季節によって違うことを学習します。ここでは秋の生き物を扱います。

45ページ　てびき

❶ (1)(2)秋になると、くきはのびなくなりますが、実が大きくなります。
(3)秋が深まり、実がじゅくしたあと、実の中にたねを残《のこ》して全体がかれていきます。

❷ カブトムシの成虫《せいちゅう》は夏に見られ、ツバメは秋になるとあたたかい南の国へわたっていきます。

❸ (1)秋になると、葉の色が変《か》わり、秋が深まると、色づいた葉を落とします。
(2)秋が深まると、エンマコオロギはたまごを産《う》み残して死んでしまいます。

46ページ

/100 合格70点

教科書 116～127ページ　答え 24ページ

よく出る
1 秋になると、生き物の様子は変《か》わってきます。 各6点(30点)

(1) サクラの、秋のころの様子に○をつけましょう。

ア(　)

イ(◯)

(2) 秋のころの、生き物の様子を表した次の文の、(　)にあてはまる言葉を書きましょう。

① ショウリョウバッタが、土の中に(たまご)を産《う》んでいます。
② エンマコオロギが、はねをこすり合わせて(鳴いて)います。
③ ヘチマは、実がじゅくし、実の中に(たね)を残《のこ》してかれていきます。

(3) ツバメの巣《す》を観察《かんさつ》すると、ツバメはいませんでした。その理由として正しいものに○をつけましょう。

ア(　)えさをとりにいっているから。
イ(◯)冬になる前に、あたたかい南の国へわたっていったから。
ウ(　)冬になる前に、寒い北の国へわたっていったから。

2 次の文のうち、秋のころの生き物の様子について、正しいもの4つに○をつけましょう。 各6点(24点)

ア(◯)ショウリョウバッタが、たまごを産んでいる。
イ(　)ツバメが、巣をつくって、ひなを育てている。
ウ(◯)アキアカネが、たまごを産んでいる。
エ(　)アブラゼミが、さかんに鳴いている。
オ(　)カエルが、池や小川でさかんに鳴いている。
カ(◯)カモが、池などで見られるようになる。
キ(◯)シジュウカラが、木の実を食べている。

47ページ

よく出る
3 秋のころの、ヘチマの成長《せいちょう》の様子を調べました。 各6点(18点)

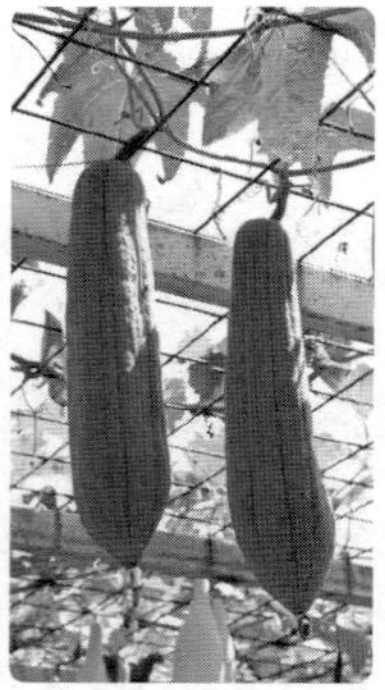

(1) 夏のころとくらべて、くきののびはどうなりましたか。正しいものに○をつけましょう。

ア(　)くきは、夏のころよりも、のびた。
イ(　)くきは、夏のころと同じくらい、のびた。
ウ(◯)くきは、のびなくなった。

(2) 秋のころの、ヘチマの実の大きさはどうなりましたか。正しいものに○をつけましょう。

ア(◯)実は、夏のころよりも、大きくなった。
イ(　)実は、夏のころと大きさは変わっていない。
ウ(　)実は、夏のころとくらべて、小さくなった。

(3) ヘチマの実がじゅくすと、実の中には何ができますか。

(たね)

できたらスゴイ!
4 気温とヘチマの様子を調べました。 思考・表現 (1)～(3)は各6点、(4)は10点(28点)

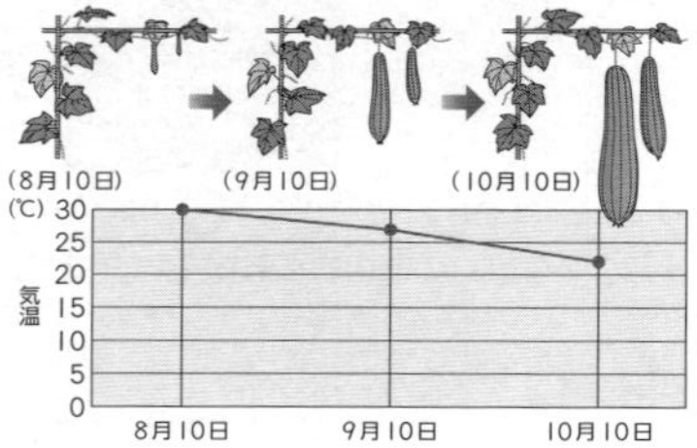

(1) 夏のころとくらべて、秋になると気温はどう変わりますか。

(下がる。(低くなる。))

(2) 夏のころ、ヘチマがよく成長したのは、なぜですか。

(気温が高かったから。)

(3) 秋になると、夏のころとくらべて、ヘチマの成長の様子が変わってきたのは、なぜですか。

(気温が下がって(低くなって)きたから。)

(4) 記述 秋が深まると、ヘチマはどうなりますか。「たね」という言葉を使って、書きましょう。

(実の中にたねを残して、全体がかれていく。)

ふりかえり
1がわからないときは、44ページの2にもどってかくにんしましょう。
4がわからないときは、44ページの1にもどってかくにんしましょう。

46～47ページ　てびき

1 (2)①ショウリョウバッタは、土の中にたまごを産《う》みます。
②秋になると、エンマコオロギは鳴き、秋が深まると、土の中にたまごを産みます。
(3)ツバメは、秋になるとあたたかい南の国へわたっていきます。

2 イは春のころ、エとオは夏のころの様子です。

3 (1)(2)ヘチマは、夏のころとくらべて、くきはのびなくなりますが、実は大きくなります。
(3)ヘチマの実は、大きくなりじゅくすと、実の中にたねができます。

4 (1)グラフを見ると、気温がだんだん下がっていることがわかります。
(2)(3)気温が高い夏のころは、くきをのばし、葉の数がふえます。気温が下がってくる秋のころは、くきがのびなくなり、実が大きくなります。

ぴったり1 じゅんび

8. ものの温度と体積《たいせき》

①空気の温度と体積
②水の温度と体積

温度によって空気や水の体積がどう変わるのか、かくにんしよう。

教科書 129〜136ページ　答え 25ページ

下の(　)にあてはまる言葉を書くか、あてはまるものを○でかこもう。

1 空気は、あたためたり冷《ひ》やしたりすると、体積がどのように変《か》わるのだろうか。　教科書 129〜133ページ

▶ゼリーは、とじこめた空気を湯であたためると、右の(① ㋐ ・ ㋑)の図のように動き、氷水で冷やすと、(② ㋐ ・ ㋑)の図のように動く。（答え ①㋐ ②㋑）

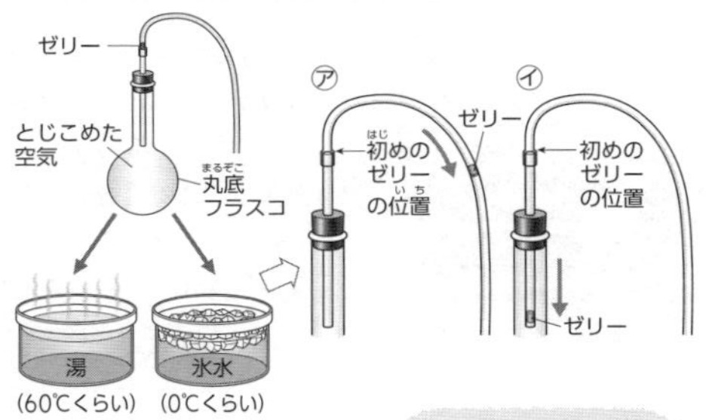

▶空気の体積は、あたためると(③ 小さく ・ 大きく)なり、冷やすと(④ 小さく ・ 大きく)なる。

ゼリーがおし出されるように動いたのは、体積が大きくなったからだね。

2 水は、空気と同じように、あたためたり冷やしたりすると、体積が変化《へんか》するのだろうか。　教科書 134〜136ページ

▶水を入れた丸底フラスコをあたためると、ガラス管《かん》の水面が(① 上)がり、冷やすと水面が(② 下)がる。
▶水は、あたためると体積が(③ 小さく ・ 大きく)なる。
▶水は、冷やすと体積が(④ 小さく ・ 大きく)なる。

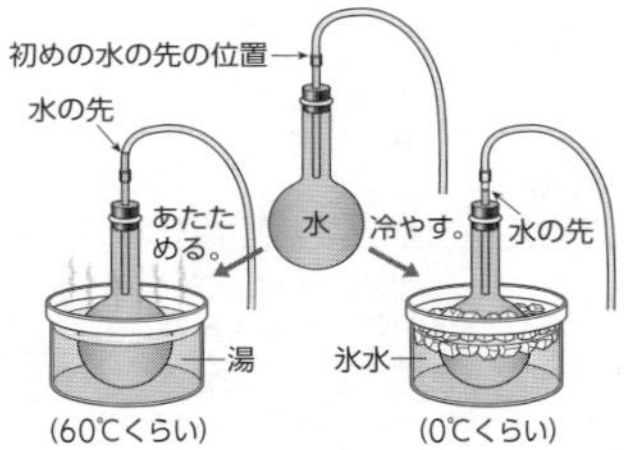

ここがだいじ!
①空気は、あたためると体積が大きくなり、冷やすと体積が小さくなる。
②水は、空気と同じように、あたためると体積が大きくなり、冷やすと体積が小さくなる。水の体積の変化は、空気よりも小さい。

ぴたトリビア　水は温度が約《やく》4℃のとき、いちばん体積が小さいです。

ぴったり2 練習

8. ものの温度と体積《たいせき》

①空気の温度と体積
②水の温度と体積

教科書 129〜136ページ　答え 25ページ

1 図のようなそうちで、空気の体積の変《か》わり方を調べました。

(1) 丸底《まるぞこ》フラスコを氷水につけると、ゼリーの動きはどうなりますか。正しいものに○をつけましょう。
ア(　)フラスコからおし出されるように動く。
イ(　)動かない。
ウ(○)フラスコにすいこまれるように動く。

(2) 丸底フラスコを湯につけると、ゼリーの動きはどうなりますか。正しいものに○をつけましょう。
ア(○)フラスコからおし出されるように動く。
イ(　)動かない。
ウ(　)フラスコにすいこまれるように動く。

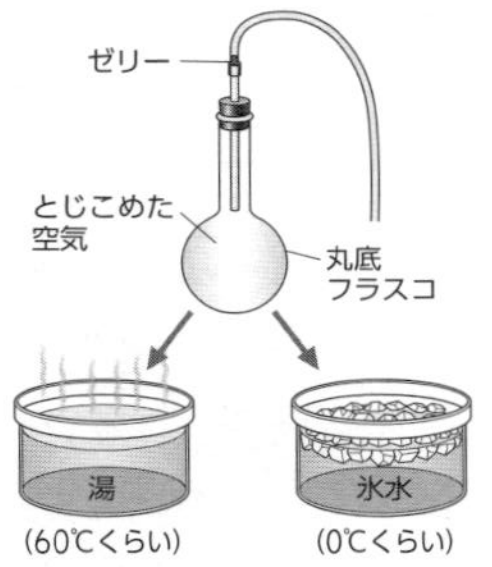

(3) この実験《じっけん》から、空気の体積の変わり方についてどのようなことがいえますか。正しいものに○をつけましょう。
ア(○)空気は、あたためると体積が大きくなり、冷《ひ》やすと体積が小さくなる。
イ(　)空気は、あたためても冷やしても体積は変わらない。
ウ(　)空気は、あたためると体積が小さくなり、冷やすと体積が大きくなる。

2 図のように、温度による水の体積の変化《へんか》を調べました。

(1) 水を入れた丸底フラスコを湯の中に入れてあたためると、水の先の位置《いち》は㋐と㋑のどちらの向きに動きますか。
(㋐)

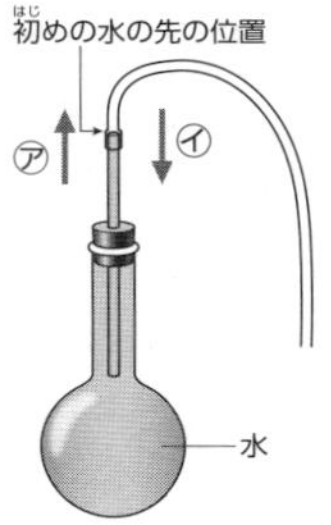

(2) 水と温度の関係《かんけい》について、正しいもの2つに○をつけましょう。
ア(○)水をあたためると体積が大きくなり、冷やすと体積が小さくなる。
イ(　)水をあたためると体積が小さくなり、冷やすと体積が大きくなる。
ウ(○)水は空気よりも体積の変化は、小さい。
エ(　)水は空気よりも体積の変化は、大きい。

ヒント ❶ 丸底フラスコの中の空気の体積が大きくなると、ゼリーがフラスコからおし出されるように動きます。一方、体積が小さくなると、ゼリーがフラスコにすいこまれるように動きます。

おうちのかたへ　8. ものの温度と体積
実験器具を使い、空気、水、金属をあたためたときの体積の変化について学習します。
どれもあたためる(冷やす)と体積が増える(減る)が、変化の程度は異なることを理解しているか、などがポイントです。

49ページ　てびき

❶ (1)丸底《まるぞこ》フラスコを氷水につけると、とじこめた空気の体積《たいせき》が小さくなるので、ゼリーはフラスコにすいこまれるように下へ動きます。
(2)丸底フラスコを湯につけると、とじこめた空気の体積が大きくなるので、ゼリーはフラスコからおし出されるように上へ動きます。
(3)空気は、あたためると体積が大きくなり、冷《ひ》やすと体積が小さくなります。

❷ (1)丸底フラスコを湯の中に入れると、水はあたためられて体積が大きくなります。水の先の位置《いち》が㋑の向きに動くのは、水を冷やしたときです。
(2)水をあたためると体積が大きくなり、冷やすと体積が小さくなります。水の温度による体積の変化は、空気よりも小さいです。

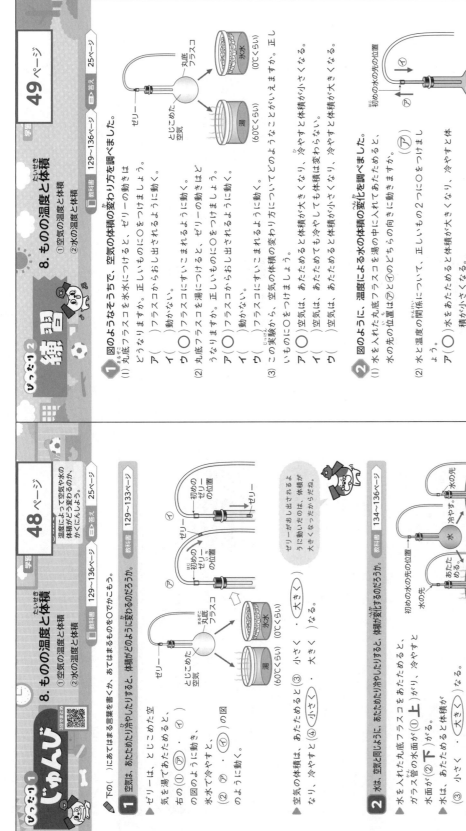

ぴったり1 **じゅんび**

8. ものの温度と体積《たいせき》

③金ぞくの温度と体積

学習 **50ページ**

温度によって金ぞくの体積がどう変わるのか、かくにんしよう。

教科書 137~141、221ページ　答え 26ページ

下の(　)にあてはまる言葉を書くか、あてはまるものを○でかこもう。

1 金ぞくは、あたためたり冷《ひ》やしたりすると、体積が変化《へんか》するのだろうか。 教科書 137~141、221ページ

▶スタンドに固定《こてい》したアルミニウムのぼうを、ほのおで熱《ねつ》したり、ほのおを消して熱するのをやめたりして、体積の変《か》わり方を調べる。

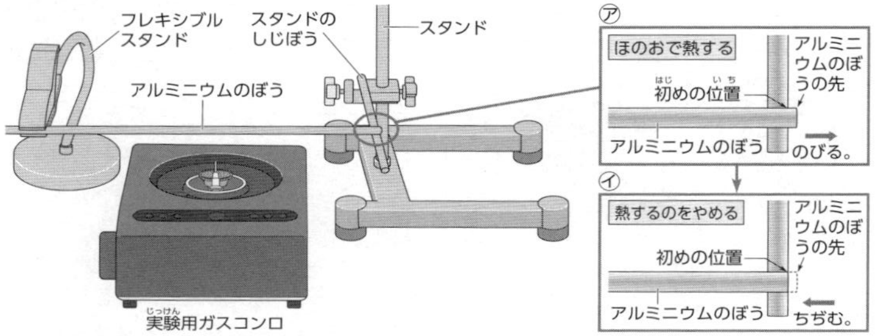

・アルミニウムのぼうをほのおで熱すると、上の㋐の図のように、アルミニウムのぼうの先は(① ちぢむ ・(のびる))から、体積は(② 小さく ・(大きく))なる。

・ほのおを消して熱するのをやめると、㋑の図のように、アルミニウムのぼうの先は(③(ちぢむ) ・ のびる)から、体積は(④(小さく) ・ 大きく)なる。

▶金ぞくも、空気や水と同じように、(⑤(あたためる) ・ 冷やす)と体積が大きくなり、(⑥ あたためる ・(冷やす))と体積が小さくなる。

▶金ぞくの温度による体積の変化は、空気や水の体積の変化にくらべると、ひじょうに(⑦ **小さい**)。

▶実験用ガスコンロの使い方

・実験用ガスコンロは、理科の実験で、ものを熱することができるようにくふうして作られている。

・点火したり、ほのおの大きさを調節《ちょうせつ》したり、火を消したりするのは、(⑧ **つまみ**)で行う。

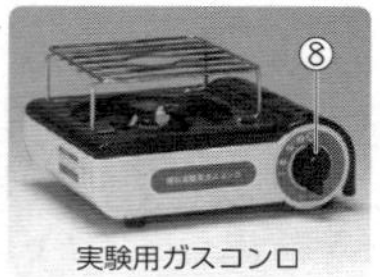

実験用ガスコンロ

ここがだいじ! ①金ぞくは、空気や水と同じように、あたためたり冷やしたりすると、体積が変化するが、その変化は、空気や水とくらべてひじょうに小さい。

ぴたトリビア　ジャムのびんなどについている金ぞくでできたふたがかたくて開かないときは、お湯であたためるとわずかに体積が大きくなって開けやすくなります。

ぴったり2 **練習**

8. ものの温度と体積《たいせき》

③金ぞくの温度と体積

学習 **51ページ**

教科書 137~141、221ページ　答え 26ページ

1 図のようなそうちで、アルミニウムのぼうをほのおで熱《ねつ》して、体積《たいせき》の変化《へんか》を調べました。

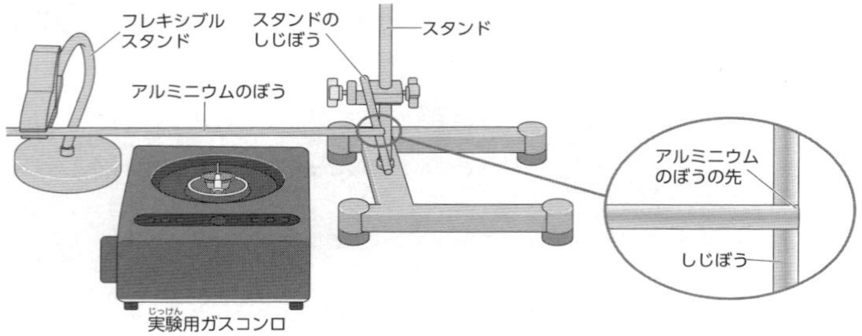

(1) アルミニウムのぼうをほのおで熱すると、㋐の図のように、アルミニウムのぼうの先がのびたのは、体積がどうなったからですか。

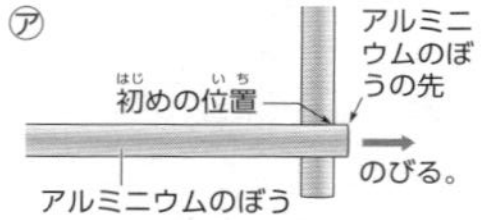

(**大きくなったから。**)

(2) ほのおを消して熱するのをやめると、㋐の図の、アルミニウムのぼうの先はどうなりますか。正しいものに○をつけましょう。

ア(　)のびる。　イ(　)位置は変《か》わらない。　ウ(○)ちぢむ。

(3) アルミニウムのぼうの先が(2)で答えたようになるのは、アルミニウムのぼうの体積がどうなったからですか。

(**小さくなったから。**)

2 空気、水、金ぞくの温度と体積の変化について、まとめました。

(1) あたためると体積が大きくなり、冷《ひ》やすと体積が小さくなるものすべてに○をつけましょう。

ア(○)空気　イ(○)水　ウ(○)金ぞく

(2) 同じようにあたためたとき、体積の変化が大きいほうから順《じゅん》に、1、2、3を書きましょう。

ア(1)空気　イ(2)水　ウ(3)金ぞく

ヒント ❷ 金ぞくの体積は、温度によってわずかに変化しています。

51ページ　てびき

❶ (1)アルミニウムのぼうをほのおで熱《ねっ》すると、体積《たいせき》が大きくなるので、アルミニウムのぼうの先がのびます。

(2)(3)ほのおを消して熱するのをやめると、体積が小さくなるので、アルミニウムのぼうの先がちぢみます。

❷ (1)空気、水、金ぞくは、どれもあたためると体積が大きくなり、冷やすと体積が小さくなります。

(2)48ページで学習したように、丸底《まるぞこ》フラスコに入れた空気と水を同じ温度の湯につけると、水より空気のほうが体積の変《へん》化《か》が大きいことがわかります。また、金ぞくは実《じっ》験《けん》用ガスコンロのほのおで熱しても、見た目ではわからないぐらいの体積の変化なので、いちばん体積の変化が小さいとわかります。

ぴったり3 たしかめのテスト

8. ものの温度と体積《たいせき》

52ページ

/100 合格 70 点

教科書 128～143、221ページ　答え 27ページ

1 水や空気をあたためたり冷《ひ》やしたりして、体積の変《か》わり方を調べました。 各8点(32点)

(1) 図１のように、それぞれの丸底《まるぞこ》フラスコを湯の中に入れると、水や空気の体積はどのようになりますか。

図１

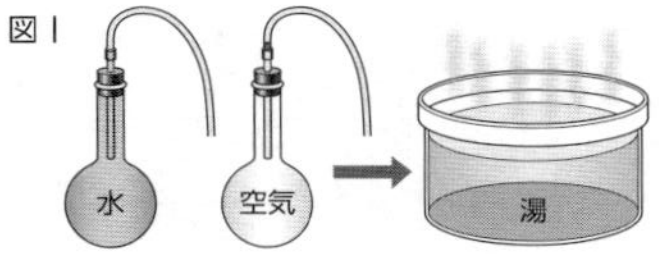

（大きくなる。　）

(2) 図２のように、それぞれの丸底フラスコを氷水の中に入れると、水や空気の体積はどのようになりますか。

図２

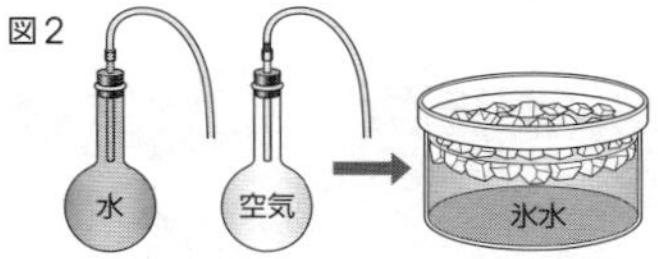

（小さくなる。　）

(3) (1)のとき、体積の変化《へんか》が大きいのは、水、空気のどちらですか。（空気）

(4) (2)のとき、体積の変化が大きいのは、水、空気のどちらですか。（空気）

よく出る

2 アルミニウムのぼうをほのおで熱《ねっ》して、体積の変わり方を調べました。 各6点(24点)

(1) アルミニウムのぼうをほのおで熱すると、アルミニウムのぼうは、図の㋐の向きにのびます。このとき、アルミニウムのぼうの体積はどうなりますか。

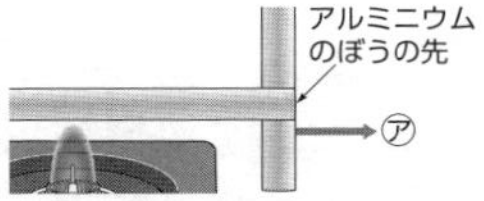

（大きくなる。　）

(2) ほのおを消して熱するのをやめると、アルミニウムの体積はどうなりますか。正しいものに○をつけましょう。

ア(　)ほのおを消す前より、体積は大きくなる。

イ(　)ほのおを消す前と、体積は変わらない。

ウ(○)ほのおを消す前より、体積は小さくなる。

(3) アルミニウムのぼうを湯であたためても、長さが変わらないように見えるわけについて、(　)にあてはまる言葉を書きましょう。

金ぞくは、空気や水と同じように、あたためたり冷やしたりすると、(① 体積)が変化するが、その変化は、空気や水とくらべてひじょうに(② 小さい)から。

53ページ

3 空気が入った丸底フラスコの口にせっけん水でまくを作り、その丸底フラスコを湯につけたり、氷水につけたりしました。 各8点(24点)

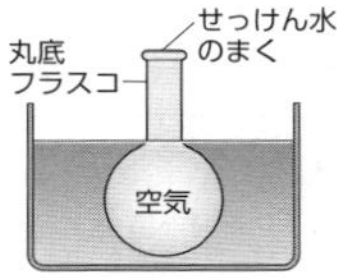

(1) 湯につけると、せっけん水のまくはどうなりますか。下の図の㋐～㋓から選《えら》び、記号で答えましょう。

（㋒）

(2) 上の図の㋐～㋓で、氷水につけたときのせっけん水のまくの様子は、どれですか。（㋑）

(3) 氷水につけたとき、丸底フラスコの中の空気の体積はどうなりますか。

（小さくなる。　）

てきたらスゴイ！

4 ①～④は、空気、水、金ぞくのどれについてのことですか。(　)に「空気」「水」「金ぞく」のうち、あてはまるものを書きましょう。すべてにあてはまる場合は○をつけましょう。 1つ5点(20点)

冷やすと、体積が小さくなるよ。

①(　○　)

あたためたときに、いちばん体積の変化が大きいよ。

②(　空気　)

あたためても冷やしても、体積の変化は見ただけではわからないぐらい小さいね。

③(金ぞく)

温度が上がると、体積が大きくなるよ。

④(　○　)

ふりかえり

1がわからないときは、48ページの1 2にもどってかくにんしましょう。
2がわからないときは、50ページの1にもどってかくにんしましょう。

4 空気と水と金ぞくは、どれもあたためると体積が大きくなり、冷やすと体積が小さくなります。温度による体積の変化は、大きい順《じゅん》に、空気、水、金ぞくとなります。

52～53ページ　てびき

1 (1)(3)水も空気も、あたためると体積《たいせき》が大きくなり、あたためたときの空気の体積の変化《へんか》は、水よりも大きいです。
(2)(4)水も空気も、冷《ひ》やすと体積が小さくなり、冷やしたときの空気の体積の変化は、水よりも大きいです。

2 (3)金ぞくは、あたためたり冷やしたりすると、体積が変化しますが、その変化は空気や水とくらべてひじょうに小さいので、アルミニウムのぼうを湯であたためても、長さはほとんど変《か》わりません。

3 (1)空気は、あたためられると体積が大きくなるので、せっけん水のまくはふくらみます。
(2)(3)空気は、冷やすと体積が小さくなるので、せっけん水のまくはへこみます。

ぴったり1 じゅんび 9. もののあたたまり方

①金ぞくのあたたまり方
②水のあたたまり方1

54ページ

金ぞくや水はどのようにあたたまっていくのか、かくにんしよう。

教科書 145～152ページ　答え 28ページ

下の(　)にあてはまる言葉を書くか、あてはまるものを○でかこもう。

1 金ぞくは、熱《ねつ》したところから順《じゅん》にあたたまるのだろうか。 教科書 145～149ページ

▶金ぞくのあたたまり方

・金ぞくのあたたまる順を、金ぞくにぬった、し温インクの色の変化《へんか》で調べる。

・し温インクは、あたためると(① 青色 ・ (ピンク色))、冷《ひ》やすと(② (青色) ・ ピンク色)になる。

・金ぞくのぼうの一部を小さいほのおで熱すると、熱したところから順に、し温インクの色が(③ピンク)色に変《か》わる。

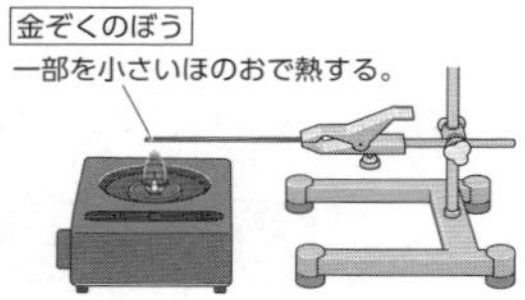

・金ぞくの板の一部を小さいほのおで熱すると、熱したところから順に、周《まわ》りに広がるように、し温インクの色が(④ ピンク)色に変わる。

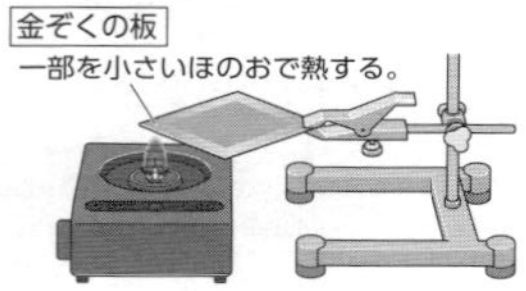

▶金ぞくは、一部を熱すると、熱したところから順に、周りに広がるように(⑤　あたたまる　)。

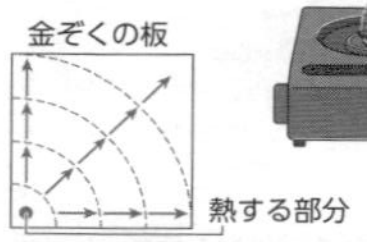

2 水は、金ぞくと同じように、熱したところから順にあたたまるのだろうか。 教科書 150～152ページ

▶試験管《しけんかん》に入れた水のあたたまり方

・水にとかした、し温インクの色の変化で調べる。

・試験管のまん中を小さいほのおで熱すると、試験管に入れた水は、(① (上) ・ 下)の方が先にピンク色に変わる。

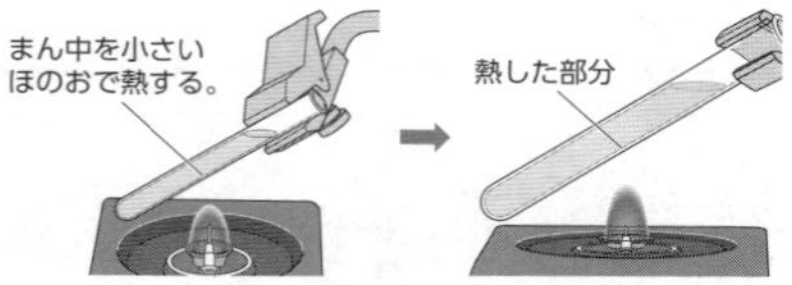

▶水は、(② 上)の方が先にあたたまる。

ここがだいじ！
①金ぞくは、熱したところから順にあたたまる。
②水は、金ぞくとちがって、上の方が先にあたたまる。

ぴたトリビア 鉄やどうなど、金ぞくの種類《しゅるい》がちがうと、あたたまりやすさがちがいます。

ぴったり2 練習 9. もののあたたまり方

①金ぞくのあたたまり方
②水のあたたまり方1

55ページ

教科書 145～152ページ　答え 28ページ

1 し温インクをぬった、金ぞくのぼうと板の一部を熱《ねつ》して、金ぞくのあたたまり方を調べました。

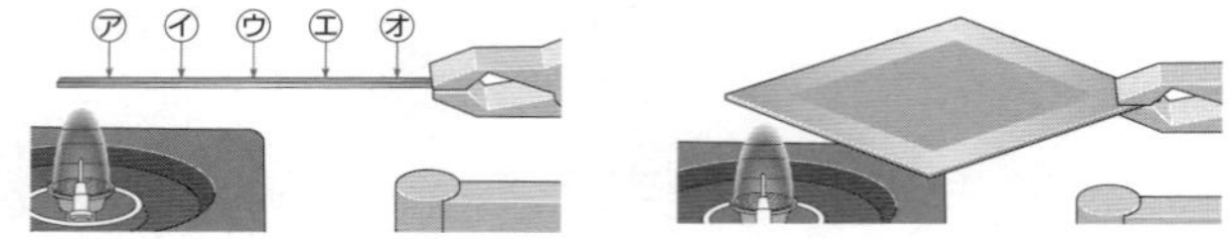

(1) 金ぞくのぼうを熱したとき、あたたまる順《じゅん》に㋐、㋑、㋒、㋓、㋔をならべましょう。

はやい　　おそい
(㋐)→(㋑)→(㋒)→(㋓)→(㋔)

(2) 金ぞくの板を熱したときの、あたたまっていく様子として正しいものに○をつけましょう。

ア(　)　イ(○)　ウ(　)

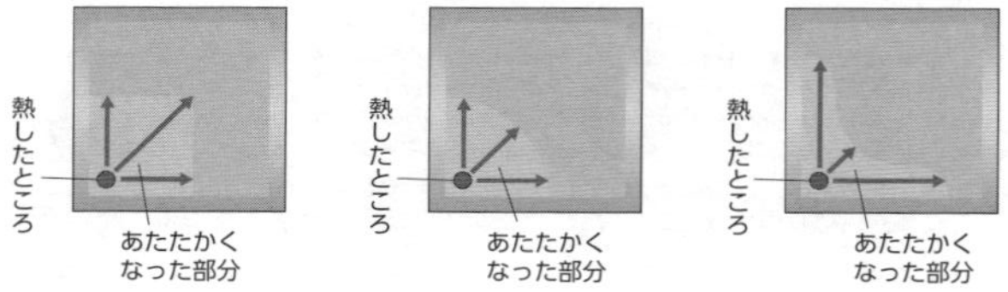

2 試験管《しけんかん》に入れた、し温インクをとかした水の一部を熱して、水のあたたまる順を調べました。

(1) し温インクの色は、あたためると、何色に変《か》わりますか。

(ピンク色)

(2) まん中を熱したときの水のあたたまる順について、正しいものに○をつけましょう。

ア(○)上の方が先にあたたまる。
イ(　)まん中が先にあたたまる。
ウ(　)下の方が先にあたたまる。

ヒント ❶ (1)金ぞくは、熱したところから順にあたたまります。

55ページ てびき

❶ (1)金ぞくのぼうは、熱《ねっ》したところから順《じゅん》にあたたまります。
(2)金ぞくは、一部を熱すると、熱したところから順に、周《まわ》りに広がるようにあたたまります。

❷ し温インクは、あたたまると色がピンク色に変わります。水は、上の方が先にあたたまります。

おうちのかたへ
ここでは、金属のあたたまり方と、水や空気のあたたまり方が異なることを学習します。
なお、熱の伝わり方の詳しい内容や、「伝導(熱伝導)」「対流」「放射(熱放射)」の用語は、中学校で学習します。

おうちのかたへ 9. もののあたたまり方
実験器具を使い、金属、水、空気をあたためたときの熱の伝わり方(あたたまり方)を学習します。
金属は熱せられた部分から順にあたたまること(熱伝導)、水と空気は熱せられた部分が移動してあたたまること(対流)を理解しているか、などがポイントです。

ぴったり1 じゅんび

9. もののあたたまり方

②水のあたたまり方2
③空気のあたたまり方

学習 56ページ

水や空気はどのようにあたたまっていくのか、かくにんしよう。

教科書 152〜159ページ　答え 29ページ

下の(　)にあてはまる言葉を書くか、あてはまるものを○でかこもう。

1 あたためられた水は、上の方に動くのだろうか。

教科書 152〜155ページ

▶ビーカーの中の水のあたたまり方
- 水にとかした、し温インクの色の変化《へんか》で調べる。
- し温インクの色は、あたたまるとピンク色に変《か》わり、水の色は、(① ㊤上 ・ 下)の方からピンク色に変わる。

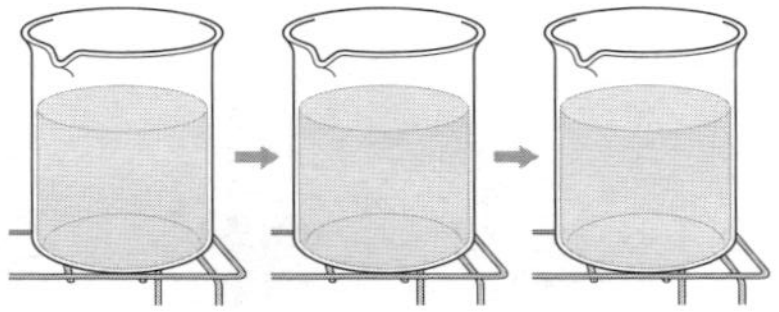

▶水は、一部を熱《ねつ》すると、熱してあたためられた部分が(② ㊤上 ・ 下)の方に動いて、(③ ㊤上 ・ 下)から順《じゅん》にあたたまり、やがて、全体があたたまる。

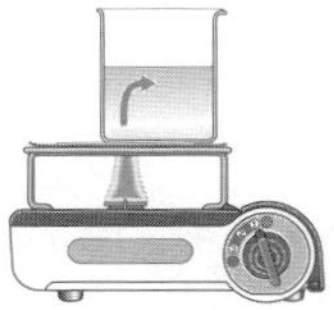

2 空気は、どのような順にあたたまるのだろうか。

教科書 156〜159ページ

▶水そうの中に入れた空気のあたたまり方
- 水そうの中の空気の、白熱電球であたためる前の温度は、上の方と下の方は(① **同じ**)である。
- あたため始めてから10分後の空気の温度は、水そうの(② ㊤上 ・ 下)の方が高い。

▶白熱電球によってあたためられた水そうの中の空気は、(③ ㊤上 ・ 下)の方に動いて、(④ ㊤上 ・ 下)から順にあたたまり、やがて、全体があたたまる。

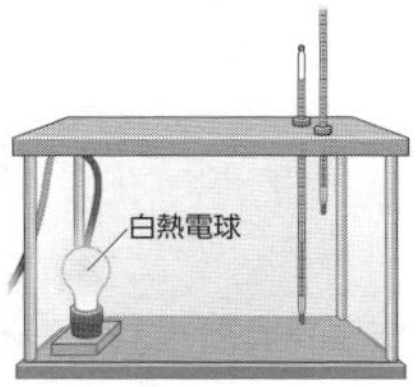

ここがだいじ！
①あたためられた水は、上の方に動く。
②空気は、水と同じように、一部を熱すると、熱してあたためられた部分が上の方に動いて、上から順にあたたまり、やがて、全体があたたまる。

ぴたトリビア　だんぼうをかけた部屋では上の方だけがあたたかくなったり、れいぼうをかけた部屋では下の方だけがすずしくなったりすることがあります。

ぴったり2 練習

9. もののあたたまり方

②水のあたたまり方2
③空気のあたたまり方

学習 57ページ

教科書 152〜159ページ　答え 29ページ

1 水のあたたまり方を調べるために、ビーカーの中の水にし温インクをとかして熱《ねつ》しました。

(1) し温インクをとかしたのは、あたたまった水の何を見るためですか。
(**動き**)

(2) ㋐〜㋒は、ビーカーの底《そこ》のはしをあたためたときの様子です。し温インクの色が変《か》わっていく順《じゅん》を、記号で答えましょう。
(㋐→㋒→㋑)

(3) 水はどのようにあたたまりますか。正しいものに○をつけましょう。
ア(　)熱した部分の水から順にあたたまっていく。
イ(○)あたためられた水が上の方に動き、全体があたたまっていく。
ウ(　)あたためられた水が下の方に動き、全体があたたまっていく。

2 右の図のように、ストーブであたためている部屋《へや》の上の方と下の方で、空気の温度をはかりました。

(1) ㋐と㋑で、温度が高いのはどちらですか。
(㋐)

(2) あたためられた空気の動き方は、㋒と㋓のどちらですか。
(㋒)

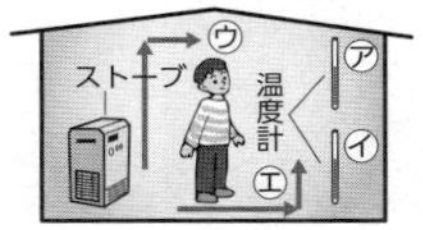

(3) 空気のあたたまり方について、どのようなことがいえますか。正しいものに○をつけましょう。
ア(　)金ぞくと同じようにあたたまる。
イ(○)水と同じようにあたたまる。
ウ(　)金ぞくとも水ともちがうあたたまり方をする。

ヒント ❷ 空気のあたたまり方は目で見ることができないので、金ぞくのあたたまり方や水のあたたまり方とくらべて考えましょう。

57ページ　てびき

❶ (1)し温インクは、あたたまった水の動きを調べるために入れます。
(2)し温インクは、あたためるとピンク色に変《か》わります。ピンク色の部分は、水があたためられる順《じゅん》に、上の方から下の方へ変わっていきます。
(3)水は、一部を熱《ねつ》すると、熱してあたためられた水が上の方に動いて、上から順にあたたまり、やがて、全体があたたまります。

❷ (1)熱してあたためられた空気が上の方に動くので、部屋《へや》の上の方の温度が高くなります。
(2)あたためられた空気は、上の方に動き、上から順にあたたまっていきます。
(3)空気は、水と同じように、一部を熱すると、あたためられた空気が上の方に動いて、上から順にあたたまり、やがて、全体があたたまります。

ぴったり3 たしかめのテスト

9. もののあたたまり方

58ページ

/100 合格 70 点

教科書 144～161ページ　答え 30ページ

よく出る

1 正方形の金ぞくの板の一部を熱《ねっ》して、金ぞくの板のあたたまり方を調べました。 各8点(24点)

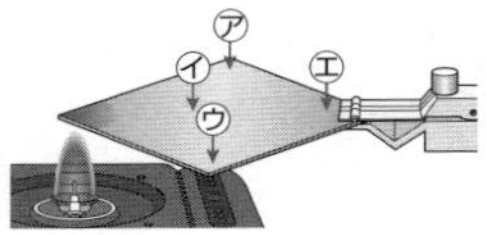

(1) いちばん先にあたたまるのは、㋐～㋓のどこですか。

(㋑)

(2) ほぼ同時にあたたまるのは、㋐～㋓のどことどこですか。

(㋐と㋒)

(3) 次の金ぞくの板があたたまる様子を表した図で、正しいものに○をつけましょう。

ア(　)　イ(○)　ウ(　)　エ(　)

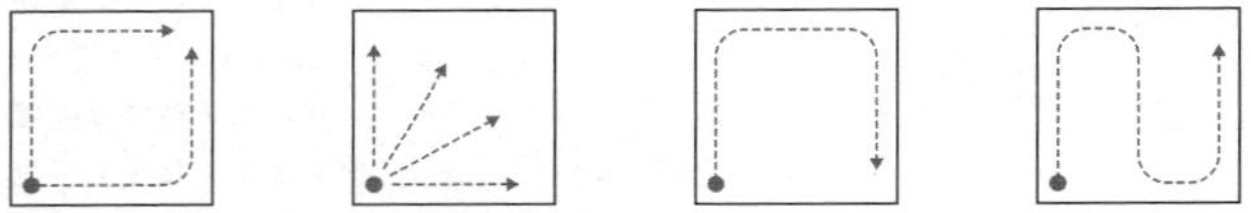

2 ストーブで、部屋《へや》をあたためて、空気の温度を調べました。 各8点(16点)

(1) しばらくたってから空気の温度をくらべました。天じょうに近いところとゆかに近いところでは、どちらの温度が高いですか。

(天じょうに近いところ)

(2) ストーブの近くでは、空気はどのように動いていますか。正しいものに○をつけましょう。

ア(　)　イ(○)　ウ(　)

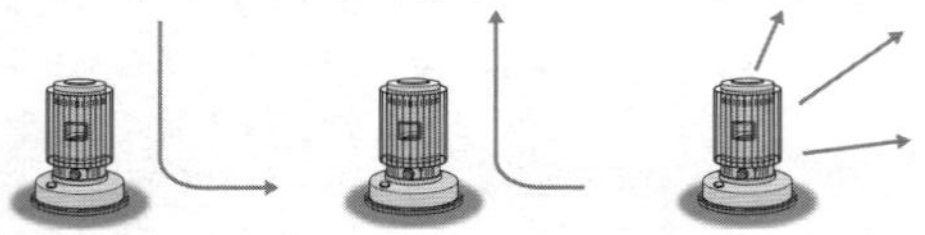

学習

59ページ

よく出る

3 試験管《しけんかん》に入れた水のあたたまり方を調べました。 各8点(24点)

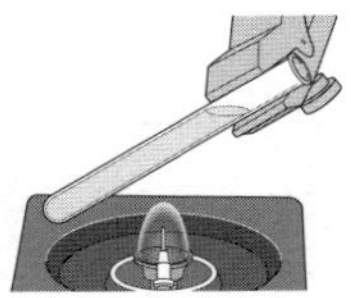

(1) 水のあたたまり方を調べるために、あたためると色が変《か》わるものを水にとかしました。このとかしたものを何といいますか。

(し温インク)

(2) 試験管のまん中を小さいほのおで熱すると、水にとかした(1)の色が先に変わるのは、上の方ですか、下の方ですか。

(上の方)

(3) 水が先にあたたまるのは、上の方ですか、下の方ですか。

(上の方)

この本の終わりにある「冬のチャレンジテスト」をやってみよう！

4 水のあたたまり方を調べるために、し温インクをとかした水をビーカーに入れて、ビーカーの底《そこ》のはしの部分を熱しました。 各8点(16点)

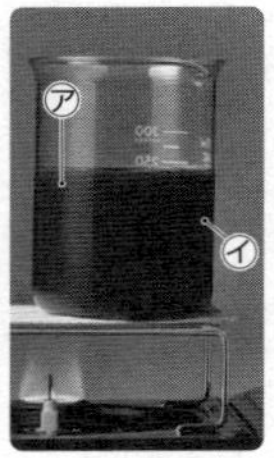

(1) 底のはしの部分を熱したとき、㋐と㋑では、どちらが先に色が変わりますか。

(㋐)

(2) 水はどのようにあたたまるといえますか。正しいものに○をつけましょう。

ア(　)水は熱した部分から順《じゅん》にあたたまるので、下の方からあたたまり、やがて、全体があたたまる。

イ(○)熱してあたためられた水が上の方に動いて、上から順にあたたまり、やがて、全体があたたまる。

できたらスゴイ！

5 金ぞくのぼうのまん中を熱して、あたたまり方を調べました。なお、㋐～㋓は同じ間かくです。 思考・表現 各10点(20点)

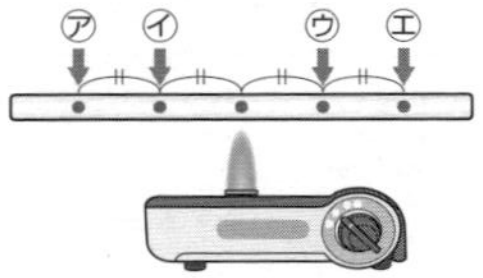

(1) 金ぞくのぼうを水平にして、そのまん中を熱したとき、㋐と㋓のあたたまり方はどうなりますか。正しいものに○をつけましょう。

ア(　)㋐の方が先にあたたまる。

イ(　)㋓の方が先にあたたまる。

ウ(○)㋐と㋓は同時にあたたまる。

(2) 記述 (1)のように答えた理由を説明《せつめい》しましょう。

(金ぞくは熱したところから順にあたたまる(ので、同じだけはなれているところなら同時にあたたまる)から。)

ふりかえり　3がわからないときは、54ページの2にもどってかくにんしましょう。
5がわからないときは、54ページの1にもどってかくにんしましょう。

58～59ページ　てびき

1 (1)熱《ねっ》したところから、いちばん近いところです。
(2)熱したところから、ほぼ同じ長さにあるところです。
(3)熱したところから順《じゅん》に、周《まわ》りに広がるようにあたたまります。

2 空気は、熱してあたためられた空気が上の方に動いて、上から順にあたたまります。

3 (1)し温インクは、冷《ひ》やすと青色、あたためるとピンク色になります。
(2)(3)水は、熱してあたためられた水が上の方に動いて、上の方から順にあたたまります。し温インクの色は、あたためられた上の方からピンク色に変《か》わります。

4 ビーカーを熱すると、㋐の方が先に色が変わります。これは、あたためられた水が上の方に動くからです。

5 金ぞくは熱したところから順にあたたまっていきます。そのため、金ぞくのぼうのまん中をあたためると、左右のどちらも同じようにあたたまっていきます。

ぴったり1
じゅんび ★ 冬の星

60ページ

冬の夜空に見られる星の色や明るさ、星ざをかくにんしよう。

3分でまとめ

教科書 163〜167ページ 答え 31ページ

下の(　)にあてはまる言葉を書くか、あてはまるものを○でかこもう。

1 オリオンざは、どのように位置《いち》が変化《へんか》するのだろうか。 教科書 163〜167ページ

▶冬に見られる星や星《せい》ざ
- ベテルギウス…(① **オリオン**)ざ
- リゲル…(② **オリオン**)ざ
- プロキオン…(③ **こいぬ**)ざ
- シリウス…(④ **おおいぬ**)ざ

▶ベテルギウス、シリウス、プロキオンは、どれも1等星である。この3つの星を結《むす》んでできる形は
(⑤ **冬の大三角**)とよばれている。

▶オリオンざの1等星のうち、赤っぽい星は(⑥ **ベテルギウス**)で、青っぽい星はリゲルである。

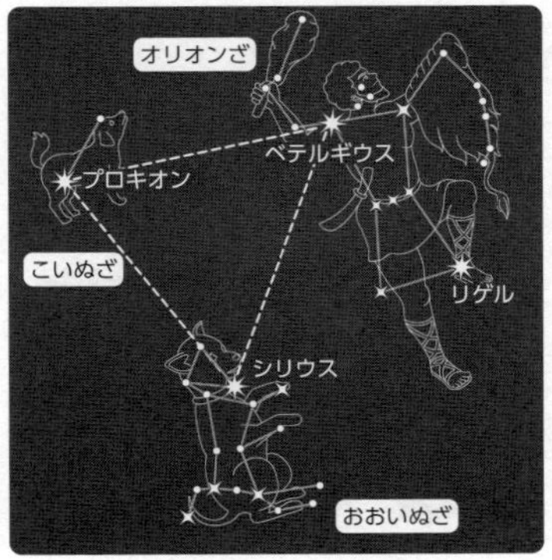

▶オリオンざの位置の変化
- オリオンざは、午後6時ごろと午後8時ごろでは、星のならび方は(⑦ 変《か》わる ・ (変わらない))。
- オリオンざは、午後6時ごろに(⑧ 北 ・ (東))の空に見える。
- 午後8時ごろ見えるオリオンざは、午後6時ごろにくらべて(⑨ 低《ひく》い ・ (高い))ところの、(⑩ 東 ・ (南) ・ 西 ・ 北)の方に位置が変化する。

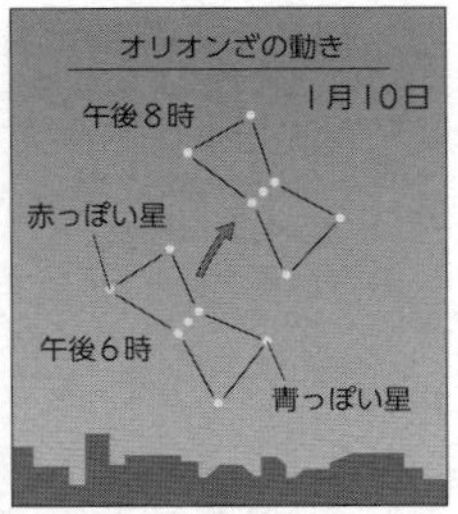

オリオンざの星のならび方は変化していないよ。

ここが だいじ! ①夜、東の空に見えるオリオンざは、時間がたつと高くなりながら南の方に位置が変化するが、星のならび方は変化しない。

ぴたトリビア ギリシャ神話で、オリオンはさそりにさされて死んだので、さそりをおそれ、オリオンざはさそりざと同時に空にのぼらないといわれています。

ぴったり2
練習 ★ 冬の星

61ページ

教科書 163〜167ページ 答え 31ページ

1 冬の夜空を見上げると、南東の空に図のような星が見えました。

(1) 3つの明るい星㋐、㋑、㋒の名前を書きましょう。
㋐(**ベテルギウス**)
㋑(**プロキオン**)
㋒(**シリウス**)

(2) 3つの星㋐、㋑、㋒を結《むす》んでできる三角形㋕を、何とよびますか。
(**冬の大三角**)

(3) ㋖の星《せい》ざの名前を書きましょう。
(**オリオンざ**)

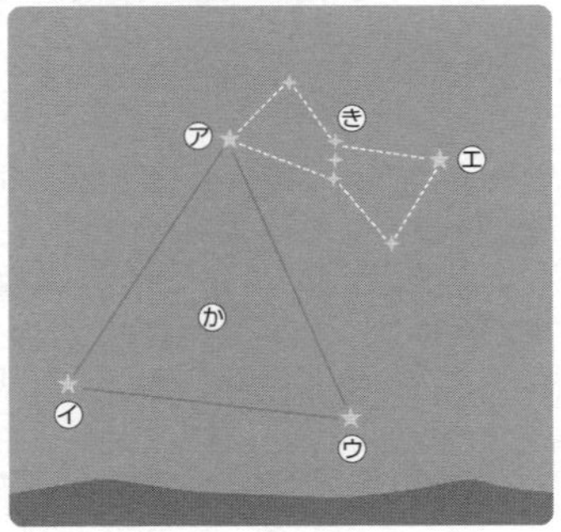

(4) ㋖の星ざで、1等星㋓の名前を書きましょう。
(**リゲル**)

2 右の図は、ある日の午後6時にオリオンざを観察《かんさつ》したときの様子です。

(1) このあと午後8時ごろになると、オリオンざは、図の㋐〜㋒のどの方向に動いた位置《いち》にありますか。
(㋑)

(2) 午後8時ごろのオリオンざは、次の図のどれですか。正しいものに○をつけましょう。
ア(　)　イ(　)　ウ(○)

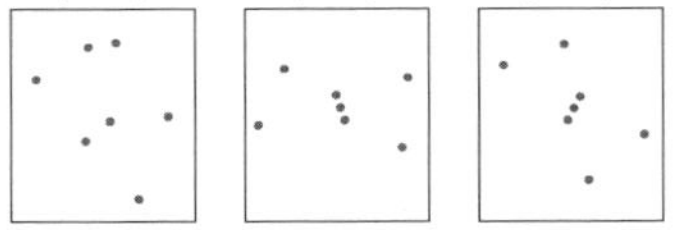

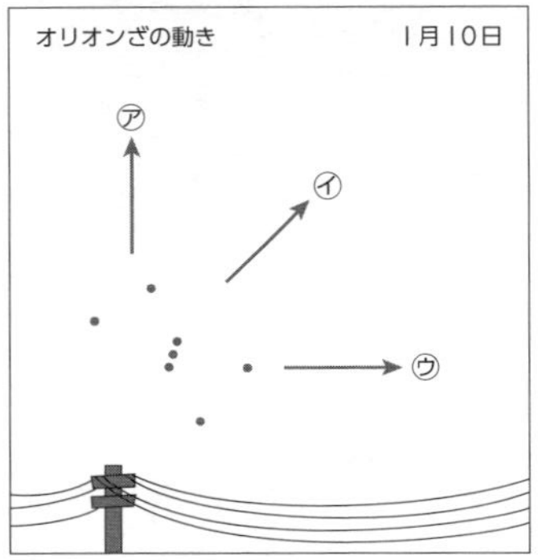

ヒント ❷ オリオンざは、時間がたつと高くなりながら南の方に位置が変化しますが、星のならび方は変化しません。

おうちのかたへ ★ 冬の星
「★ 夏の星」に続いて、星の色や明るさ、星の動きを学習します。
ここでは冬に見られる星を扱います。

61ページ てびき

❶ (1)(2)㋐はオリオンざの1等星、㋑はこいぬざの1等星、㋒はおおいぬざの1等星です。この3つの星を結《むす》んでできる形は、冬の大三角とよばれています。
(3)(4)オリオンざには、㋐の赤っぽく見えるベテルギウスと㋓の青っぽく見えるリゲルという、2つの1等星があります。

❷ (1)午後8時ごろのオリオンざは、午後6時ごろにくらべて、高いところの南の方に位置《いち》が変《か》わります。
(2)星《せい》ざは、時間がたっても星のならび方は変わりません。

ぴったり3 たしかめのテスト ★ 冬の星

62ページ

/100 合格70点

教科書 162～169ページ　答え 32ページ

よく出る

1 右の図は、冬の夜空の一部です。㋐～㋓は１等星で、㋕～㋛は２等星です。

各7点(42点)

(1) 冬の大三角は、どの星を結《むす》んでできる形のことをいいますか。図の星の中から３つ選《えら》び、記号で答えましょう。
（㋐）
（㋒）
（㋓）

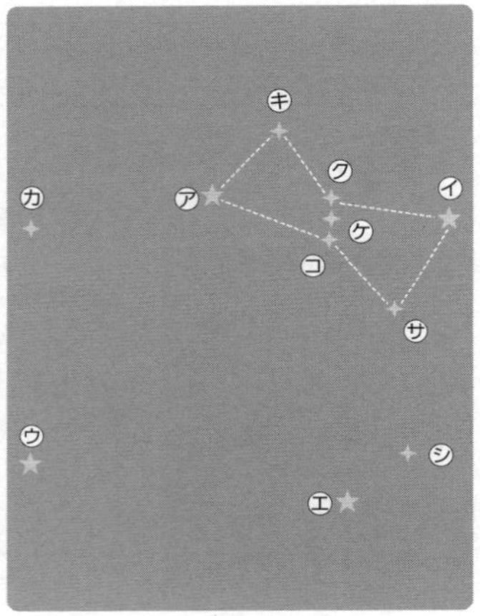

(2) ㋐～㋓の中で赤っぽい星はどれですか。
（㋐）

(3) (2)で答えた星の名前を書きましょう。
（ベテルギウス）

(4) ㋓は、おおいぬざの星です。㋓の星の名前を書きましょう。
（シリウス）

2 星の位置《いち》の変化《へんか》を調べました。

技能　各6点(12点)

(1) 星の位置の変化を調べるとき、星をさがすのに使うあを何といいますか。
（星ざ早見）

(2) 星の位置の変化を調べるときは、どのようにしますか。正しいほうに○をつけましょう。
ア（○）観察《かんさつ》する場所や向きを変《か》えないで行う。
イ（　）星を見やすいように、観察する場所や向きを変えて行う。

63ページ

学習

よく出る

3 図は、午後６時と午後８時に星《せい》ざを観察したときの様子を表したものです。

各6点(18点)

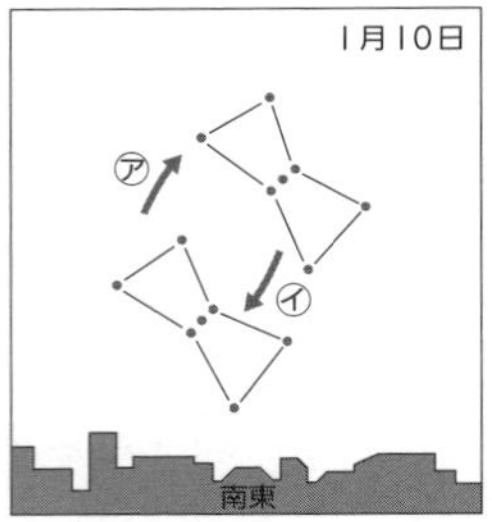

(1) 観察した星ざの名前を書きましょう。
（オリオンざ）

(2) 午後６時から午後８時までの星の動きを表しているのは、㋐と㋑のどちらですか。
（㋐）

(3) 星ざを観察して、時間がたっても変わらなかったのは、星の何ですか。
（ならび方）

できたらスゴイ！

4 下の図は、冬の大三角とその近くの星を記録《きろく》したものです。

各7点(28点)

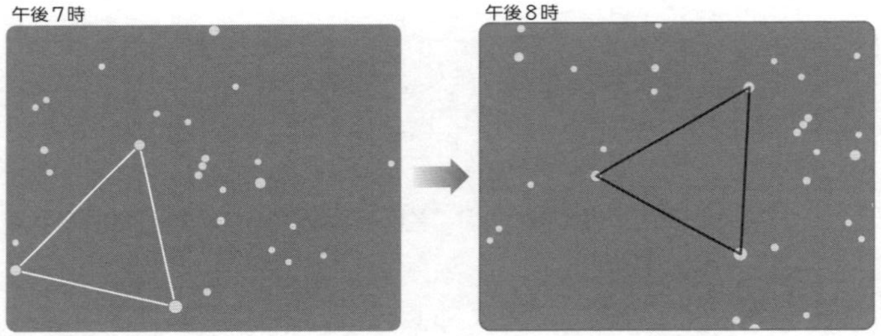

(1) 作図 午後８時には、冬の大三角はどの位置にありますか。線で結びましょう。

(2) 冬の大三角をつくっている星やその近くの星の明るさは、どれも同じだといえますか、いえませんか。
（いえません。）

(3) 記述 星の見える位置は、時間がたつと、どうなるといえますか。　思考・表現
（(星の見える位置は、)時間がたつと、変化する。）

(4) 記述 星のならび方は、時間がたつと、どうなるといえますか。　思考・表現
（(星のならび方は、)時間がたっても変化しない。）

ふりかえり
1がわからないときは、60ページの1にもどってかくにんしましょう。
4がわからないときは、60ページの1にもどってかくにんしましょう。

62～63ページ　てびき

1 (1)オリオンざのベテルギウス(㋐)、こいぬざのプロキオン(㋒)、おおいぬざのシリウス(㋓)を結《むす》んでできる形を、冬の大三角とよんでいます。
(2)(3)㋐のベテルギウスが、赤っぽい色をしています。また、㋑のリゲルは、青っぽい色をしています。

2 (2)観察《かんさつ》する場所を決めておき、時こくが変《か》わっても、同じ向きで空を見て、星の位置《いち》の変化《へんか》を調べます。

3 (1)オリオンざは、冬の夜空に、よく見える星《せい》ざです。
(2)オリオンざの位置は、東の方から南の方へ動きながら高くなっていきます。

4 (1)冬の大三角の位置は、オリオンざやおおいぬざ、こいぬざなどの動きといっしょに、変わっていきます。
(2)星の明るさはそれぞれちがいます。

(3)(4)星の位置は時間がたつと変化しますが、星のならび方は、時間がたっても変化しないので、星ざを見つけることができます。

ぴったり1 じゅんび ★冬と生き物

学習 64ページ

冬に見られる植物や動物の様子をかくにんしよう。

3分でまとめ

教科書 171〜177ページ　答え 33ページ

下の(　)にあてはまる言葉を書くか、あてはまるものを○でかこもう。

1 冬になって、ヘチマは、秋のころからどのように変《か》わっているのだろうか。 教科書 172〜174ページ

▶冬の気温

・気温は、秋のころよりもさらに(① 上がって ・ (下がって))いる。

▶ヘチマの様子

・ヘチマは(② 成長《せいちょう》して ・ (かれて))、
実の中には(③ たね)が残《のこ》っている。

2 冬になって、こん虫や鳥などは、秋のころからどのように変わっているのだろうか。 教科書 175〜177ページ

▶冬のころのこん虫や鳥などの様子

ナナホシテントウ

(① 葉)のかげに集まって冬をこす。

オオカマキリ

(② たまご)のすがたで冬をこす。

ヒキガエル

(③ 土)の中でとうみんして冬をこす。

オナガガモ

水辺《みずべ》などで見られる。

・寒い冬は、動物はあまり見られなくなる。こん虫などは、葉のかげや(④ 水 ・ (土))の中で冬をこしたり、(⑤ たまご)やさなぎのすがたで冬をこしたりしている。

・鳥は、上の写真のような、(⑥ カモ)の仲間《なかま》などが見られる。

ここがだいじ!
冬になって、気温がさらに下がると、
①ヘチマは、秋のころにつけた実の中にたねを残して、かれてしまう。
②こん虫などは、葉のかげや土の中で冬をこしたり、たまごやさなぎのすがたで冬をこしたりしている。また、鳥は、カモなどが見られる。

ぴたトリビア　動物が長い間じっとして冬ごしをする理由は、冬はじゅうぶんな食べ物がないことや、動物によっては体温が下がって活動しにくくなることが考えられます。

ぴったり2 練習 ★冬と生き物

学習 65ページ

教科書 171〜177ページ　答え 33ページ

1 冬のころのヘチマの様子を調べました。

(1) 秋のころは、夏のころにくらべて、気温が下がりました。では、冬のころになると、気温は、秋のころにくらべてどうなりますか。

((さらに)下がる。)

(2) 冬のころのヘチマの様子を表しているのは、㋐、㋑のどちらですか。

(㋐)

(3) 冬のころになると、ヘチマは実の中に何を残《のこ》して、かれてしまいますか。

(たね)

㋐

㋑

2 冬のころの動物の様子について調べました。

(1) 右の①はオオカマキリ、②はアゲハが冬をこすときのすがたです。このすがたを何といいますか。それぞれ正しいものに○をつけましょう。

①

②

① オオカマキリ
ア(　)よう虫　イ(　)さなぎ　ウ(○)たまご

② アゲハ
ア(　)よう虫　イ(○)さなぎ　ウ(　)たまご

(2) 次の文の中で、冬のころの動物の様子について書いてあるものを3つ選《えら》び、○をつけましょう。

ア(○)ナナホシテントウが、葉のかげに集まっている。
イ(　)ショウリョウバッタが、たまごを産《う》んでいる。
ウ(　)巣《す》を作っているシジュウカラが見られる。
エ(○)土の中に、カブトムシのよう虫がいる。
オ(　)たまごからかえった、オオカマキリのよう虫が見られる。
カ(○)土の中で、ヒキガエルがとうみんをしている。

ヒント ❷ 寒い冬には、動物はあまり見られません。

65ページ てびき

❶ (2)冬のころのヘチマはかれて、実の色は茶色になっています。㋑は秋のころの様子です。
(3)かれた実の中には、たねが入っています。

❷ (1)オオカマキリはたまごのすがたで、アゲハはさなぎのすがたで冬をこします。
(2)イは秋のころの様子、ウとオは春のころの様子です。

おうちのかたへ　★冬と生き物

「1．季節と生き物」「★夏と生き物」「★秋と生き物」に続いて、身の回りの生き物を観察して、植物の成長や動物の活動が季節によって違うことを学習します。ここでは冬の生き物を扱います。

66ページ

ぴったり3 たしかめのテスト ★ 冬と生き物

/100 合格70点

教科書 170〜177ページ　答え 34ページ

よく出る

1 冬のころのこん虫の様子について答えましょう。 各6点(12点)

(1) 秋のころにくらべて、こん虫の種類(しゅるい)や数はどうなりますか。次の㋐〜㋒から選(えら)んで記号で答えましょう。

㋐ 多くなる。　㋑ 少なくなる。　㋒ ほとんど変(か)わらない。

（㋑）

(2) 葉のかげに集まっているのが見られるのは、次の㋐〜㋒のどれですか。

㋐ オオカマキリ　㋑ コオロギ　㋒ ナナホシテントウ

（㋒）

2 冬のころのヘチマの様子を調べました。 各6点(24点)

(1) ヘチマのあの中には、何ができていますか。

（たね）

(2) くきについて、冬のころの様子について書いているものに○をつけましょう。

ア(　)くきののびが止まった。
イ(　)芽(め)が出て、のび始めた。
ウ(○)かれてしまった。
エ(　)大きくのびた。

(3) 葉について、冬のころの様子について書いているものに○をつけましょう。

ア(　)子葉が出て、葉がふえてきた。
イ(○)かれてしまった。
ウ(　)葉がかれ始めた。
エ(　)葉の数がふえた。

(4) ヘチマは、どのように冬をこしますか。正しいものに○をつけましょう。

ア(　)えだに芽をつけて冬をこす。
イ(○)たねのすがたで冬をこす。
ウ(　)実をつけて冬をこす。

67ページ

よく出る

3 冬のころの動物を観察(かんさつ)しました。 各6点(36点)

①

②

③

(1) 上の①〜③は、それぞれ、何という動物の冬のころの様子ですか。次の㋐〜㋓から選び、記号で答えましょう。

㋐ オナガガモ　㋑ ヒキガエル　㋒ カブトムシ　㋓ オオカマキリ

①（㋑）　②（㋓）　③（㋐）

(2) ①〜③の動物は、それぞれ冬をどこですごしますか。次の㋐〜㋓から選び、記号で答えましょう。

㋐ 池や湖　㋑ 土の中　㋒ かれた植物のくき　㋓ かれた葉の上

①（㋑）　②（㋒）　③（㋐）

できたらスゴイ！

4 右の写真は、冬のころのサクラの様子です。 (1)〜(3)は各6点、(4)は10点(28点)

(1) 右のサクラの写真で、あは何ですか。

（芽）

(2) あをよく見ると、どうなっていますか。正しいものに○をつけましょう。

ア(　)小さな花びらが何まいも重なっている。
イ(　)緑色の葉がのぞいている。
ウ(○)秋のころよりも大きくなっている。

(3) 右の写真で、サクラはかれていますか、かれていませんか。

（かれていません。）

(4) [記述] (3)は、どんなことから考えられますか。かんたんに書きましょう。 思考・表現

（えだの先に芽をつけているから。）

ふりかえり

1がわからないときは、64ページの2にもどってかくにんしましょう。
3がわからないときは、64ページの2にもどってかくにんしましょう。

66〜67ページ てびき

1 (1)冬になると、こん虫のすがたはあまり見られなくなります。
(2)オオカマキリとコオロギは、たまごのすがたで冬をこします。

2 (1)冬になって、かれたヘチマの実の中には、たくさんのたねが入っています。
(2)アは秋、イは春、エは夏のころの様子です。
(3)アは春、ウは秋、エは夏のころの様子です。
(4)アはサクラなどの木が、冬をこすすがたです。

3 ①はヒキガエルで、土の中でとうみんします。②はオオカマキリのたまごで、かれた植物のくきのあたりで見られます。③はオナガガモで、池や湖などの水辺(みずべ)で泳ぐすがたが見られます。

4 (1)(2)秋のころは小さかった芽(め)が、冬のころは大きくなっています。

4 (3)サクラは、冬には、葉はすべて落ちていますが、かれたのではなく、芽をつけて冬をこします。
(4)かれたえだに芽がつくことはありません。芽がついていることを書きましょう。

68ページ

ぴったり1 じゅんび

10. 水のすがたの変化《へんか》

①水を冷《ひ》やしたときの変化

水を冷やし続けたときの変化をかくにんしよう。

3分でまとめ

教科書 179～184ページ　答え 35ページ

下の(　)にあてはまる言葉を書くか、あてはまるものを○でかこもう。

1 水を冷《ひ》やし続《つづ》けると、水は、どのようにして氷にすがたが変《か》わるのだろうか。 教科書 179～184ページ

▶水を冷やし続けたときの、水の温度とすがたの変化の調べ方

- 図1のように、水と温度計を入れた試験管《しけんかん》を、(① **食塩**)を入れた氷水で冷やし、水の温度とすがたの変化を調べる。
- 氷水に(①)を入れると、氷水だけのときよりも(② 高 ・ (低《ひく》))い温度にすることができる。

図1

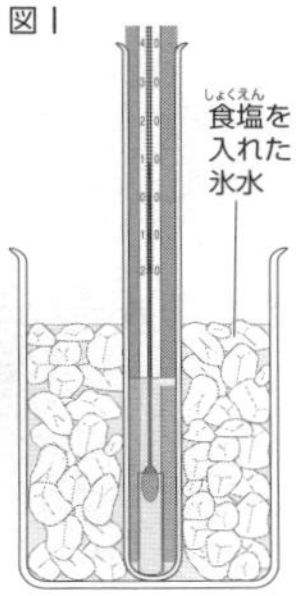

図2

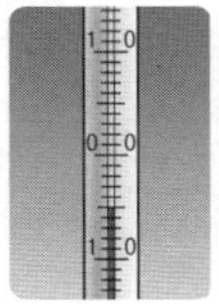

▶0℃よりも低い温度の表し方

- 図2の温度は、0℃より(③ **5**)度低い温度である。
- この温度を「−5℃」と書いて、「(④ ひく ・ (マイナス))5ど」と読む。

▶水の温度と水のすがたの変化

- 水を冷やし続けて、温度が(⑤ **0**)℃になると、試験管の水がこおり始めた。
- 水が全部こおるまでの間、水の温度は(⑥ **0**)℃のままで変わらなかった。
- 水は、氷にすがたが変わると、体積《たいせき》が(⑦ 小さくなる ・ 変わらない ・ (大きくなる))。
- 全部こおったあと、温度は(⑧ (下がる) ・ 変わらない ・ 上がる)。

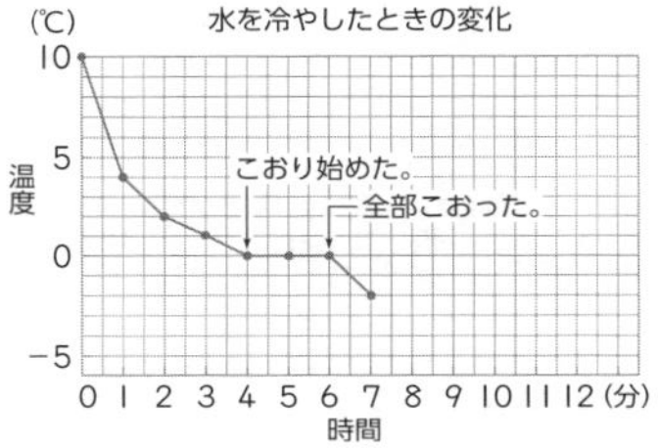

▶水がこおる前のすがたを(⑨ 固体《こたい》 ・ (液体《えきたい》))といい、水がこおったあとのすがたを(⑩ (固体) ・ 液体)という。

> **ここがだいじ!**
> ①水を冷やし続けると、水は、0℃でこおり始めて、周《まわ》りから少しずつ氷にすがたが変わる。
> ②水は、こおり始めてから、全部こおるまでの間、温度が0℃のまま変わらない。
> ③水は、氷にすがたが変わると、体積が大きくなる。

ぴたトリビア　水を冷やし続けると液体から固体になりますが、このとき、体積は約1.1倍になります。

68

69ページ

ぴったり2 練習

10. 水のすがたの変化《へんか》

①水を冷《ひ》やしたときの変化

教科書 179～184ページ　答え 35ページ

1 図1のように、水と温度計を入れた試験管《しけんかん》を、食塩《しょくえん》を入れた氷水で冷やし、水の温度とすがたの変化を調べました。

図1

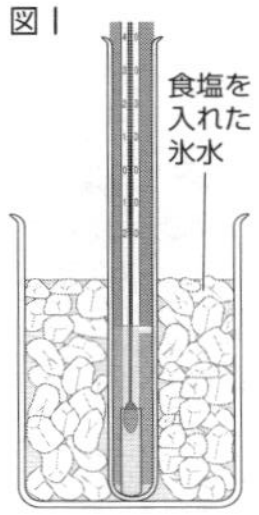

(1) ビーカーの中には、食塩を入れた氷水が入っています。氷水に食塩を入れると、氷水の温度はどうなりますか。正しいものに○をつけましょう。

ア(　)0℃より高くなる。
イ(　)0℃くらいになる。
ウ(○)0℃より低《ひく》くなる。

(2) 試験管の中の水がこおり始めたときの、水の温度は何℃ですか。

(**0℃**)

(3) 試験管の中の水がこおり始めてから全部こおるまでの間、水の温度はどうなっていますか。

(**変わらない。(0℃のまま。)**)

(4) 水を冷やし続《つづ》けて全部こおったあと、水面の位置《いち》はどうなりますか。図2の㋐～㋒から選《えら》び、記号で答えましょう。

(**㋑**)

図2

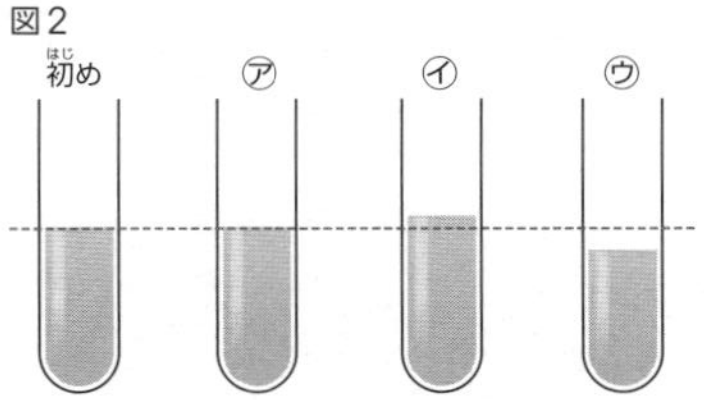

(5) 水は、こおる前とこおったあとでは、すがたが変《か》わります。

① 水のこおる前のすがたを何といいますか。

(**液体**)

② 水のこおったあとのすがたを何といいますか。

(**固体**)

(6) 図1のビーカーの中の、食塩を入れた氷水の中に温度計を入れて、氷水の温度をはかると、図3のようになりました。温度計の目もりは何℃ですか。また、その温度は、何と読みますか。

温度(**−12℃**)
読み方(**マイナス12ど**)

図3

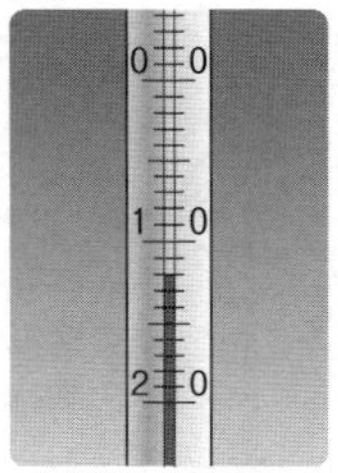

ヒント ❶ (4)水は氷にすがたが変わると、体積《たいせき》が大きくなります。

69

> **おうちのかたへ**　10. 水のすがたの変化
> 実験器具を使い、水が温度によって氷や水蒸気になることを学習します。
> 水を冷やすと0℃で氷になること、水を熱すると約100℃で沸騰して水蒸気になることを理解しているか、水の状態変化(固体・液体・気体)を考えることができるか、などがポイントです。

69ページ　てびき

❶ (1)氷水に食塩《しょくえん》を入れると、氷水だけのときよりも低《ひく》い温度にすることができます。

(2)水の温度が0℃になると、水はこおり始めます。

(3)水から氷にすがたが変《か》わる間は、水の温度は0℃のままです。

(4)水は、氷にすがたが変わると、体積《たいせき》が大きくなります。

(5)水のこおる前のすがたを液体《えきたい》といい、こおったあとのすがたを固体《こたい》といいます。

(6)0℃より低い温度は、「−(マイナス)」をつけて表します。

> **おうちのかたへ**
> 小学校の算数では、負(マイナス)の数は学習しません。0℃より低い温度の学習では、0℃の目盛りからいくつ下かを数えて、−の記号をつけて表す、ということを意識づけさせるとよいでしょう。

ぴったり1 じゅんび

10. 水のすがたの変化《へんか》
②水をあたためたときの変化

70ページ

水をあたため続けたときの変化をかくにんしよう。

教科書 185〜193ページ　答え 36ページ

下の（　）にあてはまる言葉を書くか、あてはまるものを○でかこもう。

1 水をあたため続《つづ》けると、水は、どのように変化するのだろうか。 教科書 185〜189ページ

▶水をあたためたときの変化
・ビーカーに入れた水をあたためていくと、底《そこ》に（① あわ ）が出てくる。
・水をあたため続けると、水の中からも小さい（② あわ ）が出るようになる。
・さらに、水をあたため続けて、温度が（③ 100 ）℃近くになると、わきたって、中からさかんにあわが出るようになる。

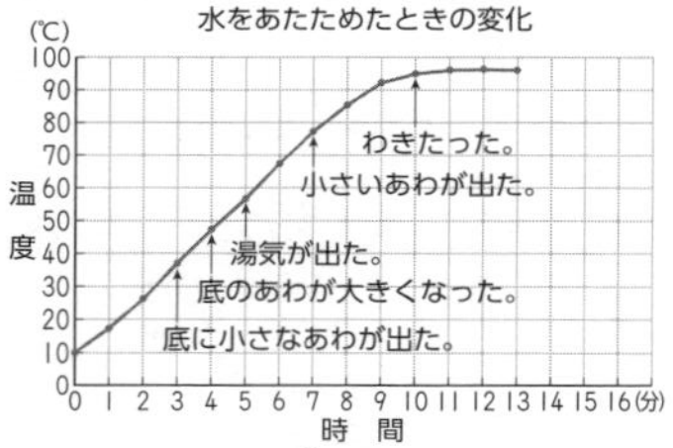

▶水は、わきたっている間は、温度は（④ 上がり続ける ・ 変《か》わらない（○））。
▶液体《えきたい》の水がわきたって、中からさかんにあわが出ることを（⑤ ふっとう ）という。
▶水がふっとうしたあとのビーカーの中の水の量《りょう》は、初《はじ》めよりも（⑥ へって（○） ・ ふえて ）いる。

2 水がふっとうしているときに出るあわは何だろうか。 教科書 190〜193ページ

▶右の図のように、水がふっとうしているときに出るあわを、ふくろに集めると、ふくろの中がくもる。
・火を消すと、ふくろの中に水てきがつき、しばらくすると、ふくろに（① 水 ）がたまる。
・水がふっとうしているときに出るあわは、すがたが変わった（② 水 ）である。

▶水がふっとうしたときに出るあわを、（③ 水じょう気 ）という。水《すい》じょう気《き》は、目に見えなくなった水である。
▶水がふっとうして、目に見えなくなったすがたを（④ 液体 ・ 気体《きたい》（○））という。
▶湯気は、水じょう気が（⑤ 熱《ねっ》せられて ・ 冷《ひ》やされて（○））、液体の水の小さいつぶになったものなので、目に見える。

ここがだいじ！
①水をあたため続けると、水は、湯気が出るようになり、温度が100℃近くでわきたって、中からさかんにあわが出るようになる。
②水は、わきたっている間、温度が変わらない。
③水がふっとうしているときに出るあわは、すがたが変わった水である。

ぴたトリビア　水は約100℃まであたためると液体から気体になりますが、このとき、体積《たいせき》は約1700倍になります。

ぴったり2 練習

10. 水のすがたの変化《へんか》
②水をあたためたときの変化

71ページ

教科書 185〜193ページ　答え 36ページ

1 図のようにして、水をあたため続《つづ》けて、水の温度とすがたの変化を調べました。

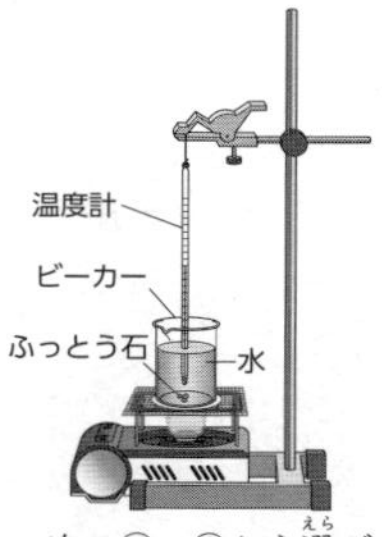

(1) 次の㋐〜㋒は、水をあたため続けたときの、水のすがたの変化の様子です。変化の順《じゅん》を、記号で答えましょう。
㋐ 水がわきたつ。
㋑ ビーカーの底《そこ》にあわが出る。
㋒ 水の中から小さいあわが出る。
（㋑→㋒→㋐）

(2) 水がわきたって、中からさかんにあわが出ることを、何といいますか。
（ ふっとう ）

(3) (2)の水がわきたっているとき、水の温度は何℃ぐらいですか。次の㋐〜㋒から選《えら》び、記号で答えましょう。
㋐ 60℃近く　㋑ 80℃近く　㋒ 100℃近く
（㋒）

(4) 水がわきたったあともあたため続けると、わきたっている間の水の温度はどうなりますか。次の㋐〜㋒から選《えら》び、記号で答えましょう。
㋐ 上がり続ける。　㋑ 変《か》わらない。　㋒ 少し下がる。
（㋑）

(5) わきたったあと、あたためる前とくらべてビーカーの水の量《りょう》はどうなりますか。
（ へる。 ）

2 図のように、水がふっとうしているときに出るあわを、ポリエチレンのふくろに集めました。

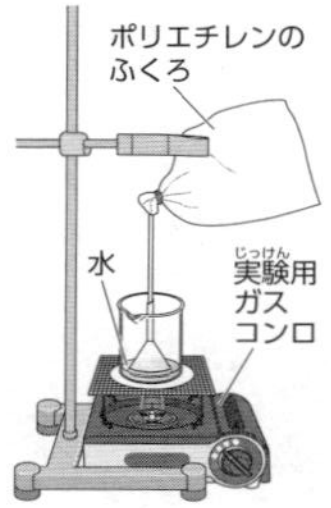

(1) 水がふっとうしているときに出るあわで、ふくろの中がくもったので、火を消しました。火を消してからしばらくすると、ふくろの中に何がたまりますか。
（ 水 ）

(2) 水がふっとうしているときに出るあわを、何といいますか。
（ 水じょう気 ）

(3) 水がふっとうして、目に見えなくなったすがたを何といいますか。
（ 気体 ）

ヒント ❷ 水がふっとうしているときに出るあわは、すがたが変わった水です。

71ページ てびき

❶ (1)水をあたため続《つづ》けると、ビーカーの底《そこ》にあわが出て(㋑)、次に、水の中から小さいあわが出てきます(㋒)。次に、水はわきたって(㋐)、中からさかんにあわが出るようになります。
(2)(3)水は100℃近くになると、ふっとうします。
(4)ふっとうしている間、水の温度は変《か》わりません。
(5)ふっとうしたあとにビーカーの中を見ると、あたためる前よりも水の量《りょう》がへっています。

❷ (1)火を消してしばらくすると、ふくろに水がたまります。
(2)(3)水がふっとうしているときに出るあわは、水《すい》じょう気《き》といい、目に見えなくなった水です。水がふっとうしたときのように、目に見えなくなったすがたを気体《きたい》といいます。

ぴったり3 たしかめのテスト

10. 水のすがたの変化《へんか》

合格 70点 /100

教科書 178〜195ページ　答え 37ページ

よく出る

1 図のように、ビーカーに水を入れ、ビーカーをほのおで熱《ねつ》しました。　各6点(36点)

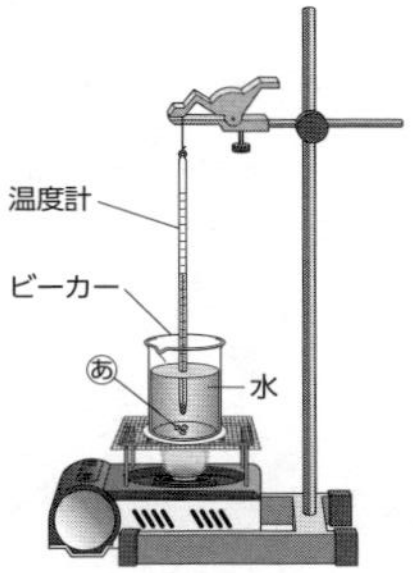

(1) 急に湯がふき出すのをふせぐために水の中に入れるあを何といいますか。

（ふっとう石）

(2) 熱していくと、やがて水の中からあわがさかんに出るようになります。このさかんにあわが出ることを、何といいますか。

（ふっとう）

(3) (2)のようになるのは、水をあたため続《つづ》けて、温度が何℃近くになったときですか。

（100℃(近く)）

(4) (2)のようになったあと、さらに熱し続けると、水の温度はどうなりますか。

（変わらない。(上がらなくなる。)）

(5) (2)のとき、水の中からさかんに出るあわを何といいますか。

（水じょう気）

(6) (5)のような水のすがたを何といいますか。

（気体）

2 図のように、水がふっとうしているときに出るあわを、ポリエチレンのふくろに集めて、そのあわが水かどうか調べました。　各6点(18点)

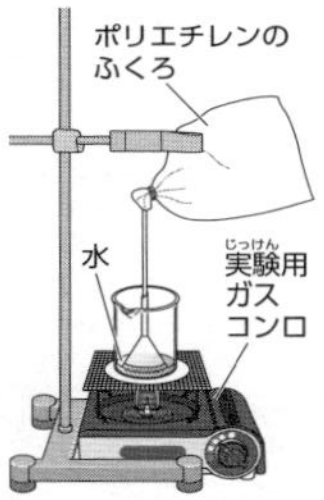

(1) 水がふっとうしているとき、ふくろの中はどうなりますか。次のア〜ウから選《えら》び、記号で答えましょう。

ア くもる　イ 水てきがつく　ウ 水がたまる

（ア）

(2) 火を消してからしばらくすると、ふくろの中はどうなりますか。次のア〜ウから選び、記号で答えましょう。

ア くもる　イ 水てきがつく　ウ 水がたまる

（ウ）

(3) ふっとうしたあと、ビーカーの水の量《りょう》はどうなりますか。

（へる。）

よく出る

3 下の図は、水のすがたの変《か》わり方を表したものです。　(1)は各5点、(2)は6点(16点)

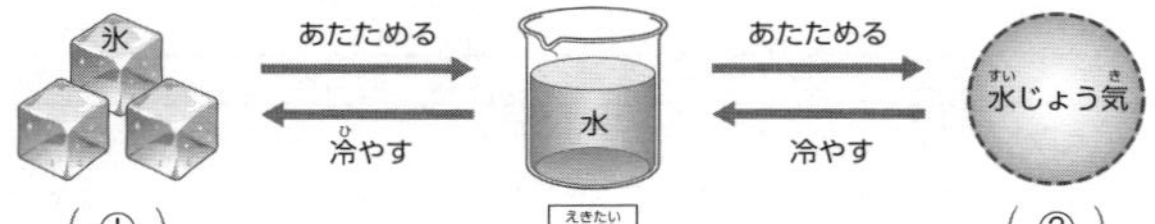

（①）　（②）

(1) 図の①、②にあてはまる言葉を書きましょう。

①（固体）　②（気体）

(2) 水は、何の変化によってすがたを変えますか。

（温度）

できたらスゴイ!

4 図1のように、水と温度計を入れた試験管《しけんかん》を、食塩《しょくえん》を入れた氷水で冷やしました。図2のグラフは、このときの時間と水の温度の関係《かんけい》を表したものです。　各6点(30点)

図1

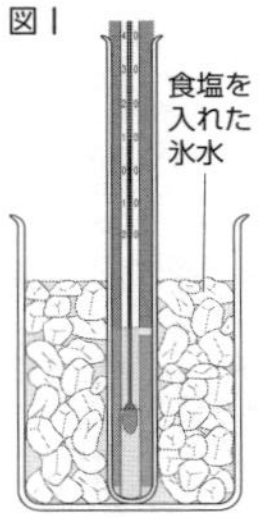

図2

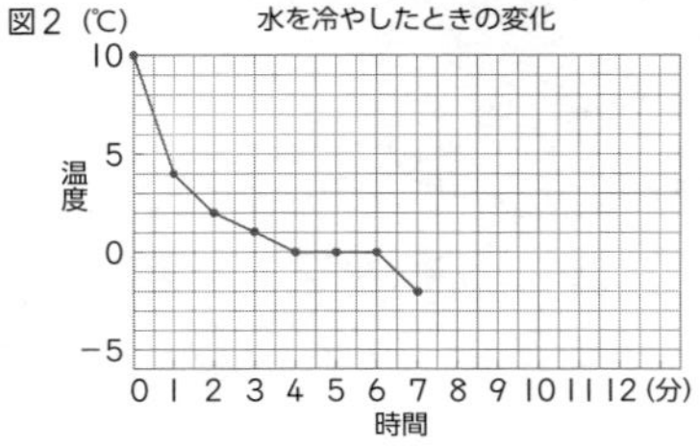

(1) 水がこおり始めるのは、何分後ですか。また、そのときの水の温度は何℃ですか。

時間（4分後）　水の温度（0℃）

(2) 水が全部こおったのは何分後ですか。

（6分後）

(3) 水が氷にすがたを変えると、体積《たいせき》はどうなりますか。

（大きくなる。）

(4) 記述 (2)の時間は、どのようなことからわかりますか。その理由を書きましょう。　思考・表現

（(こおり始めてから、)全部こおるまでの間、温度は0℃のまま変わらないから。）

ふりかえり

1がわからないときは、70ページの1にもどってかくにんしましょう。
4がわからないときは、68ページの1にもどってかくにんしましょう。

4 (3)水は、氷にすがたが変わると、体積《たいせき》が大きくなります。

72〜73ページ　てびき

1 (2)(3)温度が100℃近くになると、水はふっとうします。

(4)ふっとうしている間は、水の温度は変《か》わりません。

(5)(6)水がふっとうしたときに出るあわは、水《すい》じょう気《き》です。水じょう気は、気体《きたい》となった水のすがたで、目に見えません。

2 (3)水がふっとうしたあと、液体《えきたい》の水は、水じょう気にすがたが変わって空気中に出ていくので、ビーカーの水の量《りょう》はへります。

3 (2)水は温度の変化《へんか》によって、固体《こたい》、液体、気体に変わります。

4 (1)水は0℃になるとこおり始めるので、こおり始めるのは、グラフから、4分後です。

(2)(4)水は、こおり始めてから、全部こおるまでの間、温度は0℃のまま変わりません。温度が下がり始めた6分後に、水がすべて氷になったことがわかります。

ぴったり1 じゅんび

11. 水のゆくえ

①水の量《りょう》がへるわけ

3分でまとめ

学習 74ページ

ようきの中の水の量がへる理由をかくにんしよう。

教科書 197〜202ページ　答え 38ページ

下の(　)にあてはまる言葉を書くか、あてはまるものを○でかこもう。

1 ようきの中の水の量がへるのは、水が空気中に出ていくからなのだろうか。 教科書 197〜202ページ

▶大きさと形が同じようきに水を入れ、Ⓘはラップフィルムでおおいをして、Ⓐと Ⓘを2〜3日の間、部屋《へや》の中に置《お》いて、水の量のへり方を調べる。

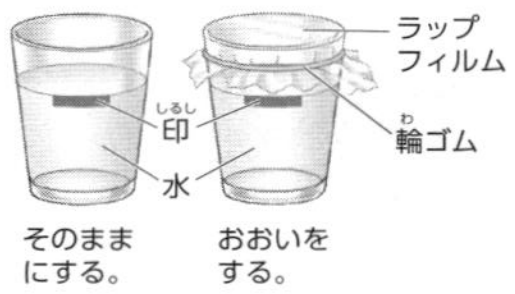

・おおいをしていないⒶの水の量
→(①（へった）・　へらなかった　)。

・おおいをしてあるⒾの水の量
→(②　へった　・（へらなかった）)。

また、Ⓘのラップフィルムの(③（内側《うちがわ》）・　外側　)には、水てきがつく。

▶(④（あ）・　い　)の水の量がへったのは、ようきの中の水が(⑤ **水じょう気**)になって、空気中に出ていったからである。

▶水は、ふっとうしていなくても、(⑥ **水じょう気**)になって空気中に出ていく。このようにして、液体《えきたい》から気体《きたい》に水のすがたが変《か》わることを(⑦ **じょうはつ**)という。

▶水の、水面や地面からのじょうはつ

・水は、水面からだけではなく、(⑧ **地面**)からもじょうはつする。

・水たまりの水は、水面からじょうはつしたり、土の中にしみこんだりする。

・水たまりの水で、土にしみこんだ水は、やがて、地面から(⑨ **じょうはつ**)する。

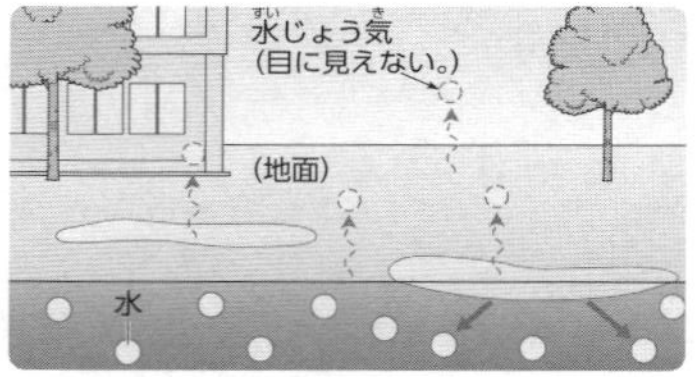

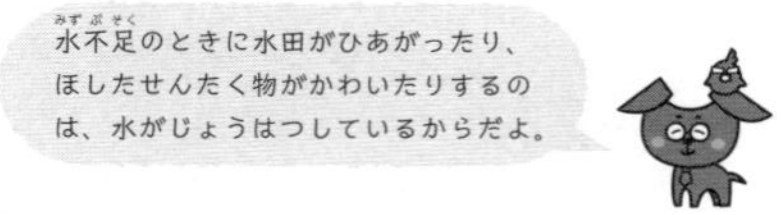

ここが だいじ! ①ようきの中の水の量がへるのは、液体の水が水じょう気になって空気中に出ていくからである。

ぴたトリビア 自然《しぜん》の中では、水はたえずじょうはつしています。水じょう気は、空の高いところで冷《ひ》えて、小さな水や氷のつぶになります。これが雲の正体です。

ぴったり2 練習

11. 水のゆくえ

①水の量《りょう》がへるわけ

学習 75ページ

教科書 197〜202ページ　答え 38ページ

1 大きさと形が同じ2つのようきに、印《しるし》をつけた同じ高さまで水を入れました。

(1) 部屋《へや》の中に置《お》いて、3日後に水の量を調べたときの水の量について、正しいものに○をつけましょう。

ア(　)水の量は、Ⓐも Ⓘもへった。
イ(○)水の量は、Ⓐはへり、Ⓘはへらなかった。
ウ(　)水の量は、Ⓐはへらず、Ⓘはへった。

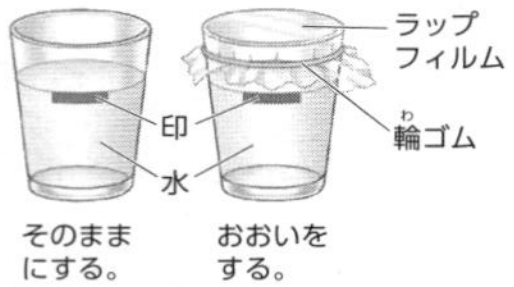

(2) 水の量がへったようきでは、へった水はどこへ出ていったのですか。
(**空気中**)

(3) (2)のとき、水は何になって出ていったのですか。
(**水じょう気**)

(4) (3)の水のすがたを、何といいますか。㋐〜㋒から正しいものを選《えら》んで記号で答えましょう。

㋐ 固体《こたい》　㋑ 液体《えきたい》　㋒ 気体《きたい》

(㋒)

2 水そうを何日か置いておくと、水の量がへっていました。

(1) 水の量がへっていたのは、水が何のすがたに変《か》わって出ていったからですか。正しいものに○をつけましょう。

ア(　)固体
イ(　)液体
ウ(○)気体

(2) 水が(1)のすがたになったものを、何といいますか。
(**水じょう気**)

(3) 水が(2)になって、水面や地面から出ていくことを何といいますか。
(**じょうはつ**)

ヒント ❷ 水そうの水の量がへったのは、水がすがたを変えて空気中に出ていったからです。

75ページ てびき

❶ (1)(2)Ⓐのようきに入れた水は、時間がたつと、少しずつ空気中に出ていくので、水の量《りょう》がへります。おおいをしてあるⒾは、水がコップの外へ出ていけないので、水の量はへりません。

(3)(4)水は、ふっとうしていなくても、水《すい》じょう気《き》になって空気中に出ていきます。水じょう気は、気体の水です。

❷ (1)水そうの水は、気体にすがたを変《か》えて空気中に出ていきます。

(3)水が水じょう気になって、水面や地面から出ていくことを、じょうはつといいます。

おうちのかたへ

「10. 水のすがたの変化」と「11. 水のゆくえ」では、多くの用語が出てくるので、一度まとめて、確認しましょう。

●「水じょう気」と「湯気」
水蒸気は気体(目に見えない)。湯気は液体(目に見える)。

●「じょうはつ」と「ふっとう」
蒸発は水(液体)が水蒸気(気体)になること。沸騰は約100℃で、水の中からも蒸発が起こること。

おうちのかたへ 11. 水のゆくえ

水が水面などから蒸発すること、水蒸気が冷やされて水に変わることを学習します。
水は沸騰しなくても蒸発して水蒸気となること、空気中の水蒸気が結露して水に変わることを理解しているか、などがポイントです。

ぴったり1 じゅんび

11. 水のゆくえ

②冷《つめ》たいものに水てきがつくわけ

76ページ

冷たいようきに水てきがつく理由をかくにんしよう。

教科書 203～209ページ 答え 39ページ

下の（　）にあてはまる言葉を書くか、あてはまるものを○でかこもう。

1 冷たいようきに水てきがつくのは、空気中の水《すい》じょう気《き》が冷《ひ》やされるからなのだろうか。 教科書 203～209ページ

▶大きさと形が同じふたつきのかんあといに、あには氷水、いには水を入れて、2～3分部屋《へや》の中に置《お》き、あといの水てきのつき方を調べる。

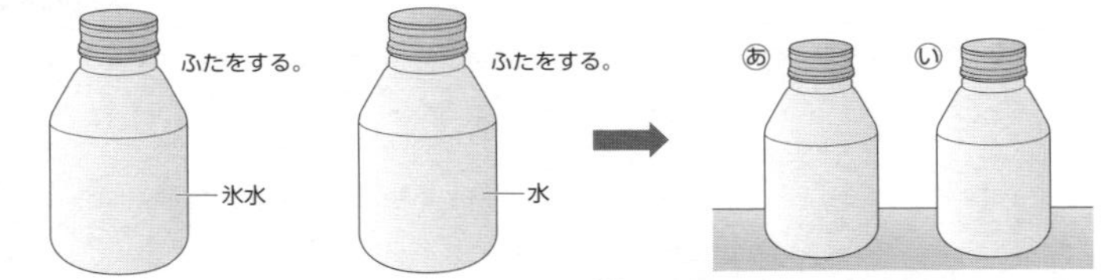

▶2～3分間、部屋の中に置いておくと、（① あ ・ い ）のかんの表面に水てきがつく。

・この水てきは、空気中の（② **水じょう気** ）がかんの表面で冷やされて、液《えき》体《たい》の（③ **水** ）となってついたものである。

▶空気中の水じょう気がもので冷やされて、ものの表面で気《き》体《たい》から液体に水のすがたが変化《へんか》することを（④ **けつろ** ）という。

・水じょう気は、空気中のあらゆるところにあるので、けつろは、（⑤ **空気** ）中のあらゆるところで起こる。

▶水じょう気は、空気中で冷やされてすがたが変《か》わることもある。

・雨や雪のもとは、空気中の（⑥ **水じょう気** ）が冷やされてすがたが変わったものである。

雪のつぶ

ここがだいじ！ ①冷たいようきに水てきがつくのは、空気中の水じょう気が冷やされるからである。

ぴたトリビア 雪のつぶはいろいろな形になりますが、雪のつぶができるときの温度と水じょう気の量《りょう》によってつぶの形が決まります。

ぴったり2 練習

11. 水のゆくえ

②冷《つめ》たいものに水てきがつくわけ

77ページ

教科書 203～209ページ 答え 39ページ

1 大きさと形が同じふたつきのかんあといに、あには氷水、いには水を入れて、部《へ》屋《や》の中に置《お》き、3分後にあといの水てきのつき方を調べました。

(1) 部屋の中に置いて、3分後の水てきのつき方について、正しいものに○をつけましょう。

ア（　）水てきは、あにもいにもついた。
イ（○）水てきは、あにはつき、いにはつかなかった。
ウ（　）水てきは、あにはつかず、いにはついた。

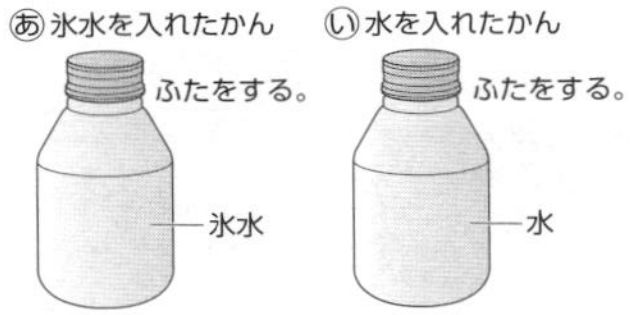

(2) かんについた水てきは、空気中の何が冷《ひ》やされてすがたが変化《へんか》したものですか。　（ **水じょう気** ）

(3) (2)の水のすがたを、何といいますか。㋐～㋒から正しいものを選《えら》んで記号で答えましょう。

㋐ 固体《こたい》　㋑ 液体《えきたい》　㋒ 気体《きたい》　（㋒）

(4) (2)がもので冷やされて、ものの表面で液体の水になることを、何といいますか。　（ **けつろ** ）

2 ガラスコップに冷たい氷水を入れて、時間がたつと、外側《がわ》に水てきがつきました。

(1) 水てきの水は、どのようにしてできたものですか。正しいものに○をつけましょう。

ア（○）空気中にあった水《すい》じょう気《き》が水になった。
イ（　）ガラスコップの中の水分がしみ出した。

(2) このとき、右の写真のように、ガラスコップの外側に水てきがつくことを、何といいますか。　（ **けつろ** ）

3 水は、空気中ですがたを変《か》えることがあります。

(1) 雨や雪のもとは、空気中の何ですか。　（ **水じょう気** ）

(2) けつろは、空気中の(1)が冷やされて、ものの表面でどんなすがたの水に変わることですか。㋐～㋒の中から正しいものを選び、記号で答えましょう。

㋐ 固体　㋑ 液体　㋒ 気体　（㋑）

ヒント ❶ (1)空気中の水じょう気がもので冷やされると、ものの表面に水てきがつきます。

77ページ　てびき

❶ (1)(2)氷水を入れたあのかんの表面に水てきがつきます。この水てきは、空気中の水《すい》じょう気《き》がかんの表面で冷《ひ》やされて、液《えき》体《たい》の水となってついたものです。水を入れたいのかんでは、かんの表面に水てきはつきません。

(4)水じょう気がもので冷やされて、液体の水になることをけつろといいます。

❷ (1)空気中にあった水じょう気が冷やされて、液体の水になるので、ガラスコップの外側《がわ》に水てきがつきます。

(2)けつろは、空気中の水じょう気が冷《つめ》たいもので冷やされたときに起こります。

❸ (1)雨や雪は、空気中の水じょう気がすがたを変《か》えたものです。

(2)けつろは、空気中の水じょう気が冷たいもので冷やされて、ものの表面で気《き》体《たい》から液体に水のすがたを変えることです。

ぴったり3 たしかめのテスト

11. 水のゆくえ

78ページ

/100 合格70点

教科書 196~211ページ　答え 40ページ

よく出る

1 大きさと形が同じ2つのようきに同じ量《りょう》の水を入れ、1つのようきにはおおいをして、部屋《へや》の中に置《お》きました。 各6点(36点)

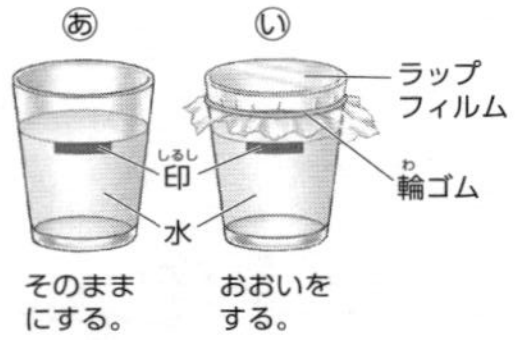

(1) あといを2~3日置いておくと、水の量がへるのはどちらですか。

(あ)

(2) 水がへったようきの水は、何になって、どこへいったのですか。

何(水じょう気)
どこ(空気中)

(3) 水のすがたが(2)のように変《か》わることを何といいますか。

(じょうはつ)

(4) いのラップフィルムの内側《がわ》には、何がつきますか。

(水てき)

(5) いの水の変化《へんか》の様子を次のように表しました。(　)にあてはまる言葉を書きましょう。

水 → (水じょう気) → ラップフィルムの内側についたもの

よく出る

2 大きさと形が同じふたつきのかんあといに、あには氷水、いには水を入れて、部屋の中に置き、3分後にあといの水てきのつき方を調べました。 各6点(18点)

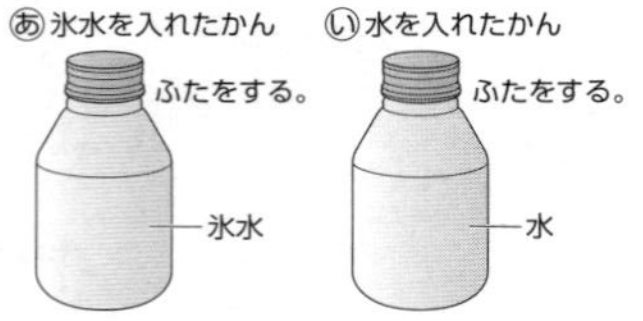

(1) 水てきがついたかんは、あといのどちらですか。

(あ)

(2) かんについた水てきは、空気中の何が冷《ひ》やされて出てきたものですか。

(水じょう気)

(3) 冷やされて、水のすがたが、(2)で答えたものから水てきに変わることを、何といいますか。

(けつろ)

79ページ

3 晴れた日に、学校のいろいろな場所で、ふたつきのかんに氷水を入れて、かんに水てきがつくかどうかを調べました。 各6点(18点)

(1) 調べた場所が、校庭、屋上、教室、ろうかのとき、水てきがついた場所はどこですか。㋐~㋔から正しいものを1つ選《えら》び、記号で答えましょう。

㋐ 校庭、屋上　　㋑ 校庭、ろうか
㋒ 教室、ろうか　　㋓ 屋上、教室
㋔ 校庭、屋上、教室、ろうか

(㋔)

(2) この実験《じっけん》からどんなことがわかりますか。次の文の(　)にあてはまる言葉を書きましょう。

どの場所でも、空気中には(①水じょう気)があり、氷水を入れたかんに冷やされて液体《えきたい》の(②水)となり、かんに水てきがつく。

4 フルーツパックのようきを日なたの地面にかぶせて、しばらくしたあと、ようきの中の様子を観察《かんさつ》したところ、水てきがついていました。 各6点(12点)

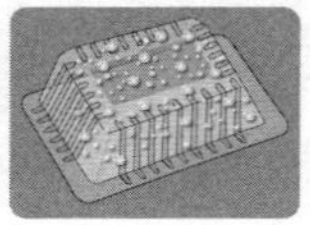

(1) この水てきは、何が液体の水に変わったものですか。

(水じょう気)

(2) (1)のものは、どこから出てきたのですか。

(地面)

すきなスゴイ!

5 身のまわりのげんしょうで、水のゆくえについて考えましょう。 思考・表現 各8点(16点)

(1) せんたく物がかわく理由で、正しいものに○をつけましょう。

ア(　)空気中には、水《すい》じょう気《き》がふくまれているから。
イ(　)水を熱《ねつ》すると、水じょう気にすがたが変わるから。
ウ(○)水が水じょう気になって、空気中に出ていくから。

(2) 記述 寒い日ほど、あたたかい部屋のまどガラスがぬれることがあります。これはなぜですか。かんたんに書きましょう。

(ガラスの表面近くの、部屋の空気中の水じょう気が、冷やされて水てきになるため。)

ふりかえり 1がわからないときは、74ページの1にもどってかくにんしましょう。
2がわからないときは、76ページの1にもどってかくにんしましょう。

78~79ページ てびき

1 (1)おおいをしていないあの水は、少しずつ空気中に出ていくので、水の量《りょう》がへります。

(2)(3)あの水は、水《すい》じょう気《き》となり空気中に出ていきます。ふっとうしなくても、水(液体《えきたい》)が水じょう気(気体《きたい》)に変《か》わることをじょうはつといいます。

(4)(5)おおいがあると、じょうはつした水じょう気は、ようきの外に出ていけません。ようきの中が水じょう気でいっぱいになると、水じょう気は水てきとなって、おおいの内側《がわ》につきます。

2 (2)(3)空気中の水じょう気がもので冷《ひ》やされて、ものの表面で水てきに変《か》わることを、けつろといいます。

3 水じょう気は空気中のあらゆるところにあり、学校のどの場所でも、氷水を入れたかんに水てきがつきます。

4 地面からじょうはつした水じょう気が液体の水になります。

5 (1)せんたく物にふくまれている水がじょうはつして、せんたく物がかわきます。

ぴったり1 じゅんび

★ 生き物の１年

80 ページ

植物や動物の１年間の様子をかくにんしよう。

教科書 212～217ページ　答え 41ページ

下の(　)にあてはまる言葉を書くか、あてはまるものを○でかこもう。

1 季節《きせつ》によって、植物や動物の様子は、どのように変《か》わってきたのだろうか。 教科書 212～217ページ

▶季節による植物の様子

・ヘチマの１年間の様子　(→①～④は、春・夏・秋・冬で答えよう。)

(①夏)

(②冬)

(③春)

(④秋)

・サクラの１年間の様子　(→⑤～⑧は、春・夏・秋・冬で答えよう。)

(⑤夏)

(⑥春)

(⑦冬)

(⑧秋)

・植物は、気温が上がる春から夏にかけて、えだや(⑨くき)をのばし、葉をしげらせ、気温が下がる秋から冬にかけて、(⑩葉)を落としたり、かれたりする。

▶季節による動物の様子　(→⑪～⑭は、春・夏・秋・冬で答えよう。)

(⑪夏)

(⑫秋)

(⑬春)

(⑭冬)

・動物は、(⑮　寒い　・　暑い　)季節には見られる数や種類《しゅるい》が多く、(⑯　寒い　・　暑い　)季節にはあまり見られない。

▶冬がすぎると、ふたたび(⑰春)がくる。季節は、春夏秋冬をくり返し、(⑱季節)ごとに、植物や動物の様子が変わる。

ここがだいじ!
①植物は、気温が上がる春から夏にかけて、えだやくきをのばし、葉をしげらせる。また、気温が下がる秋から冬にかけて、葉を落としたり、かれたりする。
②動物は、暑い季節には見られる数や種類が多く、寒い季節にはあまり見られない。

この本の終わりにある「春のチャレンジテスト」をやってみよう!

この本の終わりにある「学力しんだんテスト」をやってみよう!

おうちのかたへ　★ 生き物の１年

「１. 季節と生き物」「★ 夏と生き物」「★ 秋と生き物」「★ 冬と生き物」の学習をまとめます。
植物の成長や動物の活動が季節によって違うことを理解しているかがポイントです。

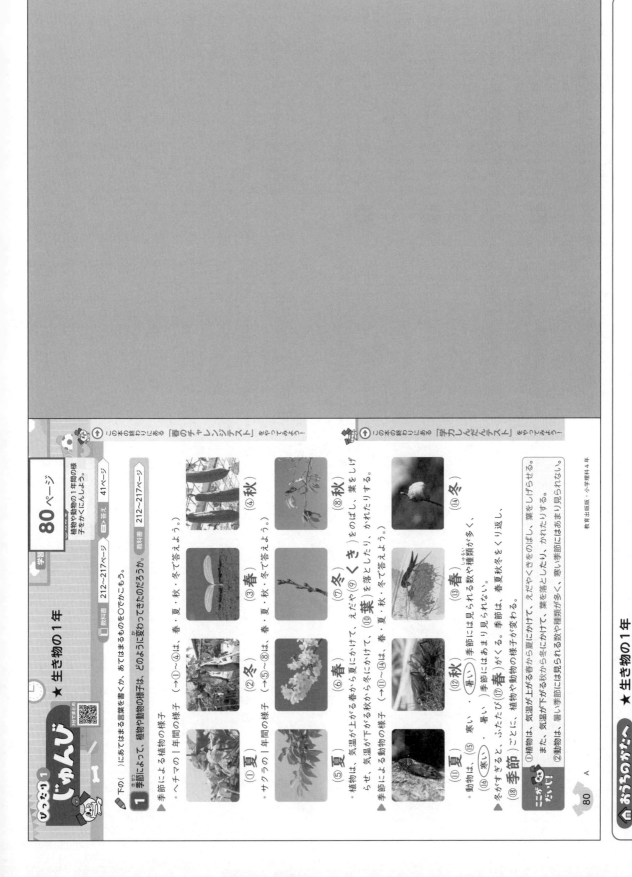

夏のチャレンジテスト

教科書 8~75ページ

名前　　月　日

時間 40分

知識・技能	思考・判断・表現	ごうかく80点
/64	/36	/100

答え42~43ページ

知識・技能

1 春の生き物の様子を調べました。

1つ3点(18点)

(1) 生き物を観察《かんさつ》するとき、気温をはかります。気温とは、何の温度ですか。 (空気(の温度))

(2) ヘチマのたねは、㋐~㋒のどれですか。

(㋒)

(3) 春の生き物の様子について、(　　)にあてはまる言葉を［　］から選《えら》んで書きましょう。

土にまいたヘチマのたねは、(① 芽)を出したあと、(② 葉)の数をふやして大きくなる。

春のころ、バッタは、まだ(③ よう虫)で、ツバメは、(④ 巣)を作り、たまごを産《う》む。

［ 芽《め》　くき　葉　成虫《せいちゅう》　よう虫　巣《す》　あな ］

2 1日の気温の変化《へんか》を調べました。

1つ3点(12点)

(1) 気温のはかり方について、(　　)にあてはまる言葉や数を［　］から選んで書きましょう。

気温は、(① 風通し)のよい場所で、地面からの高さが(② 1.2~1.5m)のところではかる。

［ 風通し　日当たり　30~50cm　1.2~1.5m ］

(2) 晴れの日の気温は、朝から午後にかけて、どのように変化しますか。正しいほうに○をつけましょう。

ア(○)朝から昼にかけて上がり、午後になってしばらくたつと下がる。

イ(　　)朝から昼にかけてあまり変《か》わらず、午後になってしばらくたつと下がる。

(3) 晴れの日とくもりの日をくらべると、1日の気温の変化が大きいのはどちらですか。(晴れの日)

3 次の図は、うでをのばしたり曲げたりしたときの、きん肉の様子です。

1つ3点(9点)

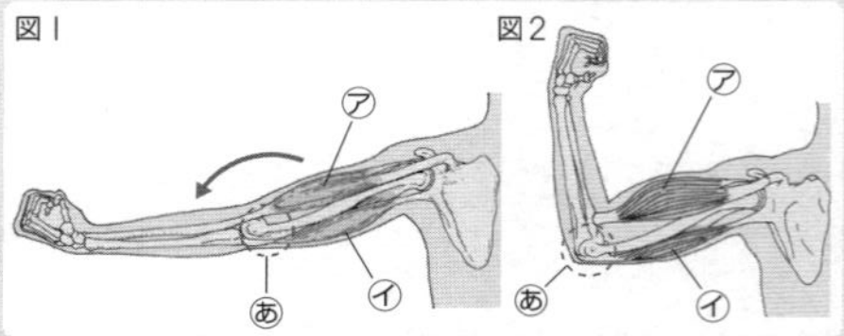

(1) 次のとき、ちぢむきん肉は㋐、㋑のどちらですか。

① 図1のように、うでをのばしたとき。 (㋑)

② 図2のように、うでを曲げたとき。 (㋐)

(2) ほねとほねのつなぎ目で、体の曲がる㋐の部分を何といいますか。 (関節)

4 かん電池とプロペラをつけたモーターをつないで、電流のはたらきを調べました。

1つ4点(16点)

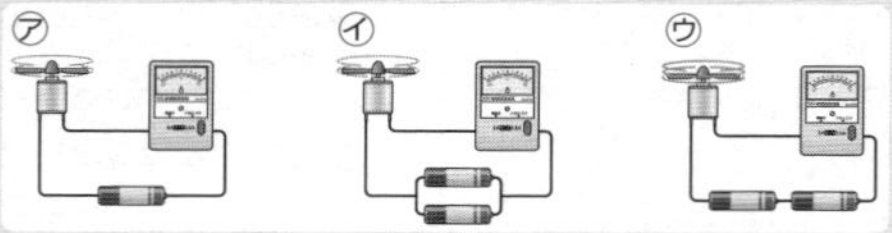

(1) ㋑と㋒のかん電池2このつなぎ方を、それぞれ何つなぎといいますか。

㋑(へい列つなぎ)

㋒(直列つなぎ)

(2) モーターの回る速さがいちばん速いのは、㋐~㋒のどれですか。 (㋒)

(3) 流れる電流の大きさがあまり変わらないものは、㋐~㋒のどれとどれですか。 (㋐と㋑)

➡うらにも問題があります。

夏のチャレンジテスト　おもて　てびき

1 (1)空気の温度のことを、気温といいます。

(2)ヘチマのたねは、黒くて少しふくらんでいます。㋐はヒマワリのたね、㋑はツルレイシのたねです。

(3)春のころ、バッタは、まだよう虫です。春に見られるようになったツバメは、巣《す》を作り、巣の中でたまごを産《う》みます。

2 (2)晴れの日の気温は、朝から昼にかけて上がり、午後になってしばらくたつと下がります。

(3)1日の気温の変化《へんか》は、ふつう、晴れの日のほうがくもりの日よりも大きくなります。

3 (1)うでをのばしたときは、外側《がわ》のきん肉(㋑)がちぢみ、うでを曲げたときは、内側のきん肉(㋐)がちぢみます。

4 (2)かん電池2この直列つなぎ(㋒)では、かん電池1このときや、かん電池2このへい列つなぎ(㋑)のときよりも、大きい電流が流れるので、モーターの回る速さはいちばん速くなります。

(3)かん電池2このへい列つなぎ(㋑)とかん電池1この(㋐)では、流れる電流の大きさがあまり変《か》わらないので、モーターの回る速さはあまり変わりません。

5 夏の南の夜空に、アンタレスが見られました。

1つ3点(9点)

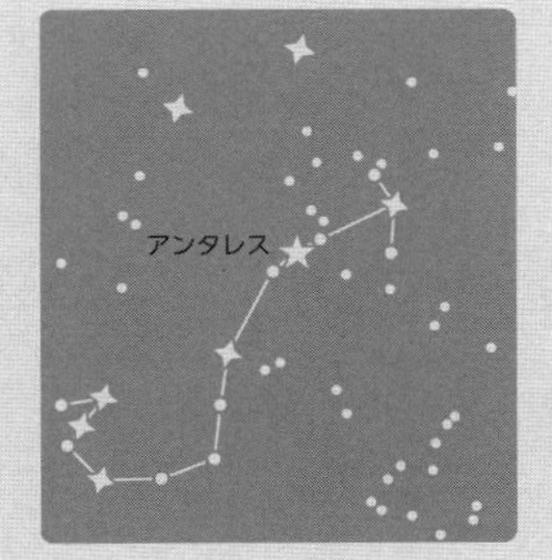

(1) アンタレスは何ざの星ですか。あてはまるものに○をつけましょう。

ア(　　)はくちょうざ　イ(　　)夏の大三角
ウ(○)さそりざ　エ(　　)わしざ

(2) アンタレスは何等星ですか。

(**1等星**)

(3) アンタレスの色は白っぽい色ですか、赤っぽい色ですか。

(**赤っぽい色**)

思考・判断・表現

6 晴れの日とくもりの日に、気温の変化《へんか》を調べて、折《お》れ線グラフにしました。　(1)は4点、(2)は6点(10点)

あ
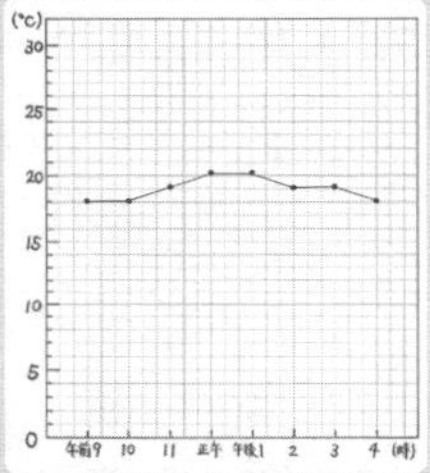

い
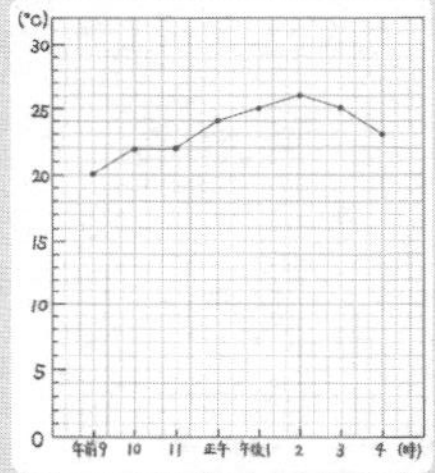

(1) 晴れの日の記録《きろく》は、あ、いのどちらですか。

(**い**)

(2) 記述 (1)のように答えた理由を書きましょう。

(**1日の気温の変化は、晴れの日のほうが大きいから。**)

7 かん電池にプロペラをつけたモーターをつないで、プロペラカーを作りました。

(1)、(3)は5点、(2)は6点(16点)

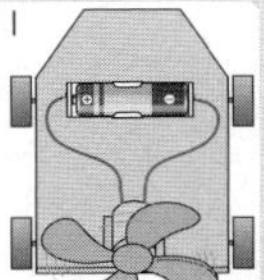
図1

(1) 図1のプロペラカーの走る向きを反対にするには、どうすればよいですか。

(**かん電池の向きを変《か》える。**)

(2) 作図 プロペラカーをもっと速く走らせようと思い、かん電池を2こにしました。
かん電池2こをどのようにつなげば、図1のかん電池1このときより速く走りますか。図2に、たりないどう線をかきましょう。

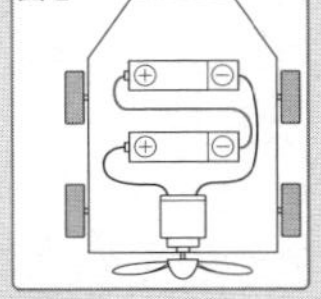
図2

(3) 2このかん電池を、図3のようにつなぎました。図3のモーターに流れる電流の大きさは、かん電池1このときとくらべて、どうなりますか。

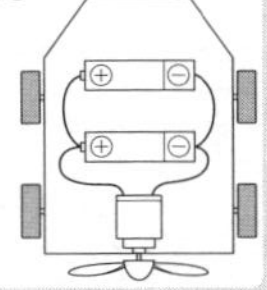
図3

(**あまり変わらない。**)

8 ア〜エは、春から夏にかけて、ヘチマを観察《かんさつ》して、スケッチしたものです。　(1)は4点、(2)は6点(10点)

(1) ア〜エで、気温がいちばん高かったのは、どれですか。

(**エ**)

(2) 記述 気温が高くなってくると、ヘチマのくきののび方、葉の数、花の様子はどうなりますか。

(**くきののび方は速く、葉の数がふえ、花がさく。**)

夏のチャレンジテスト　うら　てびき

5 南の空に見られるアンタレスは、さそりざの1等星で、赤っぽい色をしています。星の明るさや色は、星によってちがいがあります。

6 1日の気温の変化《へんか》は、天気によってちがいがあります。晴れの日は、気温の変化が大きく(い)、くもりの日や雨の日は、気温の変化が小さい(あ)です。

7 (1)かん電池の向きを変《か》えると、モーターに流れる電流の向きが反対になり、モーターの回る向きが反対になるので、プロペラカーの走る向きも反対になります。
(2)かん電池2この直列つなぎにすると、かん電池1このときよりも、回路に大きい電流が流れるので、モーターが速く回り、プロペラカーは速く走ります。
(3)かん電池2このへい列つなぎなので、回路に流れる電流の大きさは、かん電池1このときと、あまり変わりません。

8 (1)夏の気温は、春のころよりも上がっています。
(2)気温が上がる夏には、植物はよく成長《せいちょう》します。春のころとくらべて、ヘチマのくきがのびる速さ、葉の数、花の様子はどう変わってきたかを思い出しましょう。

冬のチャレンジテスト

教科書 78〜161ページ

名前　　　　月　　日

時間 40分

知識・技能	思考・判断・表現	ごうかく80点
/62	/38	/100

答え44〜45ページ

知識・技能

1 ある日の午後6時ごろに半月《はんげつ》を観察《かんさつ》すると、下の図のように見えました。　1つ3点(9点)

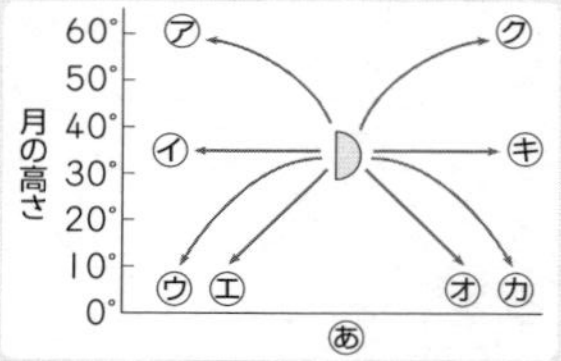

(1) あの方位《ほうい》は、東、西、南、北のどれですか。
（南）

(2) このあと、半月はどのように位置《いち》が変化《へんか》しますか。図の㋐〜㋗から選《えら》びましょう。（㋕）

(3) この月が出てくるときのかたむきは、次のㇱ〜㋜のどれですか。

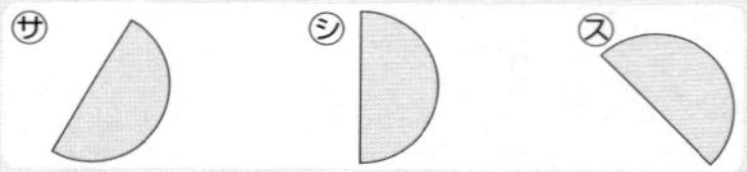

（㋜）

2 空気をちゅうしゃ器《き》にとじこめて、ピストンをおしました。　1つ3点(9点)

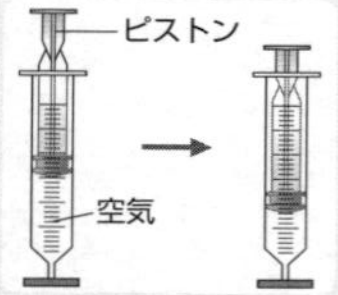

(1) ピストンをおしこめばおしこむほど、手ごたえはどのようになりますか。
（大きくなる。(強くなる。)）

(2) ちゅうしゃ器の中にとじこめられた空気の体積《たいせき》は、どのようになりますか。
（小さくなる。(へる。)）

(3) ピストンをおすのをやめて、手をはなすとどうなりますか。正しいものに○をつけましょう。

ア（　）そのまま動かない。
イ（　）さらに下まで動く。
ウ（○）元にもどろうとする。

3 秋のころの、生き物の様子を観察しました。　1つ4点(16点)

(1) オオカマキリの様子を観察しました。

① 秋のころのオオカマキリは㋐、㋑のどちらですか。
（㋐）

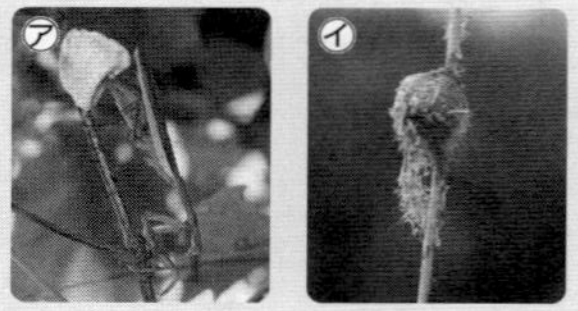

② ①で選んだ写真のオオカマキリは、何をしていますか。
（たまごを産んでいる。）

(2) ヘチマの成長《せいちょう》の様子を観察しました。

① 夏のころとくらべて、くきののびはどうなりましたか。正しいものに○をつけましょう。

ア（　）くきは、夏のころと同じくらい、のびた。
イ（○）くきは、夏のころよりも、のびなくなった。
ウ（　）くきは、夏のころよりも、のびた。

② 秋になると、実は大きくなり、じゅくします。実がじゅくすと、実の中には何ができますか。
（たね）

4 図のように水を入れた丸底《まるぞこ》フラスコを、あたためたり、冷《ひ》やしたりしました。　1つ3点(12点)

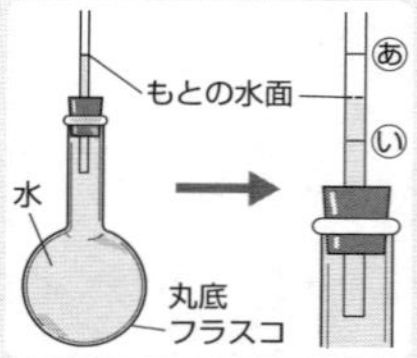

(1) 水をあたためたときの水面の位置は、あ、いのどちらですか。（あ）

(2) 水を冷やしたときの水面の位置は、あ、いのどちらですか。（い）

(3) 水の温度と体積について、正しいもの2つに○をつけましょう。

ア（○）あたためると、体積は大きくなる。
イ（　）あたためると、体積は小さくなる。
ウ（　）冷やすと、体積は大きくなる。
エ（○）冷やすと、体積は小さくなる。

うらにも問題があります。

冬のチャレンジテスト　おもて　てびき

1 (1)(2)午後に見える半月《はんげつ》は、夕方に南の空高くに見えます。そのあとは、㋕のように、少しずつ西の方へ動きながら低《ひく》くなっていきます。
(3)㋚は、しずむときのかたむきです。

2 (1)(2)空気がおしちぢめられて体積《たいせき》が小さくなるほど、元にもどろうとする力が大きくなります。
(3)おしこんでいたピストンから手をはなすと、ピストンは元の位置《いち》にもどります。

3 (1)秋になると、オオカマキリはたまごを産《う》み、たまごをあわのようなものでつつんでしまいます。㋑は、春のたまごからかえったオオカマキリのよう虫です。

4 水はあたためると体積が大きくなり、冷《ひ》やすと体積が小さくなります。そのため、丸底《まるぞこ》フラスコに水を入れてガラス管《かん》つきゴムせんをしたとき、あたためると水面は上がり(あ)、冷やすと水面は下がります(い)。

5 金ぞく、水、空気のあたたまり方を調べました。

1つ4点(16点)

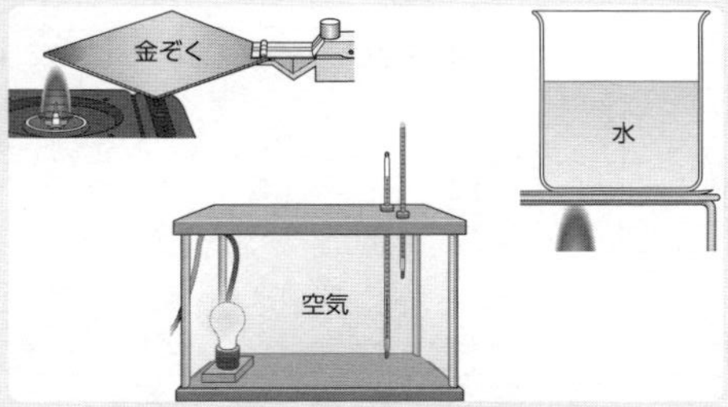

(1) 金ぞく、水、空気のあたたまり方を表しているのは、㋐、㋑のどちらですか。

① 金ぞく（ ㋐ ）
② 水（ ㋑ ）
③ 空気（ ㋑ ）

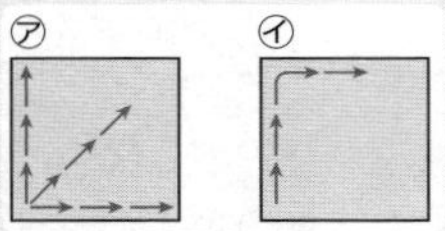

(2) 熱《ねっ》せられたところから順《じゅん》にあたたまるのは、金ぞく、水、空気のどれですか。

（ 金ぞく ）

思考・判断・表現

6 運動場の土とすな場のすなを使って、土のつぶの大きさと水のしみこむ速さの関係《かんけい》を調べました。

1つ3点(6点)

(1) 運動場の土のほうが、すな場のすなにくらべて、土のつぶが小さいです。運動場の土と、すな場のすなでは、水が速くしみこむのは、どちらですか。

（ すな場のすな ）

(2) すな場のすなと、じゃりに、同じ量《りょう》の水を注ぐと、じゃりのほうが速く水がしみこみました。すな場のすなと、じゃりでは、土のつぶの大きさはどちらが大きいと考えられますか。

（ じゃり ）

7 右の図のように、水と空気をつつにとじこめて、ぼうをおしました。

1つ4点(8点)

(1) 両方のぼうをおすと、それぞれどうなりますか。下の㋐～㋓から選《えら》んで、記号で答えましょう。

（ ㋒ ）

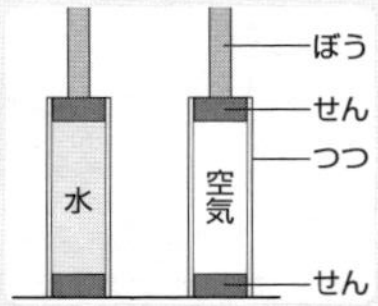

(2) ぼうをおすのをやめるとどうなりますか。下の㋐～㋓から選んで、記号で答えましょう。（ ㋐ ）

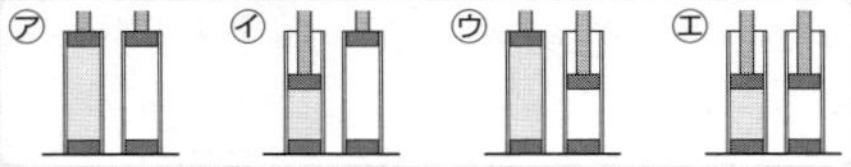

8 同じ大きさの2つの丸底《まるそこ》フラスコに、空気と水を入れ、体積《たいせき》の変化《へんか》について調べました。

(1)は4点、(2)は8点(12点)

(1) 湯に入れたとき、㋐のゼリーと㋑の水面では、どちらが大きく動きますか。記号で答えましょう。（ ㋐ ）

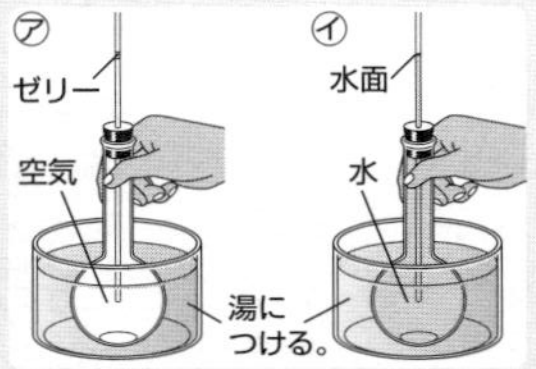

(2) 記述 (1)で答えたほうが大きく動くと考えた理由を書きましょう。

（空気のほうが温度による体積の変化が大きいから。）

9 水を入れたビーカーの底《そこ》のはしの部分を熱して、水のあたたまり方を調べました。

(1)は4点、(2)は8点(12点)

(1) ビーカーの底のはしの部分を熱したとき、㋐と㋑では、どちらが先にあたたまりますか。

（ ㋐ ）

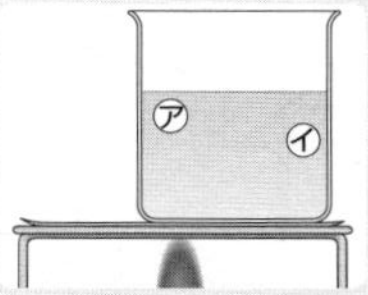

(2) 記述 (1)で答えたほうが先にあたたまる理由を、熱してあたためられた水の動き方を考えて、説明《せつめい》しましょう。

（熱してあたためられた水が上の方に動いて、上から順にあたたまるから。）

冬のチャレンジテスト　うら　てびき

5 金ぞくは、熱《ねっ》すると、熱せられたところから順《じゅん》に、周《まわ》りに広がるようにあたたまります。また、水と空気は、熱せられたところの水や空気が上の方に動いて、上から順にあたたまります。

6 (1)土のつぶが大きいほど、土に水は速くしみこみます。運動場の土より、つぶが大きいすな場のすなのほうが、水は速くしみこみます。

(2)すな場のすなより、じゃりのほうが速く水がしみこむということは、じゃりのほうがつぶが大きいことになります。

7 水はおしちぢめることはできませんが、空気はおしちぢめることができます。ぼうをおすのをやめると、元の位置《いち》にもどります。

8 (1)空気や水はあたためると体積が大きくなりますが、その変化《へんか》は、空気のほうが水よりも大きくなります。

(2)空気と水の、温度による体積《たいせき》の変化のちがいから考えます。

9 水は、一部を熱すると、熱してあたためられた水が上の方に動いて、上から順にあたたまり、やがて、全体があたたまります。㋑より㋐のほうが、水の上の方にあるので、先にあたたまります。

春のチャレンジテスト

教科書 162〜217ページ

名前　　　月　　日

時間 40分

知識・技能	思考・判断・表現	ごうかく80点
/60	/40	/100

答え 46〜47ページ

知識・技能

1 冬の夜空を観察《かんさつ》しました。

1つ4点(8点)

(1) 図に見られる、ベテルギウス、シリウス、プロキオンの3つの星をつないでできる三角形のことを何といいますか。

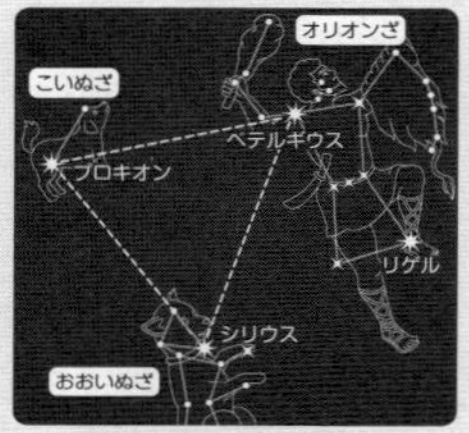

（ 冬の大三角 ）

(2) 2時間後、同じ場所から夜空を観察しました。星の位置《いち》と、ならび方はどうなっていましたか。正しいものに○をつけましょう。

ア（　）星の位置もならび方も変化《へんか》した。
イ（○）星の位置だけが変化した。
ウ（　）星のならび方だけが変化した。
エ（　）星の位置もならび方も変化しなかった。

2 下の写真は、冬のサクラの木の様子です。

1つ4点(8点)

● 次の文の（　）にあてはまる言葉を、[　]から選《えら》んで、書きましょう。

秋に色づいた（① 葉 ）はすっかり落ちてしまい、えだについた（② 芽 ）は秋のころよりも大きくなっています。

[葉　つぼみ　花　芽《め》]

3 水を冷《ひ》やしたときの変化と、水をあたためたときの変化を調べました。

1つ4点(28点)

図1

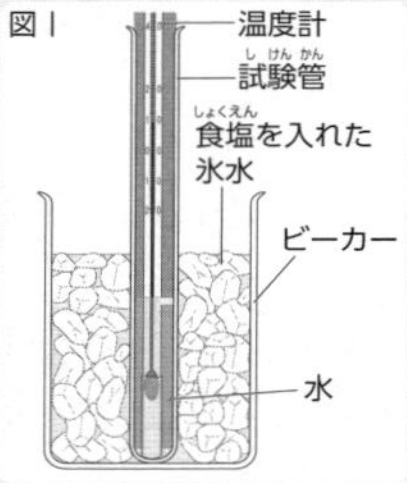

図2

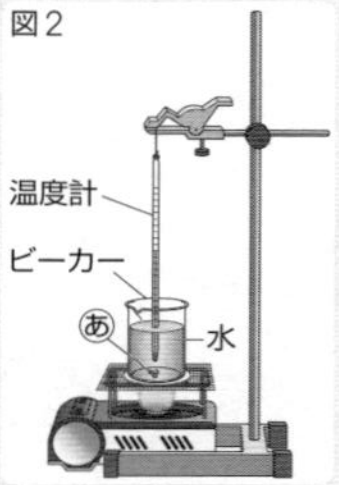

(1) 図1のように、水と温度計を入れた試験管を、食塩を入れた氷水で冷やしました。

① 氷水に食塩を入れる目的は何ですか。正しいものに○をつけましょう。

ア（　）氷水の温度を、0℃くらいにするため。
イ（○）氷水の温度を、0℃より低《ひく》くするため。
ウ（　）氷水の温度を、0℃より高くするため。

② 試験管の中の水がこおり始めたときの、水の温度は何℃ですか。（ 0℃ ）

③ 水は、氷になると、体積《たいせき》はどうなりますか。

（ 大きくなる。 ）

(2) 図2のように、ビーカーに水を入れ、ビーカーをあたため続《つづ》けました。

① 水の中に入れる、レンガのかけらなどの、あを何といいますか。（ ふっとう石 ）

② あたため続けていくと、やがて水の中からあわがさかんに出てきました。このようになるのは、水の温度が何℃近くになったときですか。

（ 100℃（近く） ）

(3) 水は、固体《こたい》、液体《えきたい》、気体《きたい》とすがたを変《か》えます。水《すい》じょう気《き》や氷は、それぞれ何ですか。

水じょう気（ 気体 ）
氷（ 固体 ）

春のチャレンジテスト(表)

●うらにも問題があります。

春のチャレンジテスト　おもて　てびき

1 (1)冬の大三角をつくるベテルギウス、シリウス、プロキオンはどれも1等星です。
(2)時こくとともに、星の見える位置《いち》は変化《へんか》しますが、星のならび方は変化しません。

2 葉が落ちてしまったサクラのえだの先には、秋のころより大きくなった新しい芽《め》がついています。

3 (1)①食塩《しょくえん》を入れた氷水はとても冷《つめ》たくなるので、この氷水で水を冷《ひ》やします。②水の温度が0℃になると、水はこおり始めます。③水は、氷になると体積《たいせき》がふえます。
(2)①ふっとう石は、湯がふき出すのをふせぐために入れます。
②水をあたため続《つづ》けて温度が100℃近くになると、水はふっとうします。
(3)水(液体《えきたい》)を冷やすと氷(固体《こたい》)になり、あたためると水《すい》じょう気《き》(気体《きたい》)になります。

4 大きさと形が同じふたつきのかん㋐と㋑に、㋐には氷水、㋑には水を入れて、部屋《へや》の中に3分間置《お》きました。 1つ4点(16点)

(1) 3分後に、水てきがついていたのは、㋐、㋑のどちらですか。
(㋐)

(2) かんについた水てきは、空気中の何が冷《ひ》やされてすがたが変化《へんか》したものですか。
(水じょう気)

(3) (2)で答えたものの、水のすがたを、何といいますか。正しいものに○をつけましょう。
ア( )固体《こたい》 イ( )液体《えきたい》
ウ(○)気体《きたい》

(4) 冷やされて、水のすがたが、(2)で答えたものから水てきに変《か》わることを、何といいますか。
(けつろ)

思考・判断・表現

5 下の図は、1月のある日の午後10時ごろに、南の空の星《せい》ざを観察《かんさつ》した記録《きろく》です。 1つ4点(8点)

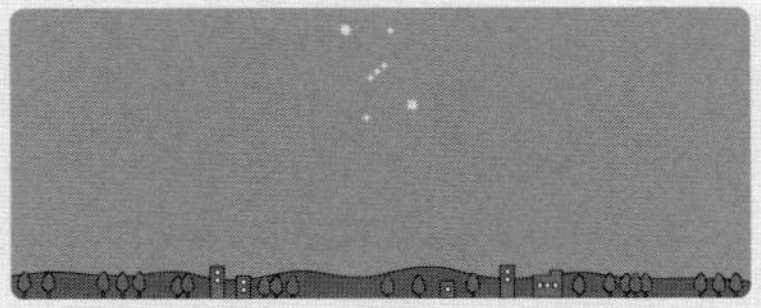

(1) 5～6時間後に、この星ざは西の低《ひく》い空に見られます。このときの星ざの見え方で、正しいものに○をつけましょう。
ア(○)

イ( )

ウ( )

エ( )

(2) 次の日の午後10時ごろに観察すると、この星ざは、東、西、南、北のどの方位《ほうい》に見えますか。
(南)

6 水と温度計を入れた試験管《しけんかん》を、食塩《しょくえん》を入れた氷水で冷やして、何℃になるとこおるのか調べました。 (1)、(2)は4点、(3)は8点(16点)

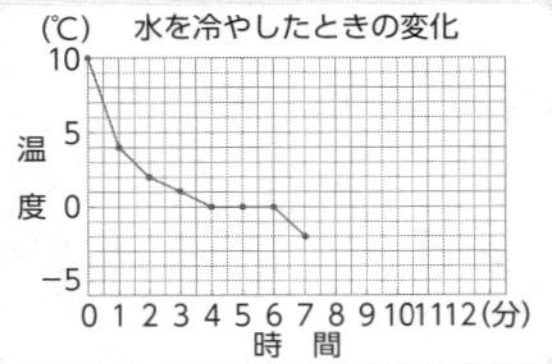

(1) 試験管に入れた水は、グラフのように温度が変化しました。水は何℃でこおり始めますか。
(0℃)

(2) 水が全部こおったのは、約何分後ですか。正しいものに○をつけましょう。
ア( )約4分後 イ( )約5分後
ウ(○)約6分後 エ( )約7分後

(3) 記述 (2)のように答えた理由を書きましょう。
(水がこおり始めてから、全部こおるまでの間、温度は0℃のまま変わらないから。)

7 2つのようきに同じ量《りょう》の水を入れ、1つのようきにはラップフィルムでおおいをしました。これらの2つのようきを部屋の中に置きました。 1つ8点(16点)

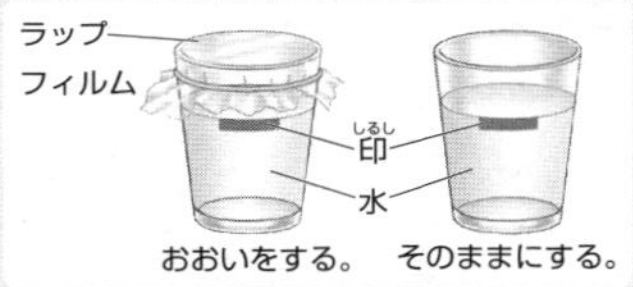

(1) 記述 3日後、おおいをしていないほうのようきの水がへっていることがわかりました。水がへったのはなぜですか。理由を書きましょう。
(水はじょうはつして(水じょう気になって)、空気中に出ていったから。)

(2) 記述 3日後、おおいをしているほうのようきを見ると、ラップフィルムの内側《がわ》に水てきがついていました。これはなぜですか。理由を書きましょう。
(じょうはつした水じょう気が、ふたたび水に変わってついたから。)

春のチャレンジテスト　うら　てびき

4 (1)(2)(3)氷水を入れた㋐のかんの表面に水てきがつきます。この水てきは、空気中の水《すい》じょう気《き》(気体《きたい》)がかんの表面で冷《ひ》やされて、水(液体《えきたい》)となってついたものです。
(4)空気中の水じょう気が、もので冷やされて、ものの表面で水てきに変《か》わることを、けつろといいます。

5 (1)オリオンざが西の方へしずんでいくときは、右の方にかたむいたような向きになっていきます。
(2)星《せい》ざは、次の日の同じ時こくには、前の日とほぼ同じ位置《いち》に見えます。

6 水は、0℃になるとこおり始めますが、全部こおるまでの間、温度は0℃のまま変わりません。グラフで、温度が0℃のまま変わらないのは、約4分後から約6分後までですから、約6分後に、水は全部こおったと考えられます。

7 (1)水は、ふっとうしていなくてもじょうはつして水じょう気になって、空気中に出ていきます。
(2)空気中に出ていった水が、ふたの内側《がわ》で水(液体)に変わり、水てきがつきます。

4年 理科のまとめ　学力しんだんテスト

月　日　名前

時間 40分　ごうかく80点　／100　答え 48~49ページ

1 モーターを使って、電気のはたらきを調べました。

各4点(12点)

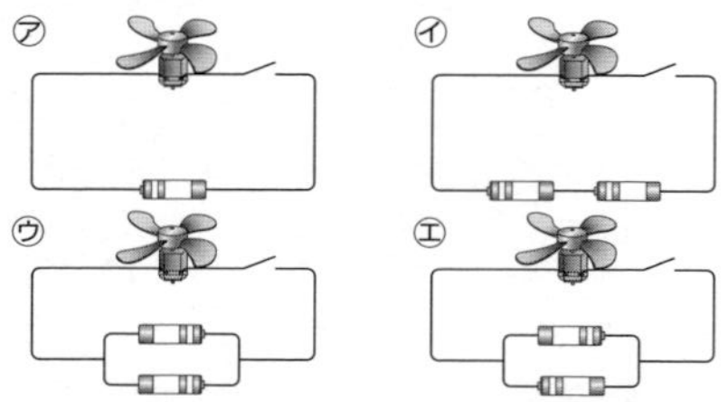

(1) ㋑、㋒のようなかん電池のつなぎ方を、それぞれ何といいますか。

㋑(**直列つなぎ**) ㋒(**へい列つなぎ**)

(2) スイッチを入れたとき、モーターがいちばん速く回るものは、㋐~㋓のどれですか。 (㋑)

2 ある1日の気温の変化《へんか》を調べました。

各4点(16点)

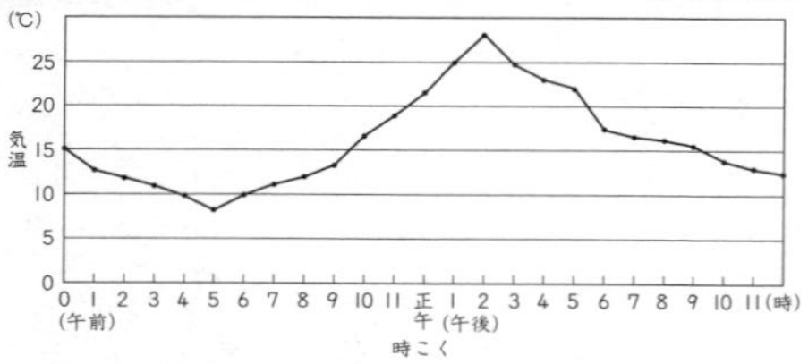

(1) この日にいちばん気温が高くなったのは何時ですか。 (**午後2時**)

(2) この日の気温がいちばん高いときと低《ひく》いときの気温の差《さ》は、何℃ぐらいですか。正しいほうに○をつけましょう。

①(　) 10℃ぐらい　②(○) 20℃ぐらい

(3) この日の天気は、①と②のどちらですか。正しいほうに○をつけましょう。

①(○)晴れ　②(　)雨

(4) (3)のように答えたのはなぜですか。

(**1日の気温の変化が大き(く、昼すぎの気温が高)いから。**)

3 ある日の夜、はくちょうざを午後8時と午後10時に観察《かんさつ》し、記録《きろく》しました。

各4点(8点)

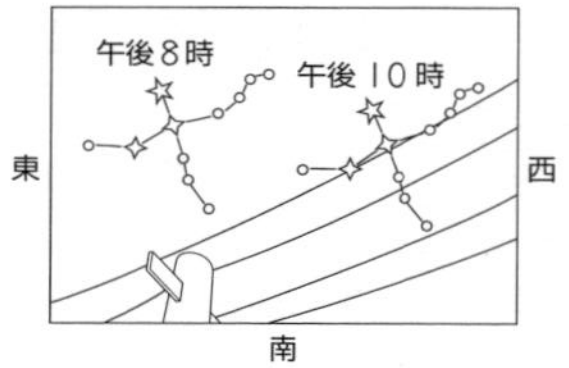

(1) さそりざのアンタレスは赤っぽい色です。はくちょうざのデネブは何色ですか。(**白っぽい色**)

(2) 時こくとともに、星ざの中の星のならび方は変《か》わりますか、変わりませんか。 (**変わらない。**)

4 ちゅうしゃ器《き》の先にせんをして、ピストンをおしました。

各4点(8点)

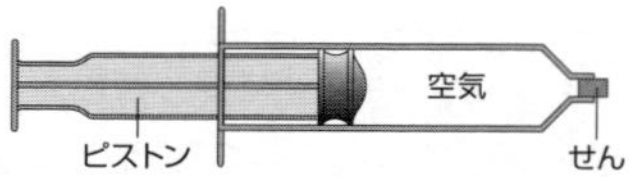

(1) ちゅうしゃ器のピストンをおすと、空気の体積《たいせき》はどうなりますか。 (**小さくなる。**)

(2) ちゅうしゃ器のピストンを強くおすと、手ごたえはどうなりますか。正しいほうに○をつけましょう。

①(○)大きくなる。　②(　)小さくなる。

5 うでのきん肉やほねの様子を調べました。

各4点(8点)

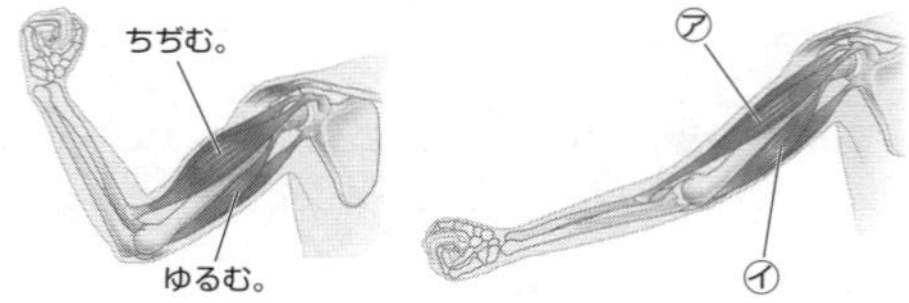

(1) うでをのばしたとき、きん肉がちぢむのは、㋐、㋑のどちらですか。 (㋑)

(2) ほねとほねのつなぎ目の部分を何といいますか。 (**関節**)

➡うらにも問題があります。

学力しんだんテスト　おもて　てびき

1 (1)㋓もへい列つなぎに見えますが、2つのかん電池が「輪《わ》」になっているのでちがいます。かん電池やどう線が熱《あつ》くなるので、このつなぎ方をしてはいけません。
(2)直列つなぎにすると、回路に流れる電流が大きくなり、モーターが速く回ります。

2 (1)(2)グラフから、いちばん気温が高いのは午後2時で28℃ぐらい、いちばん気温が低《ひく》いのは午前5時で8℃ぐらいと読み取ることができます。
(3)(4)晴れの日は気温の変化《へんか》が大きく、くもりや雨の日は気温の変化が小さいです。グラフから気温の変化を読み取ると、この日の天気は晴れと考えられます。

3 (1)アンタレスもデネブも1等星ですが、アンタレスは赤っぽい色、デネブは白っぽい色です。
(2)時こくとともに、星の見える位置《いち》は変《か》わりますが、星のならび方は変わりません。

4 (1)とじこめた空気をおすと、体積《たいせき》は小さくなります。
(2)ピストンを強くおすと、空気はさらにおしちぢめられ、空気におし返される手ごたえは大きくなります。

5 (1)うでをのばすと、内側《がわ》のきん肉(㋐)はゆるみ、外側のきん肉(㋑)はちぢみます。
(2)関節《かんせつ》があるので、体を曲げることができます。

6 ものをあたためたときの体積《たいせき》の変化《へんか》を調べました。
各4点(12点)

(1) 丸底《まるぞこ》フラスコをあたためたときの水面を表しているのは、㋐、㋑のどちらですか。

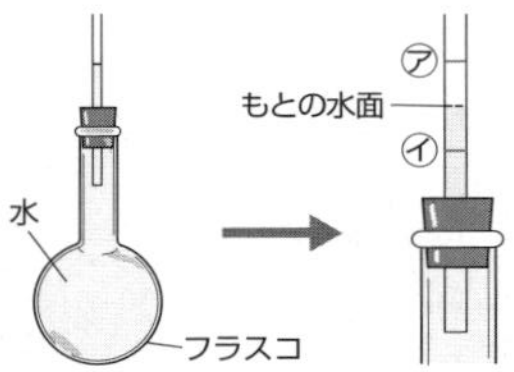

(㋐)

(2) 空の丸底フラスコの口にせっけん水でまくを作りました。湯につけると、せっけん水のまくはどうなりますか。㋒～㋕から正しいものを選《えら》び、□に○をつけましょう。

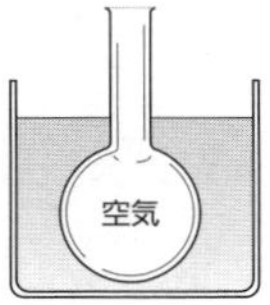

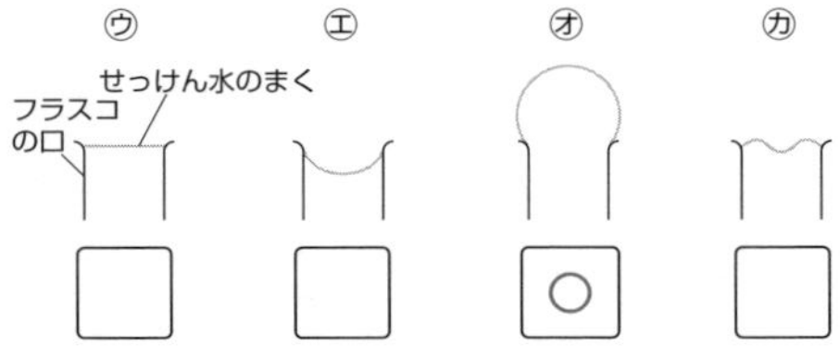

(3) 金ぞくをあたためたとき、体積はどのように変化しますか。正しいほうに○をつけましょう。
①(○)大きくなる。 ②(　　)小さくなる。

7 もののあたたまり方を調べました。
各4点(12点)

(1) 右の図のように、試験管《しけんかん》に水を入れて熱《ねっ》し、㋐があたたかくなったので熱するのをやめました。5分後にいちばん温度が高いのは、㋐～㋒のどれですか。 (㋐)

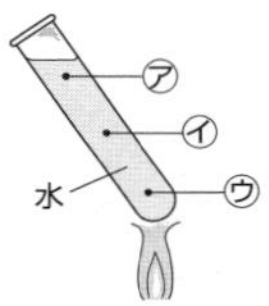

(2) 下の図のように、金ぞくのぼうにろうをたらし、ぼうの一部を熱しました。ろうがとけるのがいちばんおそい部分は、㋓～㋖のどれですか。 (㋓)

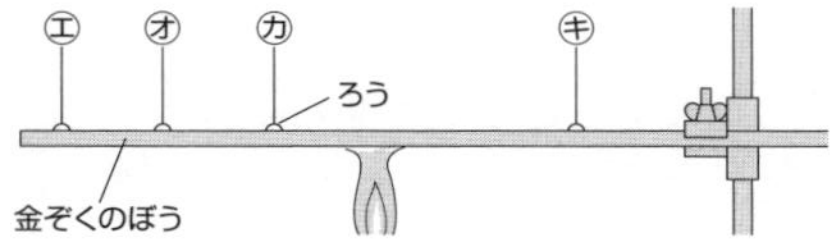

(3) 水と金ぞくのあたたまり方は、同じですか、ちがいますか。 **(ちがう。)**

活用力をみる

8 自然《しぜん》の中をめぐる水を調べました。
各4点(16点)

㋐ せんたく物がかわく。 ㋑ まどガラスの内側《がわ》に水のつぶがつく。

(1) ㋐、㋑は、どのような水の変化ですか。あてはまる言葉を(　)に書きましょう。
㋐ 水から(**水じょう気**)への変化
㋑ (**水じょう気**)から(　**水**　)への変化

(2) 雨がふって、地面に水が流れていました。地面を流れる水はどのように流れますか。正しいほうに○をつけましょう。
①(○)高いところから低《ひく》いところに流れる。
②(　　)低いところから高いところに流れる。

9 身のまわりの生き物の一年間の様子を観察《かんさつ》しました。
各4点(8点)

(1) ㋐～㋓のサクラの育つ様子を、春、夏、秋、冬の順《じゅん》にならべましょう。
(㋑ → ㋒ → ㋐ → ㋓)

(2) オオカマキリが右のころのとき、サクラはどのような様子ですか。㋐～㋓から選び、記号で書きましょう。

(㋑)

学力しんだんテスト　うら　てびき

6 (1)あたためると水の体積《たいせき》は大きくなるので、水面は上がります。
(2)あたためると空気の体積は大きくなるので、せっけん水のまくもふくらみます。
(3)金ぞくも、あたためると体積が大きくなります。

7 (1)水を熱《ねっ》すると、あたためられた部分が上へ動き、全体があたたまります。そのため、試験管《しけんかん》に入れた水の下の方を熱しても、上の方からあたたまります。
(2)金ぞくは、熱した部分から順に熱が伝《つた》わってあたたまっていきます。
(3)金ぞくのあたたまり方と、空気や水のあたたまり方はちがいます。

8 (1)㋐せんたく物にふくまれていた水(液体《えきたい》)が水《すい》じょう気《き》(気体《きたい》)になります。
㋑空気中の水じょう気がまどガラスで冷《ひ》やされて、水になります。
(2)地面を流れる水は、高いところから低《ひく》いところに向かって流れます。

9 (1)㋐は葉がかれて落ちてきている秋、㋑は花がさく春、㋒は葉がしげる夏、㋓は葉が落ちた冬です。
(2)春になると、オオカマキリのたまごからよう虫が生まれます。

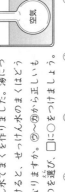

メモ

メモ

付録　取りはずしてお使いください。

理科
スタートアップドリル
4年

このドリルを使って
3年生で学習した
ことをふり返ろう。

年　　組

1 植物のつくりと育ち①

1 植物のたねをまいて、育ちをしらべました。

(1) 図を見て、(　　)にあてはまる言葉を、あとの［　　］からえらんで書きましょう。

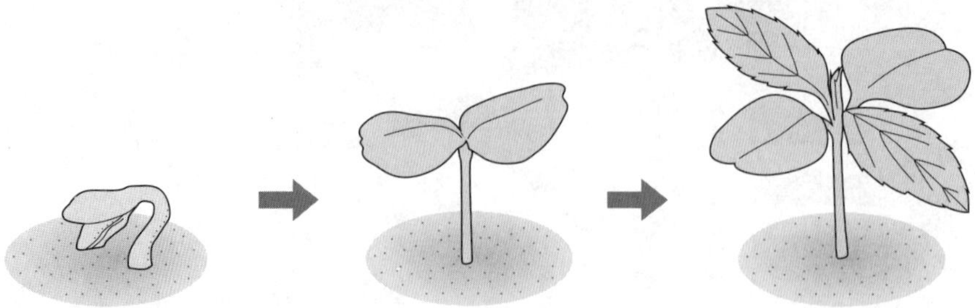

①植物のたねをまくと、たねから(　　　　　)が出て、やがて葉が出てくる。
はじめに出てくる葉を(　　　　　)という。

②植物の草たけ(高さ)が高くなると、(　　　　　)の数もふえていく。

め	子葉	葉	花	実	数	長さ

(2) 植物の育ちについてまとめました。
(　　)にあてはまるものは、
①～③のどれですか。

①2cm
②5cm
③10cm

(　　　)

日にち	草たけ(高さ)
4月15日	―――
4月23日	1cm
4月27日	3cm
5月　8日	(　　　　)
5月15日	7cm

2 植物の体のつくりをしらべました。

(1) ㋐～㋓は何ですか。
名前を答えましょう。

㋐(　　　　　)
㋑(　　　　　)
㋒(　　　　　)
㋓(　　　　　)

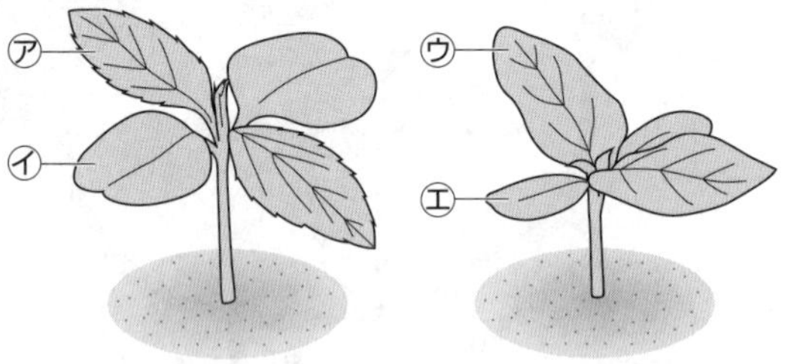

(2) ㋐と㋑で、先に出てくるのはどちらですか。

(　　　)

(3) ㋒と㋓で、先に出てくるのはどちらですか。

(　　　)

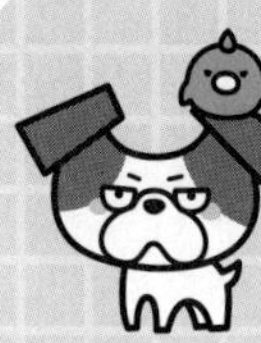

2 植物のつくりと育ち②

1 植物の体のつくりをしらべました。

(1) (　　)にあてはまる言葉を書きましょう。

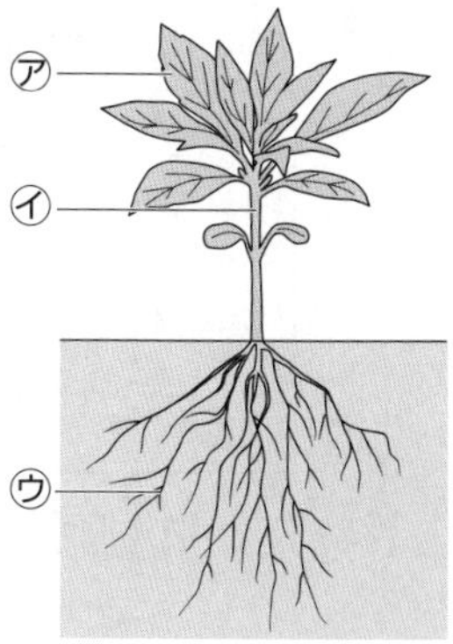

> ○植物は、色や形、大きさはちがっても、つくりは同じで、(　　　　　)、(　　　　　)、(　　　　　)からできている。

(2) ㋐～㋒は何ですか。名前を答えましょう。

㋐(　　　　　)
㋑(　　　　　)
㋒(　　　　　)

(3) ①～③は、㋐～㋒のどれのことか、記号で答えましょう。

①くきについていて、育つにつれて数がふえる。
(　　　)

②土の中にのびて、広がっている。
(　　　)

③葉や花がついている。
(　　　)

2 植物の一生について、まとめました。

(　　)にあてはまる言葉を書きましょう。

> ①植物は、たねをまいたあと、はじめに(　　　　　)が出る。
> ②草たけ(高さ)が高くなり、葉の数はふえ、くきが太くなり、やがてつぼみができて、(　　　　　)がさく。
> ③(　　　　　)がさいた後、(　　　　　)ができて、かれる。
> ④実の中には、(　　　　　)ができている。

3 こん虫のつくりと育ち①

1 チョウの体のつくりをしらべました。

(1) (　　)にあてはまる言葉を書きましょう。

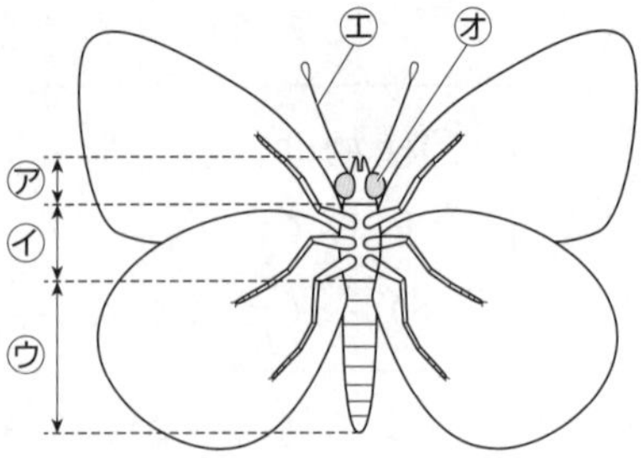

○チョウのせい虫の体は(　　　　)、(　　　　)、(　　　　)の3つの部分からできていて、むねに6本の(　　　　)がある。

(2) ㋐～㋔は何ですか。名前を答えましょう。

㋐(　　　　)
㋑(　　　　)
㋒(　　　　)
㋓(　　　　)
㋔(　　　　)

(3) ①～②は、㋐～㋒のどれのことか、記号で答えましょう。

①あしやはねがついている。

(　　)

②ふしがあって、まげることができる。

(　　)

2 モンシロチョウの育ちについて、まとめました。

(1) ㋐～㋓を、育ちのじゅんにならべましょう。

㋐ 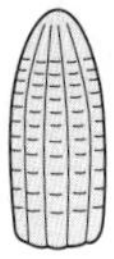 ㋑ 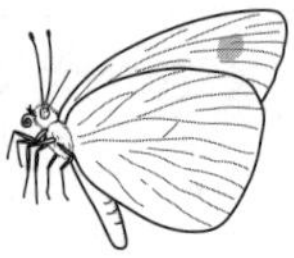 ㋒ 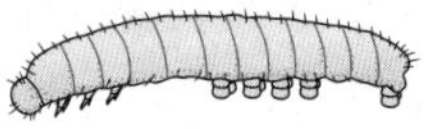 ㋓ 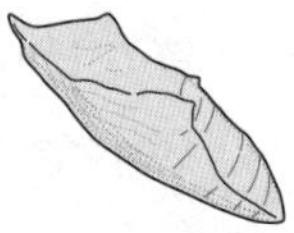

(　㋐　→　　　→　　　→　　　)

(2) ㋑はせい虫といいます。㋐、㋒、㋓は何ですか。名前を答えましょう。

㋐(　　　　)
㋒(　　　　)
㋓(　　　　)

(3) 何も食べないのは、㋐～㋓のどれですか。すべて答えましょう。

(　　　　)

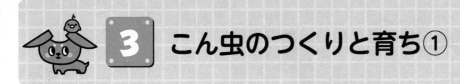

4 こん虫のつくりと育ち②

1 こん虫の体のつくりをしらべました。

(1) （　　）にあてはまる言葉を書きましょう。

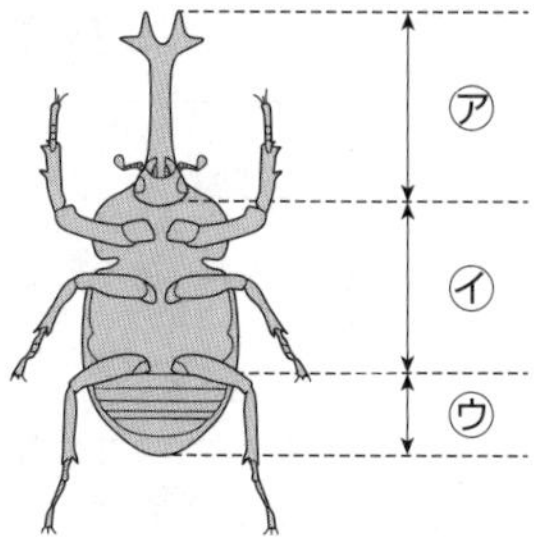

①こん虫は、色や形、大きさはちがってもつくりは同じで、（　　　　）、（　　　　）、（　　　　）の３つの部分からできている。

②こん虫の（　　　　）には、目や口、しょっ角があり、（　　　　）には６本のあしがある。

(2) 図のア～ウは何ですか。名前を答えましょう。

ア（　　　　）
イ（　　　　）
ウ（　　　　）

2 こん虫の育ちについて、まとめました。

（　　）にあてはまる言葉を書きましょう。

①チョウやカブトムシは、
たまご→（　　　　）→（　　　　）→せい虫
のじゅんに育つ。

②バッタやトンボは、
たまご→（　　　　）→せい虫
のじゅんに育つ。

③チョウやカブトムシは（　　　　）になるが、
バッタやトンボはならない。

3 こん虫のすみかと食べ物について、しらべました。

（　　）にあてはまる言葉を、あとの［　　］からえらんで書きましょう。

○こん虫は、（　　　　）や（　　　　）場所があるところをすみかにしている。

遊ぶ	池	かくれる	木	食べ物

5 風やゴムの力のはたらき

1 風の力のはたらきについて、しらべました。

(1) (　　)にあてはまる言葉をえらんで、○でかこみましょう。

①風の力で、ものを動かすことが(　できる　・　できない　)。
②風を強くすると、風がものを動かすはたらきは
(　大きく　・　小さく　)なる。

(2) 「ほ」が風を受けて走る車に当てる風の強さを変えました。
弱い風を当てたときのようすを表しているのは、①、②のどちらですか。

①
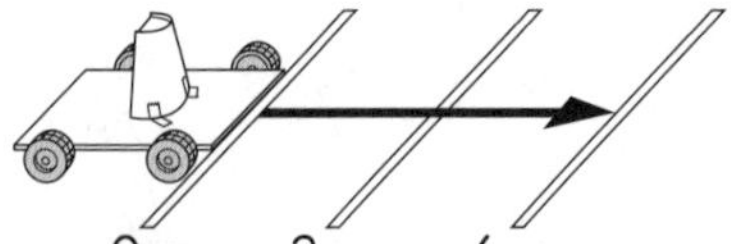

②
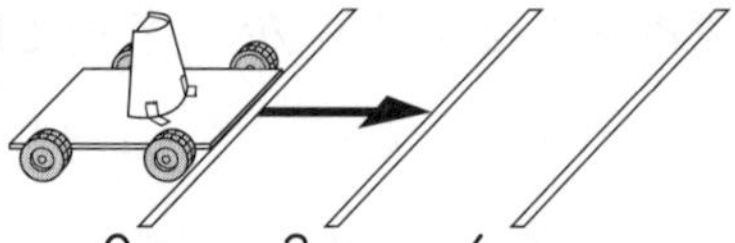

(　　　)

2 ゴムの力のはたらきについて、しらべました。

(1) (　　)にあてはまる言葉をえらんで、○でかこみましょう。

①ゴムの力で、ものを動かすことが(　できる　・　できない　)。
②ゴムを長くのばすほど、ゴムがものを動かすはたらきは
(　大きく　・　小さく　)なる。

(2) ゴムの力で動く車を走らせました。わゴムを5cmのばして手をはなしたとき、車の動いたきょりは3m 60cmでした。
わゴムを10cmのばして手をはなしたときにはどうなると考えられますか。
正しいと思われるものに○をつけましょう。

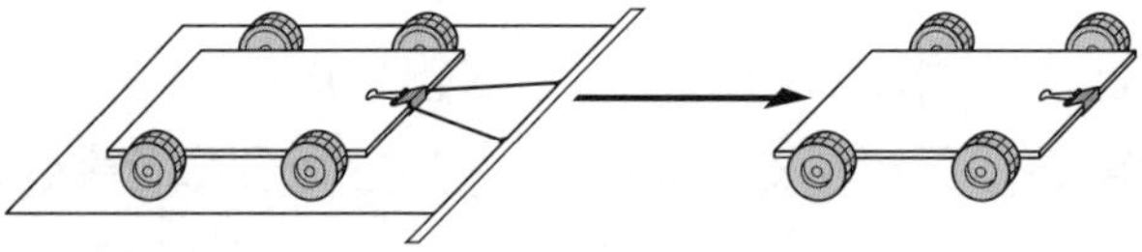

①(　　　)5cmのばしたときと、車が動くきょりはかわらない。
②(　　　)5cmのばしたときとくらべて、車がうごくきょりは長くなる。
③(　　　)5cmのばしたときとくらべて、車がうごくきょりはみじかくなる。

6 かげのでき方と太陽の光

1 かげのでき方と太陽の動きやいちをしらべました。

(1) (　　)にあてはまる言葉を書きましょう。

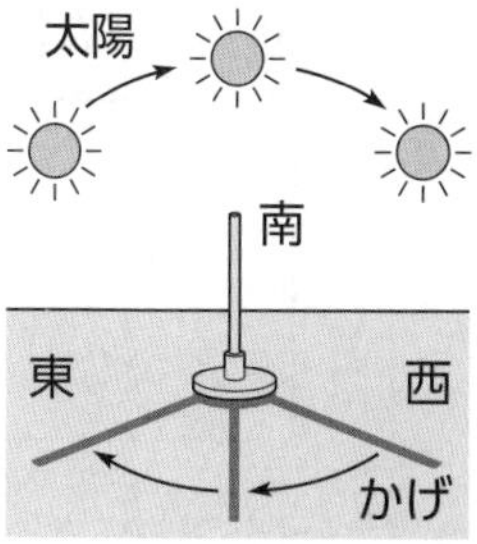

①太陽の光のことを(　　　　　　)という。
②かげは、太陽の光をさえぎるものがあると、
　太陽の(　　　　　　　　)がわにできる。
③太陽のいちが(　　　　　　)から南の空の高い
　ところを通って(　　　　　　)へとかわるにつれて、
　かげの向きは(　　　　　　)から(　　　　　　)へと
　かわる。

(2) 午前9時ごろ、木のかげが西のほうにできていました。

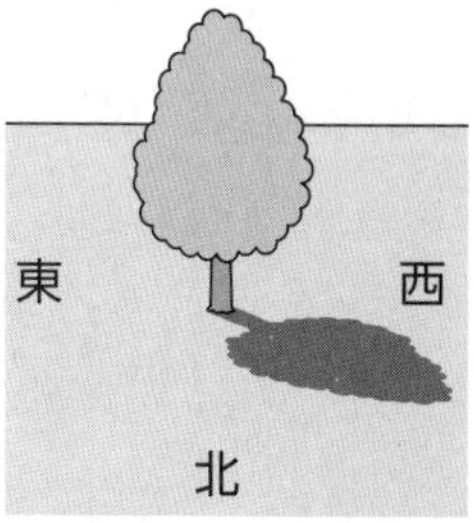

①このとき、太陽はどちらのほうにありますか。

(　　　　　　)

②午後5時ごろになると、木のかげはどちらのほうにできますか。

(　　　　　　)

2 表は、日なたと日かげのちがいについて、しらべたけっかです。(　　)にあてはまる言葉を、あとの□からえらんで書きましょう。

	日なた	日かげ
明るさ	日なたの地面は(　　　　　　)。	日かげの地面は(　　　　　　)。
しめりぐあい	(　　　　　　　　)いる。	(　　　　　　　　)いる。
午前9時の地面の温度	14℃	(　　　　　　)
正午の地面の温度	(　　　　　　)	16℃

明るい　かわいて　暗い　しめって　13℃　16℃　20℃

7 光のせいしつ

1 かがみを使って日光をはね返して、光のせいしつをしらべました。

(1) （　　）にあてはまる言葉を書きましょう。

①（　　　　　　）ではね返した日光をものに当てると、
当たったものは（　　　　　　）なり、あたたかくなる。
②かがみではね返した日光は、（　　　　　　　　）進む。

(2) 3まいのかがみを使って、日光をはね返してかべに当てて、はね返した日光を重ねたときのようすをしらべました。

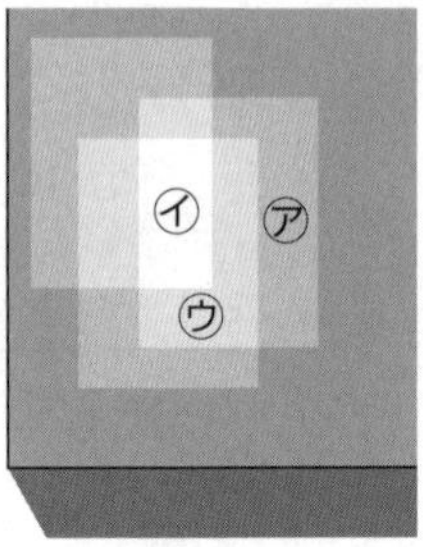

①㋐～㋒で、2まいのかがみではね返した日光が重なっているのはどこですか。

（　　　　）

②㋐～㋒を、明るいじゅんにならべましょう。

（　　　　→　　　　→　　　　）

③㋐～㋒のうち、いちばんあたたかいのはどこですか。

（　　　　）

2 虫めがねで日光を集めて、紙に当てました。

(1) 集めた日光を当てた部分の明るさとあたたかさについて、正しいものに○をつけましょう。

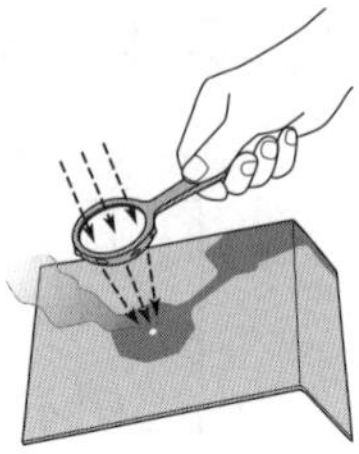

①（　　　）明るい部分を大きくしたほうがあつくなる。
②（　　　）明るい部分を小さくしたほうがあつくなる。
③（　　　）明るい部分の大きさとあたたかさは、
かんけいがない。

(2) （　　）にあてはまる言葉をえらんで、○でかこみましょう。

①虫めがねを使うと、日光を集めることが（　できる　・　できない　）。
②虫めがねを使って、日光を（　小さな　・　大きな　）部分に
集めると、とても明るく、あつくなる。

8 音のせいしつ

1 音のせいしつについて、しらべました。

(1) （　　）にあてはまる言葉を書きましょう。

①ものから音が出ているとき、ものは（　　　　　　）いる。 ②ふるえを止めると、音は（　　　　　　）。 ③（　　　　　　）音はふるえが大きく、 （　　　　　　）音はふるえが小さい。

(2) 紙コップと糸を使って作った糸電話を使って、音がつたわるときのようすをしらべました。

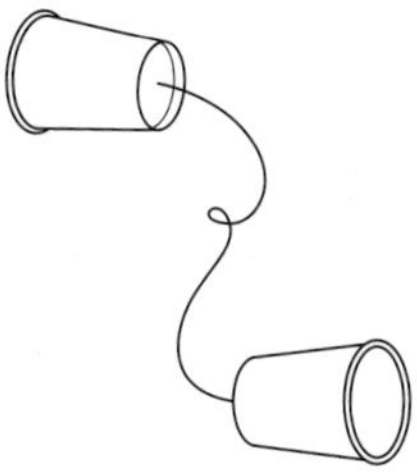

①糸電話で話すとき、ピンとはっている糸を指でつまむと、どうなりますか。正しいものに○をつけましょう。

㋐（　　）糸をつまむ前と、音の聞こえ方はかわらない。

㋑（　　）糸をつまむ前より、音が大きくなる。

㋒（　　）糸をつまむ前に聞こえていた音が、聞こえなくなる。

②糸電話で話すとき、糸をたるませるとどうなりますか。正しいものに○をつけましょう。

㋐（　　）ピンとはっているときと、音の聞こえ方はかわらない。

㋑（　　）ピンとはっているときより、音が大きくなる。

㋒（　　）ピンとはっているときに聞こえていた音が、聞こえなくなる。

(3) たいこをたたいて、音を出しました。

①大きな音を出すには、強くたたきますか、弱くたたきますか。

（　　　　　　）

②たいこの音が２回聞こえました。２回目の音のほうが１回目の音より小さかったとき、より強くたいこをたたいたのは１回目ですか、２回目ですか。

（　　　　　　）

9 電気の通り道

1 豆電球とかん電池を使って、明かりがつくつなぎ方をしらべました。

(1) 図は、明かりをつけるための道具です。

①㋐～㋒は何ですか。名前を書きましょう。

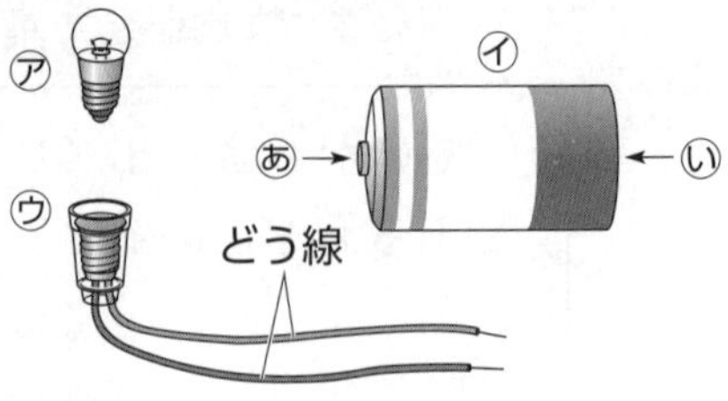

㋐（　　　　　　）

㋑（　　　　　　）

㋒（　　　　　　）

②㋑について、[あ]、[い]は何きょくか書きましょう。

[あ]（　　　　　　）

[い]（　　　　　　）

(2) （　　）にあてはまる言葉を書きましょう。

○豆電球と、かん電池の（　　　　　　）と（　　　　　　）が
どう線で「わ」のようにつながって、（　　　　　）の通り道が
できているとき、豆電球の明かりがつく。
この電気の通り道を（　　　　　）という。

(2) ①～③で、明かりがつくつなぎ方はどれですか。すべて答えましょう。

①

②

③

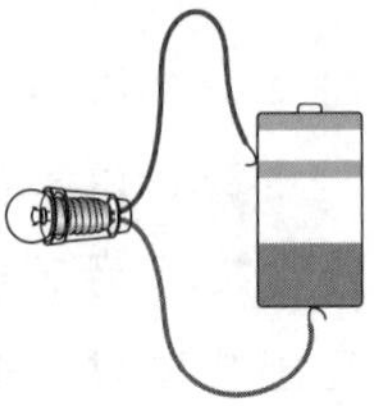

（　　　　）

2 電気を通すものと通さないものをしらべました。
（　　）にあてはまる言葉を書きましょう。

○鉄や銅などの（　　　　　　）は、電気を通す。
プラスチックや紙、木、ゴムは、電気を（　　　　　　）。

10 じしゃくのせいしつ

1 じしゃくのせいしつについて、しらべました。
（　　）にあてはまる言葉を書きましょう。

①ものには、じしゃくにつくものとつかないものがある。
（　　　　　）でできたものは、じしゃくにつく。
②じしゃくの力は、はなれていてもはたらく。
その力は、じしゃくに（　　　　　）ほど強くはたらく。
③じしゃくの（　　　　　）きょくどうしを近づけるとしりぞけ合う。
また、（　　　　　）きょくどうしを近づけると引き合う。

2 じしゃくのきょくについて、しらべました。

(1) じしゃくには、２つのきょくがあります。何きょくと何きょくですか。

（　　　　　）と（　　　　　）

(2) たくさんのゼムクリップが入った箱の中にぼうじしゃくを入れて、ゆっくりと取り出しました。このときのようすで正しいものは、①～③のどれですか。

①
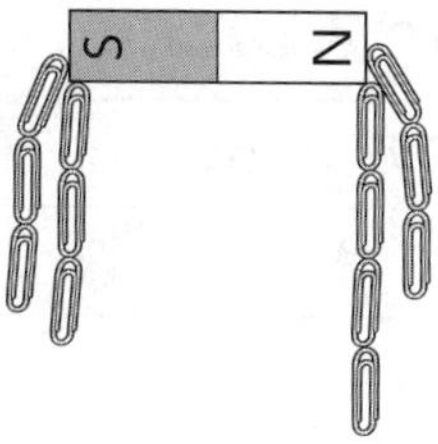

②
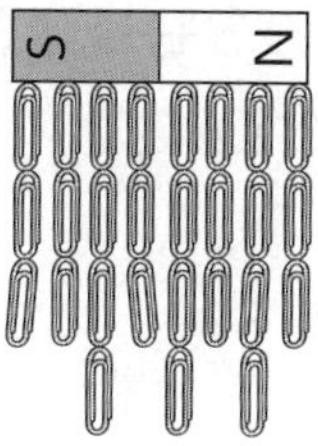

③
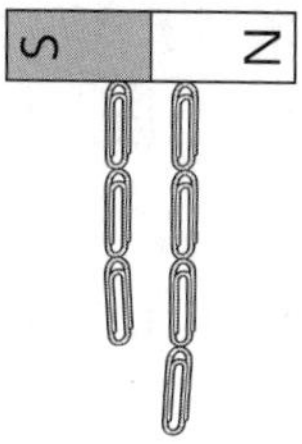

（　　　　）

3 ①～⑥から、電気を通すもの、じしゃくにつくものをえらんで、
（　　）にすべて書きましょう。

① 空きかん(鉄)

② スプーン(鉄)

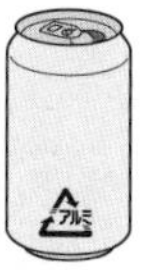
③ 空きかん(アルミニウム)

④ スプーン(プラスチック)

⑤ コップ(ガラス)

電気を通すもの（　　　　　　　　　　　）
じしゃくにつくもの（　　　　　　　　　　　）

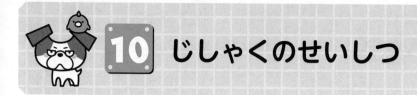

11 ものの重さ

1 ものの形やしゅるいと重さについて、しらべました。
(　　)にあてはまる言葉を書きましょう。

> ①ものは、(　　　　　)をかえても、重さはかわらない。
> ②同じ体積のものでも、もののしゅるいがちがうと
> 　重さは(　　　　　)。

2 ねんどの形をかえて、重さをはかりました。

(1) はじめ丸い形をしていたねんどを、平らな形にしました。
重さはかわりますか。かわりませんか。

(　　　　　　　　)

(2) はじめ丸い形をしていたねんどを、細かく分けてから
全部の重さをはかったところ、150gでした。
はじめに丸い形をしていたとき、ねんどの重さは何gですか。

(　　　　　)

3 同じ体積の木、アルミニウム、鉄のおもりの重さをしらべました。

もののしゅるい	重さ(g)
木	18
アルミニウム	107
鉄	312

(1) いちばん重いのは、どのおもりですか。

(　　　　　　　)

(2) いちばん軽いのは、どのおもりですか。

(　　　　　　　)

(3) もののしゅるいがちがっても、同じ体積
ならば、重さも同じといえますか。
いえませんか。

(　　　　　　　)

答え

1 植物のつくりと育ち①

1 ⑴①め、子葉
②葉
⑵②
★草たけ(高さ)は高くなっていきます。4月27日が3cm、5月15日が7cmなので、5月8日は3cmと7cmの間になります。

2 ⑴㋐葉　㋑子葉　㋒葉　㋓子葉
⑵㋑
⑶㋓

2 植物のつくりと育ち②

1 ⑴根、くき、葉
⑵㋐葉　㋑くき　㋒根
⑶①㋐　②㋒　③㋑

2 ①子葉
②花
③花、実
④たね

3 こん虫のつくりと育ち①

1 ⑴頭、むね、はら、あし
⑵㋐頭　㋑むね　㋒はら　㋓しょっ角　㋔目
⑶①㋑　②㋒

2 ⑴㋐→㋒→㋓→㋑
⑵㋐たまご　㋒よう虫　㋓さなぎ
⑶㋐、㋓

4 こん虫のつくりと育ち②

1 ⑴①頭、むね、はら
②頭、むね
⑵㋐頭　㋑むね　㋒はら

2 ①よう虫、さなぎ
②よう虫
③さなぎ

3 食べ物、かくれる

5 風やゴムの力のはたらき

1 ⑴①できる
②大きく
⑵②
★風が強いほうが、車が動くきょりが長いので、①が強い風、②が弱い風を当てたときのようすになります。

2 ⑴①できる
②大きく
⑵②
★わゴムをのばす長さが5cmから10cmへと長くなるので、車が動くきょりも長くなります。

6 かげのでき方と太陽の光

1 ⑴①日光
②反対
③東、西、西、東
⑵①東
②東

2

日なた	日かげ
日なたの地面は (　明るい　)。	日かげの地面は (　暗い　)。
(　かわいて　)いる。	(　しめって　)いる。
14℃	(　13℃　)
(　20℃　)	16℃

★地面の温度は、日かげより日なたのほうが高いこと、午前9時より正午のほうが高いことから、答えをえらびます。

7 光のせいしつ

1 ⑴①かがみ、明るく
②まっすぐに
⑵①㋒　②㋑→㋒→㋐　③㋑
★はね返した日光の数が多いほど、明るく、あたたかくなります。

2 ⑴②
⑵①できる　②小さな

8 音のせいしつ

1 ⑴①ふるえて
②止まる（つたわらない）
③大きい、小さい
⑵①㋒　②㋒
★糸をふるえがつたわらなくなるので、音も聞こえなくなります。
⑶①強くたたく。　②1回目

9 電気の通り道

1 ⑴①㋐豆電球　㋑かん電池　㋒ソケット
②(あ)＋きょく　(い)－きょく
⑵＋きょく、－きょく、電気、回路
⑶②
★かん電池の＋きょくから豆電球を通って、－きょくにつながっているのは、②だけです。

2 金ぞく、通さない

10 じしゃくのせいしつ

1 ①鉄
②近い
③同じ、ちがう

2 ⑴Nきょく・Sきょく
⑵①
★きょくはもっとも強く鉄を引きつけます。ぼうじしゃくのきょくは、両はしにあるので、そこにゼムクリップがたくさんつきます。

3 電気を通すもの①、②、③
じしゃくにつくもの①、②
★金ぞくは電気を通します。金ぞくのうち、鉄だけがじしゃくにつきます。

11 ものの重さ

1 ①形
②ちがう

2 ⑴かわらない。
⑵150 g
★ものの形をかえても、重さがかわらないように、細かく分けても、全部の重さはかわりません。

3 ⑴鉄（のおもり）
⑵木（のおもり）
⑶いえない。